우주의 가장 위대한 생각들
양자와 장

Quanta and Fields:
The Biggest Ideas in the Universe

Copyright © 2024 by Sean Carroll.
Korean translation copyright © 2025 BADA Publishing Co., Ltd.
This Korean edition was published by arrangement with Brockman, Inc.

이 책의 한국어판 저작권은 Brockman, Inc.와 직접 계약한 (주)바다출판사에 있습니다.
저작권법에 의하여 한국 내에서 보호를 받는 저작물이므로 무단 전재와 복제를 금합니다.

THE BIGGEST IDEAS IN THE UNIVERSE

우주의 가장 위대한 생각들

양자와 장

숀 캐럴 지음 | 김영태 옮김

SEAN CARROLL
QUANTA AND FIELDS

바다출판사

에이리얼에게

목차

서론 · 9

1 파동함수 · 15

슈뢰딩거는 드 브로이의 물질파에 대한 아이디어를 확장하기 위해 파동함수를 제안했다. 모든 구성 요소의 위치와 운동량을 지정하면 계의 고전적 상태가 지정되는 것처럼, 파동함수를 지정하면 계의 양자 상태가 지정된다.

2 측정 · 49

양자계를 측정할 때 우리는 단순히 측정 전의 양자 상태를 관측하는 것이 아니다. 우리는 상태의 부분적이고 불완전한 측면을 관측하고, 그 과정에서 상태를 돌이킬 수 없이 변화시킨다.

3 얽힘 · 83

이미 존재하고 있으나 알려지지 않은 것들 사이의 단순한 상관관계 그 이상의 것이 얽힘이다. 그러나 양자 얽힘이 수반하는 상관관계는 단순한 고전적 관계를 훨씬 더 뛰어넘는다.

4 장 · 111

장은 무엇으로 구성되어 있을까? 양자장이론의 맥락에서 볼 때, 장은 어떤 것으로 '구성된' 것이 아니다. 장은 다른 모든 것을 구성한다.

5 상호작용 · 141

세계에는 다양한 종류의 장과 그와 관련된 다양한 입자들이 존재하며, 이들은 상호작용을 하는 경향이 있다. 상호작용을 이해하는 것은 궁극적으로 우리가 경험하는 거시적 세계까지 설명할 수 있게 해준다.

6 유효장이론 · 173

자외선 차단 에너지를 가진 유효장이론의 개념은 현대물리학의 절대적인 핵심 개념이다. 그것은 이 책에서 살펴볼 위대한 생각 중 하나이다.

7 스케일 · 207

알려진 우주가 실제로 무엇으로 이루어져 있는지, 그리고 특히 우리 세계를 특징짓는 다양한 스케일의 질량과 에너지는 무엇인지를 살펴본다.

8 대칭성 · 231

대칭성은 고전역학, 특히 상대성이론에서 유용하며, 상대성이론에서 로런츠 변환을 할 때 물리법칙의 형태가 변하지 않는다는 사실은 대칭성이 작용하는 강력한 예이다.

9 게이지이론 · 265

게이지이론은 특별한 유형의 대칭성을 가진 특별한 장이론이다. 이 간단한 아이디어는 엄청난 결과를 가져올 것이다.

10 상 · 293

'상'은 단일 물질이 여러 물리적 성질을 가진 상태를 보이는 것을 말한다. 물질이 동일한 재료로 만들어졌음에도 그 상은 다른 특성을 가질 수 있다.

11 물질 · 321

물질이 단단한 진짜 이유는 전자가 페르미온이고, 페르미온은 특별한 속성을 가지고 있기 때문이다. 보손으로 이루어진 '힘'과는 달리 페르미온은 일반적으로 '물질'과 연관되어 있다.

12 원자 · 347

우리 우주가 흥미롭고 복잡한 이유는 다양한 종류의 안정한 원자핵이 존재하여 다양한 형태의 화학이 나타날 수 있었기 때문이다.

부록 푸리에 변환 · 375

역자 후기 · 385

찾아보기 · 388

서론

물리학 역사상 우리는 훌륭하고 혁신적인 생각들을 수없이 목격했습니다. 그러나 진정한 혁명적 전환―실재의 본질에 대한 우리의 사고방식을 뒤집는 패러다임의 변화―은 실제로 단 두 번 있었습니다. 17세기 후반의 고전역학과 20세기 초의 양자역학이 그것입니다.

고전역학은 이 시리즈의 1편인 《우주의 가장 위대한 생각들-공간, 시간, 운동 The Biggest Ideas in the Universe: Space, Time, and Motion》(이하 《공간, 시간, 운동》)의 주제였습니다. 그 책에서는 뉴턴/라플라스의 패러다임에서 시공간과 상대성이론에 이르는 생각을 강조했습니다. 이제는 양자quantum로 넘어갈 차례입니다.

현재 우리가 이해하기로, 양자역학은 세상이 작동하는 방식입니다. 양자역학의 필요성은 (물리학자들이 이전에 생각했던 것과 달리) 빛이 단순한 파동이 아니라는 막스 플랑크Max Planck와 알베르트 아인슈타인Albert Einstein의 연구에서 처음 제기되었습니다. 적절한 상황에서 빛은 현재 우리가 **광자**photon라고 부르는 입자로 행동합니다. 광자는 **양자**

들 quanta ― 양자역학의 규칙에 따른 불연속적인 에너지 묶음 ― 의 한 예입니다. 그러나 양자는 그보다 더 복잡합니다. 전자electron와 양성자proton와 중성자neutron 등 우리가 입자라고 생각하는 것들은 다른 상황에서는 파동과 같은 행동을 보입니다. 양자역학은 물리계의 행동을 깔끔하고 상식적인 상자에 넣으려는 우리의 욕구를 계속 좌절시킬 것입니다.

양자역학의 아이디어가 처음에는 낯설게 느껴지더라도 상심하지 마시기 바랍니다. 사실 물리학자도 근원적인 수준에서 양자역학이 실제로 무엇을 말하는 건지 합의에 이르지 못한 상황입니다. 물리학자들은 양자역학을 **활용**하는 데는 매우 능숙합니다. 물리학자들은 원자와 분자의 구조를 예측하거나 입자가 서로 산란하는 것을 정교하게 계산할 수 있습니다. 그러나 양자역학은 일종의 블랙박스입니다. 세계 최고의 양자물리학자들도 자신들이 예측하고 관측한 결과를 성공적으로 도출하는 과정에서 어떤 일이 일어나고 있는지 합의하지 못하고 있습니다.

이처럼 지적 의견일치에 이르지 못한 까닭은 양자역학이 물리계를 '측정'하거나 '관측'하는 행위에 특별한 속성을 부여하는 것처럼 보이기 때문이라고 할 수 있습니다. 고전물리학에서 물체는 위치나 속도 같은 속성을 가지고 있는데, 이는 원하는 만큼 정확하게 직접 측정할 수 있습니다. 양자 세계의 물체는 크게 달라 보입니다. 양자계의 속성을 측정하면 그 속성이 극적으로 변하는 경향이 있습니다. 양자역학에 대한 지극히 합리적인 사고방식에 따르면, 심지어 전자와 같은 입자는 '위치'나 '운동량'과 같은 속성을 **가지고** 있지 않습니다. 위치나 운동량은 양자계 자체의 내재적 특성이 아니라 측정을 통해 얻을 가능성이 있는 결과일 뿐입니다.

대부분의 경우 우리는 측정에 대해 걱정하지 않습니다.* '우주의 가장 위대한 생각들' 시리즈에서 우리는 잘 정립된 아이디어를 사용하여 세상에 대한 검증 가능한 예측을 하는 엄격한 물리학자의 태도를 취하려고 합니다. 이는 우리에게 이해할 만한 정보를 제공할 것입니다. 근본적인 문제는 의심할 여지 없이 중요합니다. 양자역학을 깊이 이해하는 것은 현재의 이론을 뛰어넘어 실재를 훨씬 더 포괄적으로 이해하는 데 매우 중요할 수 있습니다. 그러나 이 책의 초점은 이러한 최근 이론들의 근간이 되는 개념과 그 이론들이 어떻게 우리에게 물리 세계를 전례 없이 정확하게 묘사했는지를 이해하는 데 맞춰질 것입니다.

문제가 되는 개념들에는 양자역학 자체, 양자역학을 특수상대성이론의 요구 사항들과 결합할 때 자연스럽게 발생하는 양자장이론 quantum field theory, 그리고 파인먼 도형, 재규격화, 게이지이론, 대칭성 깨짐, 스핀-통계학 결합 등 양자장이론 내에서 발생하는 다양하고 심오한 아이디어들이 포함됩니다.

이런 아이디어들은 분량이 방대하지만, 나는 그 핵심만을 요약하려고 노력했습니다. 요령은 이전 책과 마찬가지로, 박사학위 과정 대학원생의 방식으로 문제를 해결하는 데 필요한 세부적 수준에 도달하지

---

* 이런 문제에 관심이 있다면 양자역학의 핵심에 있는 까다로운 문제들을 소개한 내 책《다세계 *Something Deeply Hidden*》(프시케의 숲, 2021)를 추천하고 싶습니다. 그리고 이 주제에 대한 흥미로운 역사를 알려면 아담 베커의 *What Is Real? (Basic Books, 2018)*을 보십시오.

않으면서도 그 아이디어들을 실제로 이해할 수 있는 충분한 수학적 세부 사항을 포함하는 것입니다. 여러분은 대학원생들과 동일한 아이디어를 배울 수 있지만, 문제를 풀기 위해 밤을 새울 필요는 없습니다.

기본적인 목표는 같지만 이 일을 하려면 《공간, 시간, 운동》에서 사용한 것과는 약간 다른 전략이 필요합니다. 이 책에서 말 그대로 전문가가 배우는 것처럼 모든 방정식을 정확하게 보여줄 수도 있습니다. 그러나 여기에는 너무 많은 정보가 들어 있어서 그렇게 하기에는 무리가 있습니다. 양자장이론은 사소한 세부 사항과 여러 겹의 표기법으로 가득 차 있어 핵심 아이디어에 집중하는 데 방해가 될 수 있습니다. 그리고 우리에게 중요한 것은 아이디어입니다. 따라서 결합 상수를 무시하고, 지표 index를 숨기고, 행렬을 숫자처럼 취급할 때가 있을 것입니다. 이 모든 것은 실제 상황을 모호하게 하려는 게 아니라 이해를 돕기 위한 것임을 약속드립니다.

그래도 수학은 들어 있습니다. 《공간, 시간, 운동》에서는 미분(변화율)과 적분(누적된 변화량)을 포함한 미적분의 기본 개념들을 소개했습니다. 이후 장에서 우리는 텐서와 시공간 지표를 나타내는 그리스 문자의 사용을 다루었습니다. 이 내용은 모두 여기에도 그대로 적용됩니다. 질량, 에너지 및 상대성이론이라는 물리학의 기본 개념들도 마찬가지입니다. 여러분이 이러한 개념에 이미 익숙하다면 이 책만으로 충분할 것입니다. 그렇지 않다면 《공간, 시간, 운동》이 여러분에게 필요한 모든 것을 알려줄 것입니다.

이 책에서 여러분은 놀라운 여행을 하게 될 것입니다. 20세기 초, 고전역학은 확고하게 자리를 잡았습니다. 25년 후, 우리는 최초의 완전한 양자역학 이론을 만나게 되었습니다. 25년 후, 양자전기역학 quantum electrodynamics이 최초의 확립된 양자장이론으로 등장했습니다. 그리고 그로부터 25년 후 물리학자들은 오늘날까지 성공적인 이론으로 남아 있는 입자물리학의 표준모형 Standard Model을 완성했습니다. 이것이 바로 우리가 지금 시작하고 있는 여정이며, 여기에는 인류가 지금까지 접한 가장 놀라운 아이디어들이 포함되어 있습니다.

+++

나는 또다시 이 책의 초안에 대해 자세한 피드백을 받는 큰 행운을 얻었습니다. 나의 물리학을 정직하게 표현하고 내 설명이 복잡해지지 않도록 도와준 스콧 애런슨, 저스틴 클라크-도앤, 아이라 로스스타인, 맷 스트래슬러에게 큰 감사를 표합니다. 내 에이전트인 카틴카 맷슨은 이 과정에서 현명한 조언을 해주었습니다. 그리고 이 시리즈를 사람들이 배우고 즐길 수 있는 책으로 만드는 데 인내심과 이해심, 그리고 특별한 도움을 준 편집자 스티븐 모로에게도 큰 감사를 표합니다.

이번에는 특히 인내심이 필요했는데, 미국을 횡단하는 이사를 했고, 존스홉킨스대학교에서 근무를 시작하는 바람에 집필 과정이 중단되었기 때문입니다. 모든 일이 최대한 원활하게 진행될 수 있게 해주고, 내가 원하는 만큼 시간을 낼 수 없었을 때 이해해준 새로운 동료들과 학생들에게도 감사드립니다.

무엇보다도 나와 함께 이사를 와서 새로 집을 꾸미는 데 많은 부담을 짊어지고 항상 내 글이 정직할 수 있게 해준 아내 제니퍼에게 고마

움을 전하고 싶습니다. 이 새롭고 흥미로운 장이 기대됩니다.

    10장의 멕시코 모자 퍼텐셜의 그림은 비탈리이 카우로우Vitaliy Kaurov의 매스메티카 코드를 사용한 것입니다(https://mathematica.stackexchange.com/questions/19578/how-can-i-make-a-plot-of-the-higgs-potential). 11장의 핸포드 LIGO 관측소 영상은 LIGO 공동 연구에서 가져온 것입니다. 12장의 핵종 그림은 크리스천 힐Christian Hill의 《파이썬으로 배우는 과학적 프로그래밍Learning Scientific Programing with Python》의 한 예제를 기반으로 한 것입니다.

CHAPTER 1
파동함수

슈뢰딩거는 드 브로이의 물질파에 대한 아이디어를 확장하기 위해 파동함수를 제안했습니다. 모든 구성 요소의 위치와 운동량을 지정하면 계의 고전적 상태가 지정되는 것처럼, 파동함수를 지정하면 계의 양자 상태가 지정됩니다. 단일 입자만 고려하는 경우, 파동함수는 다른 종류의 파동과 마찬가지로 모든 공간적 위치에 하나의 숫자를 할당합니다. 입자가 하나 이상일 때는 파동함수가 단일 입자의 파동함수와는 다르기 때문에 그리 간단하지 않습니다. 이는 얽힘 때문입니다.

✵ ✵ ✵

19세기가 끝나갈 무렵, 물리학자들은 모든 것을 이해할 수 있을 것이라는 기대를 품었습니다. 충분히 그럴 만했습니다. 이들이 가진 잠정적인 견해에 따르면, 우주는 장에 의해 밀려 돌아다니는 입자들로 이루어져 있었습니다.

장field이 공간을 채우고 있다는 생각은 1800년대에 들어서면서 본격적으로 발전했습니다. 그보다 앞서 아이작 뉴턴Isaac Newton은 아름답고 설득력 있는 운동 이론과 중력 이론을 제시했고, 피에르-시몽 라플라스Pierre-Simon Laplace는 이 이론을 우주의 모든 물체 사이에 중력장이 뻗어 있다는 관점에서 재구성하는 방법을 보여줬습니다. 장이란 공간의 각 점에서 값을 가진 무언가를 말합니다. 이 값은 단순한 숫자일 수 있고 또는 벡터나 더 복잡한 것일 수 있지만, 모든 장은 공간의 모든 곳에 존재합니다.

그러나 여러분이 중력에만 관심을 보인다면 장은 취향에 따라 여러분이 취하거나 취하지 않을 수 있는 선택 사항처럼 보입니다. 뉴턴처럼 생각하는 것도 괜찮습니다. 물체와 물체 사이에는 다른 어떤 것도 없으며, 한 물체가 끌리는 것은 다른 물체에 의한 중력 때문이라고 말이죠.

19세기에 물리학자들이 전기와 자기를 이해하게 되면서 상황이 바뀌었습니다. 전하를 띤 물체는 서로에게 힘을 가하는데, 이는 물체 사이에 전기장이 존재하기 때문이라고 보는 것이 자연스럽습니다. 마이클 패러데이Michael Faraday의 실험을 통해 움직이는 자석이 실제로 전선에 닿지 않고도 전류를 유도할 수 있다는 사실이 밝혀지면서 자기장이 존재한다는 사실이 밝혀졌고, 1873년 제임스 클러크 맥스웰James Clerk Maxwell은 이 두 종류의 장을 하나로 통합하여 전자기학electromagnetism 이론을 발표했습니다. 이는 다양한 전기 및 자기 현상을 간결한 이론으로 설명하는 엄청난 통합의 승리였습니다. '맥스웰 방정식'은 오늘날까지도 물리학 학부생들을 괴롭히고 있습니다.

맥스웰 이론이 가진 가장 큰 의미 중 하나는 **빛**의 본질에 대한 이해였습니다. 빛은 특별한 종류의 물질이라기보다는 **전자기 복사**electromagnetic radiation라고도 알려진 전기장과 자기장의 **진행파**propagating wave입니다. 우리는 전자기를 "힘"이라고 생각하는데 실제로 그렇기도 합니다. 그러나 맥스웰은 우리에게 힘을 전달하는 장이 진동할 수 있으며 전기장과 자기장의 경우 그 진동을 빛으로 인식한다는 것을 가르쳤습니다. 빛의 양자는 광자라고 부르는 입자이기 때문에 우리는 때때로 "광자가 전자기력을 전달한다"고 말할 것입니다. 그러나 현재 우리는 여전히 고전적인 사고를 하고 있습니다.

전자와 같은 단일 하전 입자를 생각해봅시다. 전자를 가만히 놔두면 전자를 둘러싼 전기장이 형성되고, 전자를 향하는 역선line of force이 생깁니다. 이 힘은 뉴턴의 중력처럼 역제곱 법칙을 따라 줄어들게 됩니다.* 전자를 움직이면 두 가지 일이 일어납니다: 첫째, 움직이는 전하가 전기장뿐만 아니라 자기장도 생성합니다. 둘째, 기존의 전기장이 공간에서 방향을 조정하여 이 입자를 계속 가리키도록 합니다. 이 두 가지 효과(작은 자기장, 기존 전기장의 작은 편차)가 합쳐져 연못에 던진 조약돌의 물결(파동)처럼 파문이 바깥쪽으로 퍼져나갑니다. 맥스웰은 이러한 파동의 속력이 광속과 정확히 일치한다는 사실을 발견했습니다. 이것이 바로 빛입니다. 전파에서 엑스선, 감마선에 이르기까지 모든 파장의 빛은 전기장과 자기장의 진행파입니다. 지금 우리 주변에서 볼 수 있는 거의 모든 빛은 전구의 필라멘트나 태양 표면 등 어딘가에서 전하를 띤 입자가 진동하는 데서 비롯됩니다.

19세기에는 동시에 입자의 역할도 명확해지고 있었습니다. 존 돌턴 John Dalton이 이끄는 화학자들은 물질이 개별 원자atom들로 이루어져 있으며, 각 화학 원소와 연관된 하나의 특정한 종류의 원자를 가지고 있다는 아이디어를 옹호했습니다. 물리학자들은 기체를 되튀는 원자들의 집합으로 생각하면 온도, 압력 및 엔트로피와 같은 것들을 설명할 수 있다는 사실을 깨닫고 뒤늦게 이 아이디어를 받아들였습니다.

그러나 나눌 수 없는 물질의 기본 단위라는 고대 그리스의 개념에서 차용한 '원자'라는 용어는 다소 시기상조인 것으로 밝혀졌습니다.

---

* 이 책의 뒷부분에서 우리는 중력과 전자기력이 모두 역제곱 법칙을 따르는 이유를 알게 될 것입니다. 그것은 기본 장이 질량이 없기 때문이며, 또한 게이지 불변성gauge invariance이라고 부르는 것 때문이기도 합니다.

chapter 1 파동함수

원자가 화학 원소들의 건축용 블록이기는 하지만 오늘날 원자는 나눌 수 없는 것이 아닙니다. 자세한 내용은 나중에 설명하고, 원자에 대한 간략한 개요는 다음과 같습니다. 원자는 **양성자**proton와 **중성자**neutron로 이루어진 **원자핵**nucleus으로 구성되어 있으며, 그 주위를 **전자**electron가 공전합니다. 양성자는 양전하, 중성자는 0전하, 전자는 음전하를 가지고 있습니다. 양성자와 전자의 전하가 서로 상쇄되므로 양성자와 전자의 수가 같으면 중성 원자를 만들 수 있습니다. 중성자가 조금 더 무겁지만 양성자와 중성자의 질량은 거의 같으며, 전자는 훨씬 가벼워 양성자 질량의 약 1800분의 1에 불과합니다. 따라서 사람을 비롯해 거시적 물체의 질량은 대부분 양성자와 중성자에서 비롯됩니다. 가벼운 전자는 더 잘 움직일 수 있기 때문에 화학 반응과 전기 흐름을 담당합니다. 오늘날 우리는 양성자와 중성자 자체가 **쿼크**quark라고 불리는 더 작은 입자로 이루어져 있으며, 쿼크는 **글루온**gluon에 의해 함께 묶여 있다는 것을 알고 있지만 1900년대 초반에는 이런 사실을 몰랐습니다.

원자에 대한 이런 모습은 서서히 완성되었습니다. 전자는 1897년 영국의 물리학자 J. J. 톰슨J. J. Thompson이 전하를 측정하여 전자가 원자보다 훨씬 가볍다는 사실을 밝혀낸 후 발견되었습니다. 따라서 원자에는 두 요소, 즉 가볍고 음전하를 띠는 전자와 더 무겁고 양전하를 띠는 부분이 있어야 합니다. 몇 년 후 톰슨은 작은 전자가 더 크고 양전하를 띤 덩어리 안에 떠 있는 원자 모형을 제안했습니다. 그는 이를 **플럼푸딩 모형**plum pudding model이라고 불렀는데, 여기서는 전자가 플럼(과일인 자두를 말린 것—옮긴이) 역할을 했습니다.

플럼푸딩 모형은 오래 가지 못했습니다. 어니스트 러더퍼드Ernest Rutherford, 한스 가이거Hans Geiger와 어니스트 마스덴Ernest Marsden이 알파 입자(현재는 헬륨 원자의 원자핵으로 알려져 있습니다)를 얇은 금박에 쏘는 유명한 실험을 했습니다. 알파 입자가 우연히 원자를 통과하여 전자(플럼)나 퍼져 있는 양전하 덩어리(푸딩)와 상호작용할 경우 궤적이 약간 휘고, 대개 알파 입자는 바로 직진할 것으로 예상했습니다. 전자는 너무 가벼워서 알파 입자의 궤적을 방해할 수 없고, 퍼져 있는 양전하 덩어리는 너무 퍼져서 알파 입자에 큰 영향을 미치지 못하기 때문입니다. 그러나 실제로 대부분의 알파 입자는 영향을 받지 않고 그대로 직진했지만, 일부 알파 입자들은 큰 각도로 튕겨 나갔고, 심지어는 되돌아오기도 했습니다. 이는 알파 입자를 튕길 수 있는 무겁고 실재적인 무엇인가가 있을 때만 일어날 수 있는 현상이었습니다. 1911년 러더퍼드는 양전하를 원자 중앙에 있는 무거운 원자핵에 집중시킴으로써 이 결과를 올바르게 설명했습니다. 입사한 알파 입자가 운 좋게도 작지만 무거운 원자핵과 직접 부닥치면 알파 입자가 예리한 각도로 굴절될 것이고, 러더퍼드는 이것을 관측한 것입니다. 1920년 러더퍼드는 원자핵 안의 양성자(수소 원자의 원자핵으로 이전에 이미 발견되었습니다)의 존재를 제안했고, 1921년에는 중성자가 존재해야 한다는 이론을 내놓았습니다(중성자는 결국 1932년에 발견되었습니다).

우리의 상상 속 세기말 물리학자들은 지금까지 잘해왔다고 생각했습니다. 물질은 입자로 이루어져 있고, 입자들은 힘을 통해 상호작용하며, 그 힘은 장에 의해 전달됩니다. 전체 메커니즘은 고전물리학의 틀에 의해 정해진 규칙에 따라 작동할 것입니다. 입자의 경우, 이것은 아주 친숙합니다. 우리는 모든 입자의 위치와 운동량을 지정한 다음 고전적인 기법(뉴턴의 법칙 또는 이와 동등한 것) 중 하나를 사용하여 입자의 동역학을 설명합니다. 장의 경우 '위치'는 공간의 모든 점에서의 장의 값이고, '운동량'은 모든 점에서 얼마나 빨리 장이 변화하는지를 의미한다는 점을 제외하면 장은 본질적으로 입자와 동일한 방식으로 작동합니다. 전체적인 고전적인 그림은 두 경우 모두에 적용됩니다.

물리학의 모든 것이 거의 다 밝혀졌다는 생각은 유혹적이었습니다. 1894년 시카고대학교의 새로운 물리학 실험실 헌정식에서 앨버트 마이컬슨Albert Michelson은 "[물리학의] 거대한 기본 원리 대부분이 확고하게 확립된 듯하다"라고 선언했습니다.

그는 완전히 틀렸습니다.

그러나 마이컬슨의 주장을 지지하는 물리학자는 소수였습니다. 맥스웰을 비롯한 다른 물리학자들은 입자 및 파동 집단의 알려진 거동이 고전적인 예상과 늘 일치하지 않는다는 것을 인식했습니다. 윌리엄 톰슨 켈빈 경Lord William Thomson Kelvin은 종종 잘못 인용된 문장의 희생양이 되곤 합니다. "이제 물리학에서 새롭게 발견할 수 있는 것은 아무것도 없습니다. 남은 것은 좀 더 정밀한 측정뿐입니다"라는 문장이 그것입니다. 그의 실제 견해는 정반대였습니다. 1900년 강연에서 톰슨은 물리학을 덮고 있는 2개의 '구름'이 존재한다고 강조했는데, 그중 하나는 상대성이론의 등장으로 인해, 다른 하나는 양자역학 이론으로 인해 사라지게 될 것입니다.

흑체복사

과학의 역사는 미묘하고 복잡하며, 돌이켜보면 우리가 기억하는 직선적인 경로로 발전하는 경우는 거의 없습니다. 특히 양자역학은 고통스럽고 혼란스러운 발전 과정을 거쳤습니다. 양자 혁명을 촉발한 두 가지 수수께끼 같은 현상에 초점을 맞추기 위해 많은 역사적 우여곡절은 건너뛰겠습니다. 이 두 가지 현상은 입자와 같은 성질을 보이는 파동, 파동과 같은 성질을 보이는 입자입니다.

먼저 빛의 입자와 같은 특성이 나타났습니다. 이 아이디어는 **흑체복사**blackbody radiation(또는 열복사)를 연구하는 데서 비롯되었습니다. 입사광을 모두 흡수하지만, 물체의 온도가 0(여기서 온도는 절대온도―옮긴이)이 아니기 때문에 방출하는 복사(여러 파장의 전자기파를 방출하는 것―옮긴이)가 흑체복사입니다. 물리학자에게 물체의 온도는 구성 입자의 무작위적인 흔들림을 나타내는 것으로, 무작위로 흔들리는 입자는 얼마나 빨리 흔들리느냐에 따라 다른 형태의 복사를 방출하게 됩니다. 우리가 그림을 볼 때, 그림이 반사하는 빛의 모양과 색이 복잡하다는 것을 알 수 있습니다. 이와 대조적으로, 흑체복사는 주변의 모든 빛을 끄고 오로지 온도 때문에 물체가 빛을 내도록 했을 때 얻게 되는 것으로, 전기난로의 발열체에서 나오는 빛이 좋은 예입니다. 온도가 0이 아닌 모든 물체는 약간의 열복사를 방출하지만 순수한 흑체복사는 물체의 색상이나 반사율 또는 물체의 다른 속성에 영향을 받지 않고 오직 온도에만 의존합니다. 저온의 흑체는 주로 적외선 또는 전파의 파장에서 전자기파를 방출하며 온도가 증가하면 가시광선, 자외선, 궁극적으로는 엑스선을 더 많이 방출합니다.

따라서 흑체복사는 겉보기에는 단순한 물리학 문제(구형 소라고 할 수 있습니다)로 볼 수 있습니다. 흑체복사는 온도에만 의존하며, 다른 특성은 중요하지 않습니다. 온도는 물체 내 원자가 앞뒤로 흔들리는 운동에너지로 측정되는데, 이 원자들은 하전 입자를 포함하고 있으므로 이러한 흔들림은 전자기 복사로 이어집니다. 우리의 물리학 문제는 각 파장에서 얼마나 많은 복사가 방출되는가 하는 것입니다.

19세기 물리학자들은 흑체복사를 파장의 함수―흑체 스펙트럼 spectrum―로 측정하고 이를 이론적으로 계산하는 일에 착수했습니다. 그 결과 짧은 파장에서 0으로부터 온도에 의존하는 최고점까지 올라갔다가 긴 파장에서 다시 0으로 내려가는 아름다운 곡선이 측정되었습니다.

그러나 이론적 상황은 엉망이었습니다. 1896년 빌헬름 빈Wilhelm Wien이 제안한 이론은 짧은 파장에서는 잘 맞는 것처럼 보였지만 더 긴 파장에서는 실험 데이터에서 크게 벗어났습니다. 1900년 존 스트럿John Strutt(레일리 경)이 제안한 또 다른 이론은 정반대였습니다. 즉 긴 파장에서는 잘 맞았지만 짧은 파장에서는 그렇지 않았습니다. 실제로 레일리의 이론은 짧은 파장에서 무한한 양의 복사를 예측했습니다.

나중에 제임스 진스James Jeans가 개선한 레일리의 이론은 일반적으로 세계가 실제로 고전적이었다면 우리가 관측할 것으로 예상되는 것을 더 정확하게 반영하고 있습니다. 레일리의 이론이 짧은 파장에서 실패한 것을 **자외선 파국**ultraviolet catastrophe이라고 부르는데, 물리학자들은 짧은 파장에서 일어나는 현상을 자외선(또는 'UV')이라고 부르고, 긴 파장에서 일어나는 현상을 적외선(또는 'IR')이라고 부르는 경우가 많았기 때문입니다. (그리고 이론과 실험의 불일치는 파국으로 간주합니다.) 적외선 현상을 이해하는 것은 상대적으로 쉽고, 자외선 현상을 제대로 이해하는 것이 상대적으로 어렵다는 점은 양자장이론을 다룰 때 다시 등장하게 됩니다.

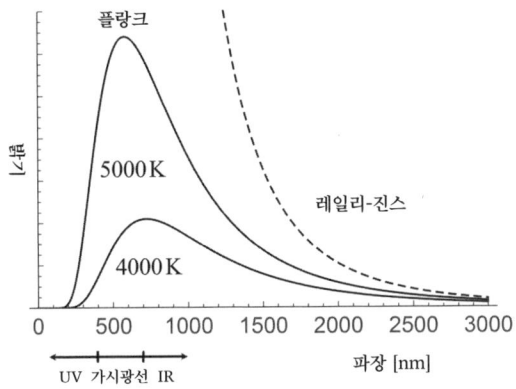

독일의 물리학자 막스 플랑크―소문에 의하면 그는 "거의 모든 것이 이미 밝혀졌다"는 이유로 물리학을 공부하지 말라는 교수의 말을 들었다고 합니다―는 이 문제를 해결하기로 결심했습니다. 1900년에 그는 긴 파장과 짧은 파장(그리고 그 사이)에서의 측정 데이터를 모두 맞추는 빈과 레일리-진스를 절충한 공식을 얻을 수 있었습니다. 그의 결과물인 유명한 플랑크 흑체복사 법칙은 각 파장에서 온도 T인 물체의 흑체복사 세기 B를 알려줍니다.

$$B(\lambda) = \frac{2hc^2}{\lambda^5} \frac{1}{\exp\left(\dfrac{hc}{\lambda k_B T}\right) - 1} \qquad (1.1)$$

여기서 'exp'는 지수 함수, $\exp(x) = e^x$를 나타냅니다. 이 식은 온도 T와 파장 λ 외에도 광속 c, 열역학의 볼츠만 상수 k_B 및 플랑크가 공식을 완성하기 위해 발명해야 했던 새로운 상수 h라는 세 가지 고정 매개변수parameter에 의존합니다. 이제는 **플랑크 상수**Planck's constant로 알려진 이 숫자가 양자역학이 관련된 모든 곳에서 나타납니다.

$$h = 6.626 \times 10^{-34} \text{ 줄} \cdot \text{초} \qquad (1.2)$$

줄은 에너지의 단위로, 1와트 전구가 1초 동안 사용하는 에너지와 같습니다. 여러 가지 이유로 h를 2π로 나눈 값이 자주 나타나기 때문에 우리는 **환산 플랑크 상수**를 다음과 같이 정의합니다.

$$\hbar = \frac{h}{2\pi} \qquad (1.3)$$

그리고 이 상수를 'h-바h-bar'라고 읽습니다. 환산 플랑크 상수가 너무 자주 나타나기 때문에 $\hbar = 1$인 단위를 선택하려는 경향이 있다는 것을 깨닫게 될 것입니다. 이는 상대성이론에서 작업할 때 광속 $c = 1$로 설정하면 편리한 것과 같습니다. 그러나 지금은 환산 플랑크 상수를 잊어버리십시오.

처음에 플랑크는 공식을 직접 도출하지 않고 추측만 했습니다. 그는 빈과 레일리-진스 결과를 하나의 간결한 표현으로 결합할 수 있는 올바른 수학적 조작을 찾아냈습니다. 그러나 플랑크는 그 공식이 그렇게 잘 작동하는 이유를 찾기 위해 열심히 노력했습니다. 이 작업이 어려웠던 이유 중 하나는 플랑크가 근본적으로 보수적인 물리학자였기 때문입니다. 그는 열역학 법칙을 수많은 원자의 집단 행동으로 설명하려는 맥스웰과 루트비히 볼츠만 Ludwig Boltzmann의 통계역학을 좋아하지 않았고, 심지어 원자의 존재 자체에 회의적이었습니다. 말년에 그는 양자역학의 주요 아이디어를 의심하기도 했습니다. 그러나 그렇다고 해서 그가 흑체복사의 퍼즐을 푸는 독창적인 가정을 세우는 것을 막지는 못했습니다.

    결정적인 추측은 다음과 같습니다. 물체 속 하전 입자가 앞뒤로 흔들리며 전자기 복사를 방출할 때, 그 복사에 포함된 에너지의 양이 예전의 값과 같을 수 없다는 것입니다. 대신 에너지는 파동의 진동수에 따라 불연속적인 양으로 방출되며, 진동수는 파장 및 광속과 $f = c/\lambda$의 관계를 가집니다. 지금은 유명해진 다음 공식에 따르면 더 높은 진동수의 광파는 더 높은 에너지 다발에 해당합니다.

$$E = hf \qquad (1.4)$$

    여기서 우리는 또다시 플랑크 상수가 등장하는 것을 볼 수 있습니다. 흔히 진동수 자체보다는 각진동수 $\omega = 2\pi f$를 사용하는 것이 더 편리한 경우가 많으므로 이 방정식은 종종 $E = \hbar\omega$로도 적습니다.

입자처럼 행동하는 파동

방출된 복사 에너지가 임의의 값을 갖지 않고 불연속적인 다발로 나오는 이유는 무엇일까요? 아마도 흑체를 구성하고 있는 입자들이 불연속적인 양으로만 흔들리기 때문일 것입니다. 그러나 다른 설명이 떠오릅니다. 즉 흔들림이 불연속적이 아니라 방출되는 빛이 불연속적이라는 것입니다. 달리 말해 그 빛이 실제로는 불연속적인 실재―입자―의 흐름이라는 것입니다.

그러나 플랑크는 그렇게까지 말하지 않았고, 방출되는 에너지의 양에 대해서만 언급했을 뿐 그것이 어떤 형태를 취하는지는 언급하지 않았습니다. 빛이 입자인지 파동인지는 적어도 (입자를 주장한) 아이작 뉴턴과 (파동을 옹호한) 크리스티안 하위헌스Christiaan Huygens까지 거슬러 올라가는 오래된 질문입니다. 맥스웰 방정식이 등장하자 물리학자들은 빛이 파동이라고 확신했습니다. 특히 파동의 양의 부분이 음의 부분을 상쇄할 때 우리의 예상처럼 빛이 스스로 간섭을 일으킨다는 사실이 실험을 통해 입증되었습니다. 맥스웰이 자신의 전자기학 이론으로 빛의 본질을 설명한 것은 말할 것도 없고, 이 이론은 다른 여러 가지 이유로도 성공적이었습니다. 따라서 빛이 입자와 같은 성질을 가지고 있다는 생각은 가능성이 희박한 제안처럼 보였고, 물리학자들은 이미 그 개념에서 벗어났다고 가정했습니다.

비약적인 진취성을 가진 사람은 26세의 알베르트 아인슈타인이었습니다. 1905년은 '아인슈타인의 기적의 해'로 알려져 있습니다. 그는 일련의 논문을 통해 특수상대성이론을 확립했고, 질량과 에너지의 관계를 분명히 했으며, 브라운 운동(액체 속 미세 입자의 무작위 운동)을 원자 충돌의 관점에서 설명하여 과학자들이 원자의 존재를 완전히 확신하는 데 도움을 주었습니다. 이러한 업적 중 어느 하나만으로도 평범한 과학자로서의 경력을 쌓을 수 있었겠지만, 아인슈타인은 이때의 업적으로 노벨상을 받지는 못했습니다.

그에게 노벨상을 안겨준 것은 빛의 **에너지 양자**energy quanta에 대한 아이디어였습니다. 'quanta'는 'quantum' 복수형이며, "무언가를 잘게 자를 수 있는 가장 작은 단위"를 뜻합니다. photon(광자)이라는 단어는 나중에 만들어졌지만, 바로 아인슈타인이 제안한 것이었습니다. 즉 빛은 현재 광자라고 알려진 입자들로 구성되어 있습니다.

그는 **광전 효과**photoelectric effect로 알려진 다소 모호한 현상을 설명하기 위해 광자라는 개념을 도입했습니다. 금속에 빛을 비추면 금속은 때때로 활동적인 전자를 외부로 방출합니다. 광전 효과는 우리가 빛을 연속적인 에너지 파동이라고 예상했을 경우와는 달리 빛의 밝기나 세기에 의존하지 않고 빛의 진동수에만 의존합니다. 이는 빛이 식 (1.4)에 따라 주어진 개별 에너지를 가진 양자 묶음(광자들)으로 입사된다면 이해가 됩니다. 광자의 에너지가 전자를 느슨하게 하고 전자를 금속 표면에서 떼어낼 만큼 충분히 크면 전자가 금속 외부로 떨어져 나가고, 그렇지 않으면 얼마나 많은 광자를 보내든 상관없이 전자는 안전하게 제자리에 남게 됩니다. 아인슈타인이 지적했듯이 이 그림은 흑체복사에 대한 플랑크의 공식을 설명할 수도 있습니다.

그러나 이 발견은 물리학자들이 빛에 대해 배운 모든 것을 뒤엎었습니다. 빛을 파동으로 보는 시각은 아무렇게나 받아들여진 것이 아니라 강력한 실험적 증거와 이론적 추론으로 뒷받침되고 있었습니다. "빛은 결국 입자다"라는 말만 하고 끝낼 수는 없었습니다. 오히려 빛은 대부분의 시간 동안 파동과 같은 방식으로 행동하지만, 특정한 상황에서는 입자와 같은 성질을 가지는 것처럼 보였습니다. 빛의 본질이 혼란스럽고 모호해 보이는 것은 바로 그런 이유 때문입니다. 일관된 설명이 나오기까지는 20년의 시간이 더 필요했습니다. (그리고 그로부터 한 세기가 지난 지금까지도 어떤 일이 진짜로 일어나고 있는지에 대한 합의가 이루어지지 않고 있습니다.)

파동처럼 행동하는 입자

한편, 어니스트 러더퍼드와 그의 동료들, 특히 덴마크의 물리학자 닐스 보어Niels Bohr는 물질의 원자 구조를 이해하기 위해 노력하고 있었습니다. 1911년 러더퍼드의 실험을 통해 원자의 질량 대부분이 중앙에 있는 양전하를 띤 조밀한 원자핵에 집중되어 있다는 사실이 밝혀졌습니다. 문제는 훨씬 더 가벼운 전자는 어떻게 되는가 하는 것이었습니다.

행성들이 태양 주위를 공전하는 것처럼 전자가 원자핵 주위를 공전한다는 것이 당연한 생각일 것입니다. 이런 식의 아이디어가 이전에 아일랜드의 물리학자 조지프 라모어Joseph Larmor에 의해 제안되었으며, 일본의 물리학자 나가오카 한타로長岡半太郎는 (토성의 고리처럼) 전자가 고리 모양으로 움직인다는 대안적 틀을 제시했습니다. 러더퍼드 자신도 전자가 어떤 운동을 하는지 확실히는 몰랐지만, 어떻게든 전자가 원자핵 주위로 운동해야 한다는 것은 알고 있었습니다. 그리고 그는 원자의 전체 크기, 따라서 전자 궤도의 크기를 대충 알고 있었습니다.

그리고 사람들은 곧 이것이 엄청난 문제를 일으킨다는 것을 깨달았습니다. 방금 설명한 것처럼 운동 중인 하전 입자는 전자기 복사를 방출합니다. 적어도 고전역학의 규칙에 따르면 여기에는 원자핵 주위를 도는 전자의 운동도 포함됩니다. 따라서 전자는 빛을 방출해야 하고, 그 과정에서 에너지를 잃게 됩니다. 그 결과 전자는 원자핵 주위를 도는 궤도에 평화롭게 머물러 있을 수 없습니다. 궤도를 도는 전자는 전자기 복사로 에너지를 잃고 원자핵으로 바로 빨려 들어가게 됩니다. 이 시간이 얼마나 걸릴지 계산해보면 대략 10^{-11}초라는 답이 나옵니다. 그러나 우주의 모든 원자가 이 시간 정도만 지속한다면 지금쯤 누군가 그런 사실을 알아차렸을 것입니다.

다시 말해 고전역학의 규칙에 따르면, 원자로 이루어진 모든 물질은 극적일 정도로 불안정해야 합니다. 탁자와 의자와 행성과 인간은 아주 짧은 순간에 작은 조각들로 붕괴해야 합니다. 그러나 그런 일은 일어나지 않습니다. 왜 그럴까요?

1913년 보어가 최초의 해답을 제시했습니다. 사람들은 복사에 관한 플랑크와 아인슈타인의 아이디어를 알고 있었기 때문에 '양자'라는 개념은 이미 널리 퍼져 있었습니다. 보어는 광자와 마찬가지로 전자와 그 운동에도 막연하게 양자적인 무언가가 있다고 제안했습니다. 물론 이미 전자는 입자라고 생각했지만, 보어의 제안은 전자가 예전의 궤도가 아닌 특정한 불연속적인 궤도에만 머물 수 있다는 것이었습니다. 전자는 입자이기 때문에 이미 '양자'이지만, 보어는 전자에게 허용된 궤도도 양자화되어 있다고 주장했습니다.

이 아이디어는 적어도 가장 단순한 원자인 수소에는 꽤 잘 맞았습니다. 무엇보다도 데이터를 맞추기 위해 보어가 염두에 둔 양자화 조건은 궤도를 도는 전자의 각운동량 L이 다음과 같은 값을 가져야 한다는 것입니다.

$$L = n\hbar \quad (1.5)$$

여기서 n은 0보다 큰 정수입니다. 이것은 처음에 흑체복사를 이해하기 위해 제안된 플랑크 상수가 원자핵 주위의 전자 궤도를 설명하는 공식에도 기적적으로 나타난 것처럼 보였습니다. 그리고 특정한 궤도를 고집함으로써 안정성 문제가 해결되었습니다. 즉 전자는 기껏해야 가장 낮은 에너지 궤도까지 붕괴할 수 있을 뿐 원자핵까지 붕괴할 수 없다는 것입니다. 전자가 이동할 수 있도록 허용된 더 낮은 에너지 상태는 없는데, 그것은 원자의 모든 전자가 최저 에너지 궤도에 도달하면 원자가 안정적이어야 한다는 것을 의미했습니다.

보어 모형은 중요한 진전이었지만, 전자가 **왜** 그렇게 궤도를 선택하는 데 까다로운지를 설명하기에는 부족했습니다. 1924년 마침내 프랑스의 물리학자 루이 드 브로이Louis de Broglie는 박사학위 논문의 일부로 이에 대한 설명을 제시했습니다. 조금 생각해보면 드 브로이의 아이디어는 정말 좋습니다. 즉 빛이 입자와 같은 성질을 가지고 있다면 입자도 파동과 같은 성질을 가지고 있다고 상상해야 한다는 것이었습니다.

전자와 같이 명백히 입자처럼 보이는 것이 '파동과 같은 성질을 가진다'는 것이 무엇을 의미하는지는 여전히 의문이었습니다. 드 브로이는 전자가 입자와 파동 모두로 구성되어 있으며 입자는 파동을 따라 움직인다고 생각한 것 같습니다. 그러나 중요한 아이디어는 파동이 입자의 운동량 $p = mv$와 관련되어 그에 상응하는 파장을 가지고 있다고 상상하는 것이었습니다. 따라서 드 브로이 파장 de Broglie wavelength은 다음과 같습니다.

$$\lambda = h/p \qquad (1.6)$$

여기서 h는 또다시 플랑크 상수입니다. 드 브로이의 관점에서 이 파장은 두 '물질파 matter wave'가 서로 만날 때 보강 간섭 또는 상쇄 간섭 같은 파동과 유사한 현상을 예측하는 데 사용될 수 있습니다.

가장 중요한 것은 드 브로이의 모형이 보어의 양자화된 전자 궤도에 대한 자연스러운 설명을 제시했다는 점입니다. 즉 궤도는 파장의 정수배에 해당되는 정확한 크기를 가져야 한다는 것입니다. 달리 말하자면 파동은 궤도를 한 바퀴 돌았을 때 처음과 같은 값으로 돌아와야 합니다. 이 조건은 보어 모형에서 설명하는 궤도를 재현하기에 딱 맞는 것으로 밝혀져 이 아이디어가 옳았음을 강력하게 시사합니다.

양자역학

그러나 아인슈타인의 빛 양자, 보어의 불연속적인 궤도 및 드 브로이의 물질파는 여전히 완전히 구체화된 이론이라기보다는 아이디어의 집합체처럼 느껴졌습니다. 현재 우리가 **양자역학**quantum mechanics이라고 부르는 것의 최초의 완전하고 엄밀한 이론은 1925년 세 명의 독일 물리학자, 베르너 하이젠베르크, 막스 보른 및 파스쿠알 요르단 Pascual Jordan이 제시했습니다. 현재 **행렬역학**matrix mechanics으로 알려진 이 기본 아이디어는 건초열에 걸린 하이젠베르크가 헬고란트섬에서 요양하며 회복하던 중 처음 떠올렸습니다. 이 아이디어는 단순하면서도 혁명적이었습니다: 즉 전자 궤도가 문제라면 '전자 궤도' 같은 것이 존재한다는 것을 부정하자는 것입니다. '실제로 일어나는 일'은 잊어버리고 우리가 **관측**할 수 있는 것에만 집중하자는 것입니다.

하이젠베르크는 운동량과 위치를 **관측 가능량**observable ─ 명확한 값을 가진 물리량이 아니라 측정을 통해 우리가 얻을 수 있는 물리량 ─ 으로 생각해야 한다고 제안했습니다. '전자의 위치는 무엇인가?'라는 질문은 측정하기 전에는 답을 알 수 없습니다. 여러분은 '위치나 운동량을 측정'할 수는 있지만, 그렇게 함으로써 측정의 결과가 존재하게 하는 것이지 기존의 진실을 밝히는 것은 아닙니다. 하이젠베르크는 이러한 통찰력을 바탕으로 원자로부터 빛이 방출되는 방식을 정확하게 도출할 수 있었습니다.

당시 하이젠베르크는 (23세의) 젊은 나이였기 때문에 자신의 모형이 너무 대담하다고 생각했습니다. 그는 자신의 아이디어를 설명하는 논문을 작성했지만, 제출하기 전에 선배 동료인 막스 보른Max Born에게 "미친 논문을 썼습니다"라며 논문을 보냈습니다. 보른은 수학적 훈련을 충분히 받았기 때문에 하이젠베르크의 모형이 **행렬**―단일 수량을 정사각형의 숫자 배열로 대체하는 것―의 언어로 가장 잘 표현됨을 인식했습니다. 보른과 그의 제자였던 파스쿠알 요르단은 자신들의 후속 논문을 썼습니다. 그리고 세 사람 모두 또 다른 논문을 공동 집필하여 세부 사항을 구체화했습니다.

문제는 보른이 지적하기 전에는 하이젠베르크조차 행렬이라는 개념에 익숙하지 않았던 것처럼, 대부분의 다른 물리학자도 행렬에 대해 잘 몰랐다는 점입니다. 수학적 형식은 충분히 견고해 보였지만 근본적인 물리적 의미는 모호했으며, 물리학계에서는 아직 하이젠베르크의 승리를 선언하는 것을 꺼리는 분위기가 있었습니다.

그러나 얼마 지나지 않아 오스트리아의 물리학자 에르빈 슈뢰딩거 Erwin Schrödinger가 하이젠베르크와는 다른 접근법을 제시했습니다. 슈뢰딩거는 드 브로이를 따라 또다시 파동을 이야기의 중심에 놓았고, 자신의 이론을 **파동역학**wave mechanics이라고 불렀습니다. 결국 행렬역학과 파동역학이 동일한 물리학 이론을 표현하는 두 가지 동등한 방법이라는 것이 밝혀졌고, 따라서 오늘날 우리는 단순히 이들을 **양자역학**이라고 부릅니다.

슈뢰딩거는 드 브로이의 물질파에 대한 아이디어를 확장하기 위해 현재 우리가 **파동함수**wave function라고 부르는 것을 제안했는데, 파동함수는 흔히 $\Psi(x)$라고 적는데, Ψ는 그리스 대문자 프사이psi입니다. 이것은 실재의 근본적인 본질에 관한 핵심적인 중요성을 가지게 될 무언가에 대한 이름으로는 낭만적이지 않습니다. 모든 구성 요소의 위치와 운동량을 지정하면 계의 고전적 상태가 지정되는 것처럼, 파동함수를 지정하면 계의 **양자 상태**가 지정됩니다. 단일 입자만 고려하는 경우, 파동함수는 다른 종류의 파동과 마찬가지로 모든 공간적 위치에 하나의 숫자를 할당합니다. 입자가 하나 이상일 때는 파동함수가 단일 입자의 파동함수와 다르기 때문에 그리 간단하지 않습니다. 이는 다음 장에서 자세히 설명할 **얽힘**entanglement 때문입니다.

파동함수는 물리적으로 무엇을 나타낼까요? 좋은 질문입니다. 슈뢰딩거는 원래 파동함수를 물질의 밀도처럼 상당히 실재적인 것으로 생각했습니다. 그러나 나중에 우리가 알게 되듯이 궁극적으로는 측정 결과의 확률을 계산하는 방법으로 재해석되었습니다. 이 중요한 질문은 잠시 제쳐두겠습니다.

드 브로이의 물질파와 슈뢰딩거의 파동함수 사이의 큰 차이점은 어느 한 점에서 파동함수가 실수와 허수가 결합된 **복소수**complex number라는 것입니다.

$$\Psi(x) = \Psi_R(x) + i\,\Psi_I(x) \tag{1.7}$$

여기서 i는 $\sqrt{-1}$인 '허수 단위'입니다. 함수 $\Psi_R(x)$와 $\Psi_I(x)$는 각각 $\Psi(x)$의 실수부와 허수부입니다. $\Psi_R(x)$와 $\Psi_I(x)$ 자체는 모두 실수라는 것에 주목하세요. 실수에 i를 곱하면 허수가 되고, 이것이 식 (1.7)의 오른쪽 변 두 번째 항에서 일어나는 일입니다. 여러분은 다음 그림이 보여주는 것처럼 실수부와 허수부를 **복소평면**complex plane의 두 축으

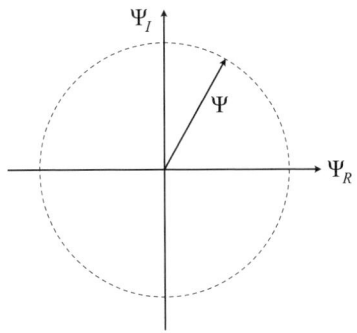

로 생각할 수 있습니다.

왜 파동함수는 실수가 아닌 복소수일까요? 궁극적으로 자연이 실수를 사용하는 방식이 아니라 복소수를 사용하는 방식으로 작동하기 때문입니다. 그러나 $\Psi(x)$의 복소수 본질은 좋은 특징을 허락합니다. 즉 (예를 들어 원자 속 전자의) 파동함수의 전체 **모양**은 고정되어 있지만, 실수부와 허수부를 교환하거나 그 반대로 함으로써 파동함수가 진화할 수 있습니다. 그림(여기서는 전체 함수가 아닌 특정 x에서의 Ψ값만 보여줍니다)에서 이것은 길이를 고정한 채 Ψ가 원을 따라 회전하는 것에 해당합니다.

그러나 파동함수는 다소 추상적인 것처럼 보일 수 있습니다. 전기장과 같은 것은 비교적 구체적인 듯이 보입니다. 전기장은 공간의 모든 점에서 작은 벡터 값을 갖습니다. 하전 입자를 그곳에 놓고 전기장이 그 입자를 밀어내는 힘을 관측하면 전기장 값을 측정할 수 있습니다. 슈뢰딩거의 파동함수는 수학적으로나 문자 그대로 **실재**real하지 않는 것처럼 보입니다. 어떻게 복소수가 실재에 대한 최선의 설명에 슬그머니 들어올 수 있었을까요? 여러분은 어떤 것을 측정해야 허수 결과를 얻는지 궁금할 것입니다. 그러나 물리학자들은 검증 가능한 예측을 할 수 있는 간단한 이론을 얻을 수 있다면, 그런 사소한 문제는 기꺼이 제쳐두려고 합니다. 그리고 양자역학은 확실히 검증 가능한 예측을 할 수 있습니다.

슈뢰딩거 방정식

그러나 파동함수가 물리학자들 사이에서 즉각적인 인기를 끌게 된 것은 시간에 따라 파동함수가 어떻게 변화하는지를 설명하는 동역학 방정식이 존재했기 때문입니다. 현재 **슈뢰딩거 방정식**Schrödinger equation으로 알려진 이 방정식은 어떤 계를 설명하는지에 따라 서로 다른 구체적인 형태를 취합니다. (우리가 뉴턴의 제2 법칙 $\vec{F}=m\vec{a}$에 다양한 힘들을 대입하는 것과 같습니다.) 가장 일반적이고 추상적인 형태의 슈뢰딩거 방정식은 다음과 같습니다.

$$\widehat{H}\Psi = i\hbar \frac{\partial \Psi}{\partial t} \tag{1.8}$$

이 방정식이 약간 무섭게 보일 수도 있지만, 이는 기호가 낯설기 때문일 뿐입니다. 사실 이 방정식은 매우 간단합니다. 몇 가지 세부 사항을 살펴보겠지만, 결국 슈뢰딩거 방정식은 파동함수가 시간에 따라 어떻게 진화하는지를 알려준다는 점만 기억하시면 됩니다.

우리는 허수 단위 i와 환산 플랑크 상수 $\hbar$의 모습을 다시 볼 수 있습니다. 방정식의 오른쪽 변은 시간 t에 대한 파동함수의 편미분입니다. 이 편미분은 "다른 모든 변수는 고정하고, t에 대한 변화율을 계산하라"는 표현법임을 기억하십시오. 이것이 바로 슈뢰딩거 방정식이 드 브로이의 관계식 (1.6)과 달리 **동역학적**dynamical 관계식인 이유입니다. 한순간에 파동함수를 지정하면 다음 순간은 물론 그 이후의 모든 순간에 파동함수가 어떻게 될지 이 방정식이 결정합니다. 슈뢰딩거 방정식은 고전역학의 라플라스 패러다임에 완벽하게 들어맞는데, 라플라스 패러다임은 계가 진화함에 따라 계의 상태를 지정하는 정보가 보존된다는 것입니다. (앞으로 살펴보겠지만, 계를 그대로 두지 않고 측정할 때 파동함수는 완전히 다른 방식으로 진화하는 것처럼 보입니다. 이것이 바로 양자역학의 모든 미스터리의 원천입니다.)

까다로운 부분은 왼쪽 변의 $\hat{H}\Psi$입니다. H는 《공간, 시간, 운동》에서 다룬, 고전역학에서 친숙한 **해밀토니안**Hamiltonian을 말합니다. 거기서 우리는 위상공간의 좌표로 위치 x와 운동량 p를 사용했고, 해밀토니안의 $H(x, p)$는 단순히 이 좌표들의 함수로 적은 계의 에너지였습니다.

양자의 상황은 더 까다롭지만, 재미있는 방식으로 설명할 수 있습니다. 해밀토니안은 더 이상 위상공간의 함수가 아니고 **연산자**operator입니다. 이를 상기시키기 위해 우리는 H에 모자를 씌운 $\hat{H}$로 표기합니다. '연산자'란 어떤 함수를 조작해 다른 함수를 출력하는 수학적 절차를 의미합니다. 현학적으로 설명하자면 해밀토니안 연산자는 원래의 함수 Ψ를 $\hat{H}\Psi$로 표기하는 새로운 함수로 보내는 맵map입니다.

$$\widehat{H} : \Psi(x) \to \widehat{H}\Psi(x) \qquad (1.9)$$

고전역학에서 해밀토니안은 에너지에 불과하지만, 양자역학에서 해밀토니안은 파동함수를 조각으로 나누고, "이 조각에 얼마나 많은 에너지가 들어 있는가?"라고 질문한 다음 그 결과를 더하여 새로운 함수를 구하는 연산자입니다. 파동함수에 작용하는 해밀토니안이 단순히 숫자가 아닌 다른 함수를 제공한다는 것은 좋은 점입니다. 왜냐하면 우리는 새 함수가 x의 함수인 것이 분명한 $\partial\Psi/\partial t$에 비례하도록 설정하고 싶기 때문입니다. (파동함수와 파동함수에 해밀토니안을 작용하여 얻는 함수 역시 시간에 의존하지만, 지금 당장 구체적으로 언급할 필요는 없어 보입니다.)

그러므로 슈뢰딩거의 관점에서 양자 상태와 그 진화에 대해 생각하는 방식은 이렇습니다. 1차원 퍼텐셜에서 움직이는 단일 입자와 같은 계가 있고, 그 계는 단일 숫자 x와 같은 좌표를 가지고 있습니다. 우리는 어떤 초기 시점에서 이 좌표에 의존하는 복소수 값의 파동함수 $\Psi(x)$로 시작합니다. 그런 다음 파동함수에 작용하여 새로운 함수를 주는 해밀토니안 연산자 $\widehat{H}$를 호출합니다. 실제로 어떤 해밀토니안 연산자를 사용할지는 우리가 고려하는 계의 종류, 특히 계가 어떤 종류의 에너지를 가지고 있는지에 따라 달라집니다. 그리고 이 새로운 함수는 Ψ의 시간에 대한 도함수에 $i\hbar$를 곱한 것임을 우리에게 알려줍니다. 파동함수가 진화하는 속도는 양자 상태의 에너지에 따라 달라지며, 에너지가 높은 상태는 더 빠르게 진화하고 에너지가 낮은 상태는 더 느리게 진화합니다.

단일 입자

무의미하고 추상적인 이야기는 이제 충분합니다. 해밀토니안 연산자가 실제로 어떤 일을 하는지 생각해봅시다.

해밀토니안 연산자는 중요한 역할을 담당하는 것으로 밝혀졌습니다. 단일 입자든 입자물리학의 표준모형이든 우주 전체이든 상관없이, 모든 계가 해밀토니안 연산자로 설명됩니다. 그러나 각각의 경우 해밀토니안이 달라집니다. 이론물리학자가 하는 일의 대부분은 계에 적합한 해밀토니안이 무엇인지 결정하는 것인데, 이유는 그 선택에 따라 계의 동역학이 결정되기 때문입니다. 슈뢰딩거의 관점에서 '해밀토니안을 선택하는 것'은 '물리학 법칙을 선택하는 것'과 동일합니다. 그것은 고전역학에서 '계에 작용하는 힘을 선택하는 것'에 비유할 수 있습니다.

슈뢰딩거 자신은—적어도 처음에는—그렇게 추상적으로 생각하지 않았습니다. 그는 아주 합리적으로 단순한 계에서 출발했습니다. 즉 퍼텐셜 $V(x)$ 속에서 1차원 운동을 하는 질량 m의 단일 입자가 그것입니다. 슈뢰딩거가 이 문제를 양자역학적으로 생각하기는 했지만, 이 문제는 말 그대로 언덕 위에서 구르는 공의 운동에 관한 문제와 같습니다. (광속에 비해 느리게 움직이는) 비상대론적 입자에 집중해봅시다. 빠르게 움직이는 입자를 다루려면 상대성이론과 양자역학을 결합한 양자장이론이 필요합니다.

일반적으로—늘상 어떤 방식으로든—오래된 고전적인 해밀토니안 연산자에서 출발하여 계의 양자 해밀토니안 연산자가 무엇인지 알아낼 수 있다는 것이 슈뢰딩거 방정식의 좋은 점입니다. 비상대론적 입자의 경우, 우리는 고전적인 해밀토니안 연산자가 무엇인지 알고 있습니다. 그것은 (운동량으로 표기한) 운동에너지에 퍼텐셜에너지를 더한 것으로, 다음과 같이 쓸 수 있습니다.

$$H(x,p) = \frac{p^2}{2m} + V(x) \tag{1.10}$$

이를 양자 해밀토니안 연산자로 변환하기 위해 한 조각씩 바꿔나갈 수 있으며, 이때 x와 p를 모두 연산자로 생각하여 이를 이제 $\hat{x}$와 $\hat{p}$로 표시합니다. 연산자 $\hat{x}$는 'x 곱하기'에 불과하므로 그리 어렵지 않습니다. 까다로운 부분은 운동량 연산자 $\hat{p}$입니다. 고전역학에서 운동량은 상태를 정의하는 데 도움이 되는 독립 변수였습니다. 임의의 x에 대해 임의의 p를 가진 상태를 고려할 수 있었습니다.

그러나 양자역학에서는 더 이상 독립 변수가 아닙니다. 파동함수 $\Psi(x)$는 전체 양자 상태를 정의하며, p에 대한 추가적인 의존성을 가지고 있지 않습니다. 대신 이제 운동량은 연산자이며, x에 대한 Ψ의 편미분에 비례합니다.

$$\hat{p} = -i\hbar \frac{\partial}{\partial x} \tag{1.11}$$

이것이 어디서 나온 것인지, 왜 이 표현이 사실인지를 너무 걱정할 필요는 없습니다. 지금은 운동량이 파동함수의 기울기인 파동함수의 공간 미분과 관련이 있다는 점만 기억하면 됩니다. 완만하게 구불거리는 Ψ는 운동량이 낮고, 급격하게 진동하는 Ψ는 운동량이 높다는 특징이 있습니다.

이제 우리는 식 (1.11)을 고전적인 해밀토니안 식 (1.10)에 대입해 양자 해밀토니안의 식을 구하기만 하면 됩니다. 그러면 슈뢰딩거가 원래 적었던 형태의 슈뢰딩거 방정식이 나옵니다.

$$\left(-\frac{\hbar^2}{2m}\frac{\partial^2}{\partial x^2}+V(x)\right)\Psi(x,t)=i\hbar\frac{\partial}{\partial t}\Psi(x,t) \qquad (1.12)$$

슈뢰딩거 방정식의 추상적인 형태인 식 (1.8)은 우리가 물리학의 기본 법칙들에서 기대할 수 있는 엄정한 아름다움을 지니고 있습니다. 반면 명시적 형태의 식 (1.12)는 조금 더 투박해 보이며, 실험적 예측을 원한다면 상황을 더 자세히 알아야 합니다. 전 세계 대학에서 매년 수많은 젊은 물리학도들이 다양한 물리적 상황에서의 슈뢰딩거 방정식을 풀기 위해 밤을 지새우고 있습니다.

단조화 진동자

다행히도 우리는 어떤 것을 구체적으로 풀기 위해 시간을 소비할 필요가 없습니다. 우리는 슈뢰딩거 방정식에 대한 특정한 해답보다는 일반적인 원리에 더 관심이 있습니다. 즉 파동함수가 존재하고, 파동함수는 파동함수의 에너지(실제로는 파동함수에 작용하는 해밀토니안 연산자)에 비례하는 변화율을 설정하는 명확한 동역학 방정식을 따릅니다.

그래도 특정 종류의 해답을 살펴보는 것은 정신 건강에 도움이 될 수 있습니다. 《공간, 시간, 운동》에서 만났던 우리의 오랜 친구인 단조화 진동자보다 더 좋은 예가 있을까요? 이 예는 그저 단순함을 위해 선택한 것이 아니며, 양자장이론을 이야기하게 될 때 이것이 결정적으로 중요하다는 것이 밝혀질 것입니다. 우리는 매끄러운 함수부터 시작해서 양자화된 장이 입자처럼 보이는 이유, 그리고 직접적으로 관련이 있는 '양자'의 출현을 살펴볼 것입니다.

단조화 진동자는 좌표의 제곱에 비례하는 퍼텐셜에너지로 정의된다는 것을 기억하십시오. 우리는 단조화 진동자의 퍼텐셜에너지를 다음과 같이 쓸 수 있습니다.

$$V(x) = \frac{1}{2} m \omega^2 x^2 \tag{1.13}$$

여기서 m은 여전히 입자의 질량이고 ω는 진동자의 각진동수, 그리고 x는 그 좌표입니다. 우리는 "x가 위치이다"라고 말하고 싶지만, 그것은 고전적인 직관에 따른 표현일 것입니다. 위치는 측정 가능한 양이고 위치를 측정하려고 하면 어떤 특별한 답 x를 얻을 수도 있습니다. 그러나 우리가 측정을 하기 전에는 '입자의 위치'와 같은 것은 존재하지 않습니다.

물론 단조화 진동자 퍼텐셜에 대한 슈뢰딩거 방정식의 해답은 무한히 많습니다. 그것은 우리가 원하는 어떠한 $\Psi(x)$로 시작하든 슈뢰딩거 방정식을 사용해 그것이 시간에 따라 어떻게 진화하는지 결정할 수 있기 때문입니다. (이것은 고전물리학에서 익숙한 라플라스 패러다임입니다.) 그러나 특히 흥미로운 해답들, 즉 시간이 지나도 모양이 변하지 않는 해답들이 있습니다. 이러한 해답들은 불확실한 에너지가 아니라 확실한 에너지 값을 갖는 해답들이기도 합니다. 따라서 이를 **에너지 고유 상태**energy eigenstate라고 부릅니다. **바닥 상태**ground state라고 부르는 에너지가 가장 낮은 상태가 있고, 그다음으로 높은 에너지, 그다음으로 높은 에너지 등등의 **들뜬 상태**excited state들도 존재합니다. 이들 에너지 상태에 $n = \{0, 1, 2, \cdots\}$의 표식label을 붙이면 이들 에너지 상태는 다음과 같은 형태를 취합니다.

$$E_n = \hbar \omega \left(n + \frac{1}{2} \right) \tag{1.14}$$

여기서 ω는 단조화 진동자의 각진동수입니다.

x의 함수인 에너지 고유 상태의 정확한 수학적 형태는 복잡하고 특별히 알려주는 것이 없는 것으로 밝혀졌습니다. 다행히 우리는 대충 그림을 그려서 무슨 일이 일어나고 있는지 직관적으로 파악할 수 있습니다.

단조화 진동자 해밀토니안은 $x = 0$ 근처에서 가장 낮은 값을 가지는 퍼텐셜에너지와 $\Psi(x)$가 과격한 진동이 아닌 완만한 곡선일 때 가장 낮은 값을 가지는 운동에너지 모두에 의존합니다. 그리고 결정적으로, 퍼텐셜에너지는 x^2으로 증가하기 때문에 큰 값의 x에서는 매우 커집니다. 따라서 모든 유한한 에너지 상태는 $x = -\infty$와 $x = +\infty$에서 0에 가까워져야 합니다. $x = -\infty$에서 파동함수가 0이 아닌 고정값에 가까워지면 슈뢰딩거 방정식 (1.12)에서 x^2에 비례해 증가하는 퍼텐셜이 곱해지기 때문에 무한한 에너지를 소모할 것입니다.

따라서 $x = -\infty$에서 $x = +\infty$로 이동하면서 우리는 최저 에너지를 가진 바닥 상태의 파동함수($n = 0$)가 어떤 모습일지 어느 정도 짐작할 수 있습니다. 이 파동함수는 $x = -\infty$일 때 0에서 시작하지만, 0에만 머물 수는 없습니다. 파동함수가 항상 0이라면 입자가 전혀 존재하지 않기 때문입니다. 그래서 $x = 0$에 접근하면서 파동함수는 완만하게 상승했다가 x가 증가하면 다시 0으로 떨어지기 시작합니다. 우리는 에너지가 가장 낮은 상태를 생각하고 있기 때문에 절대 $\Psi = 0$축을 가로지르지 않을 것입니다. 바닥 상태의 파동함수는 가능한 한 완만하게 변화해야 하기 때문에 파동함수는 불필요한 진동을 하지 않습니다.

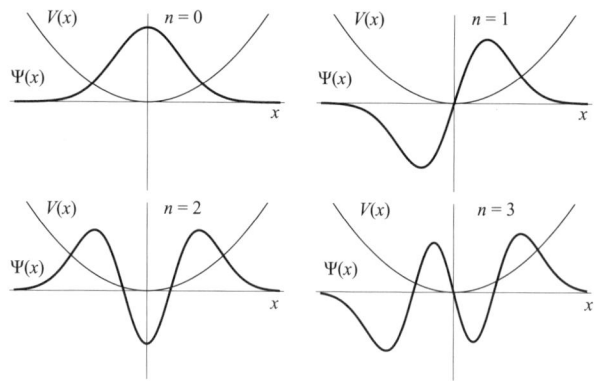

그다음으로 높은 에너지 상태($n = 1$)는 조금 더 퍼져 있고 조금 더 진동합니다. 따라서 이 파동함수는 정확히 한 번 $\Psi = 0$축을 가로지릅니다. 즉 0에서 시작하여 위로 올라가지 않고 아래로 내려가다가

$x=0$에서 다시 $\Psi=0$으로 돌아온 후 위로 올라갔다가 다시 0으로 떨어집니다. 그다음으로 높은 에너지 상태($n=2$)는 $\Psi=0$를 두 번 가로지릅니다. 즉 0에서 시작하여 위로 올라갔다가 $\Psi=0$축을 가로질러 다시 내려갔다가 다시 위로 올라갔다가 다시 0으로 떨어지는 식의 패턴이 반복됩니다. n으로 표시된 각 에너지 고유 상태는 위아래로 변하며 $\Psi=0$축을 정확히 n번 교차하면서 위아래로 진동합니다.

이러한 수학적 세부 사항 가운데 여기서 놓치지 말아야 할 중요한 사실은 기적이 일어났다는 것입니다. 우리는 플랑크와 아인슈타인이 광자의 행동에 불연속적인 무언가, 즉 '양자'가 존재한다는 것을 관측하고, 보어가 비슷한 아이디어를 전자 궤도에 적용하는 것으로 여정을 시작했습니다. 그러나 파동함수나 슈뢰딩거 방정식에는 불연속적이거나 양자적인 것이 없습니다. 파동함수 자체는 시간에 따른 진화와 마찬가지로 완벽하게 매끄럽습니다.

단조화 진동자는 연속과 불연속의 명백한 긴장감을 조정합니다. 불연속적인 것은 파동함수나 그것이 따르는 방정식이 아니라 불연속적인 특성을 가진 이 방정식의 **해답**들의 특별한 집합입니다. 이것이 바로 양자의 기원입니다.

파동함수가 무한대에서 0에 묶여 있을 때마다 이 파동함수는 0 주위로 특정한 불연속적인 횟수만큼 진동합니다. 이는 말 그대로 양쪽 끝이 묶여 있는 바이올린이나 기타 줄과 정확히 유사합니다. 이러한 줄을 튕기면 기본 진동수에 해당하는 가장 긴 파장에서 진동하거나 배음에 해당하는 불연속적인 더 높은 진동수에서 진동할 수 있습니다. 이들 파동함수에 대한 수학 공식은 다르지만 기본 메커니즘은 동일합니다.

이런 일은 단조화 진동자뿐만 아니라 원자핵 주변의 전자에서도 발생합니다. 공간이나 시간, 에너지 또는 다른 어떤 것에 근본적으로 불연속적인 것이 있기 때문이 아니라 슈뢰딩거 방정식에 대한 적절한 해답들의 행동으로 인해 에너지 준위가 불연속적이 됩니다. 이는 궁극적으로 장에 관한 이론인 양자장이론이 입자에 관한 이론처럼 보이는 이유―불연속적인 에너지 양자가 슈뢰딩거 방정식을 적절히 개선한 버전에 대한 해답인 이유―와도 같습니다.

양자역학의 궁극적인 아이러니는 근본적으로 '양자'라는 것은 없다는 것입니다. 우리는 우주에서 어떤 불연속적인 일들이 일어나는 것을 보게 되는데, 그 이유는 슈뢰딩거 방정식의 해답이 그런 성질을 가지고 있기 때문입니다.

CHAPTER 2

측정

양자역학의 핵심은 눈에 보이는 것이 존재하는 것이 아니라는 것입니다. 물론 두 가지는 서로 관련되어 있으며, 무엇이든 허용되는 것과는 다릅니다. 그러나 우리가 양자계를 측정할 때 우리는 단순히 측정 전의 양자 상태를 관측하는 것이 아닙니다. 우리는 상태의 부분적이고 불완전한 측면을 관측하고, 그 과정에서 상태를 돌이킬 수 없이 변화시킵니다. 이것이 바로 고전물리학에서와는 달리 양자물리학에서 '측정'이 가장 큰 아이디어 중 하나로 인정받는 이유입니다.

✷ ✷ ✷

고전역학의 라플라스 패러다임은 계의 상태를 알려주면 물리법칙이 계가 한 순간에서 다음 순간으로 어떻게 진화하는지를 알려준다는 것입니다. 앞 장을 읽었다면 양자역학도 동일한 기본 패턴을 따른다고 생각할 수 있습니다. 물론 '상태'는 어떤 입자의 위치와 운동량의 집합이 아니라 파동함수이지만, 여전히 특정 시간에서의 파동함수를 지정하면 슈뢰딩거 방정식은 여러분이 파동함수를 다른 시간으로 진화시키는 데 도움을 줍니다.

이것이 이야기의 전부는 아닙니다. 양자역학이 고전역학과 극적으로 다른 점은 중심적인 동역학 규칙―슈뢰딩거 방정식―이 양자 상태가 어떻게 진화하는지를 설명하지 **못하는** 특별한 순간이 있다는 것입니다. (은밀히 그럴 수 있지만, 그런 것 **같지** 않다는 것이 확실합니다.) 그런 순간들이란 바로 우리가 계의 어떤 성질들을 관측하거나 측정하는 순간을 말합니다.

이런 사실을 처음 접하게 되면 터무니없어 보입니다. 사람들은 물리계를 바라보는 단순한 행위가 어떻게 계의 진화에 중대한 역할을 할 수 있는지 이해하려고 애를 써봅니다. 누구는 이러한 수수께끼 같은 상황을 이해하기 위해 고전적인 비유를 떠올립니다. 사진을 찍으려고 할 때마다 우스운 표정을 짓는 사람들처럼 말입니다. 또는 우리가 하늘의 행성이나 당구대 위 당구공의 위치를 볼 때도 우리의 시각이 우리가 보고 있는 물체의 궤적에 영향을 미치는 약간의 운동량을 지닌 광자의 교환을 수반하는 것처럼, 모든 관측에는 일종의 물리적 상호작용이 수반되기 때문일지도 모릅니다.

이러한 비유는 잘못된 것입니다. 양자 측정을 할 때 일어나는 일은 훨씬 더 심오하며 고전물리학에서는 직접적인 비유를 찾을 수 없습니다. 측정은 실제로 물리적 상호작용이지만 고전역학에서는 그 상호작용을 임의로 작게 만들 수 있으므로 상호작용을 우리가 원하는 만큼 얼마든지 작게 하여 계에 영향을 미칠 수 있습니다. 양자역학에서는 아주 작고 눈에 띄지 않는 측정으로도 양자 상태를 극적으로 변화시킬 수 있습니다.

양자역학의 핵심은 **눈에 보이는** 것이 **존재하는** 것이 아니라는 것입니다. 물론 두 가지는 서로 관련되어 있으며, 무엇이든 허용되는 것과는 다릅니다. 그러나 우리가 양자계를 측정할 때 우리는 단순히 측정 전의 양자 상태를 관측하는 것이 아닙니다. 일반적으로 관측할 수도 없습니다. 우리는 상태의 부분적이고 불완전한 측면을 관측하고, 그 과정에서 상태를 돌이킬 수 없이 변화시킵니다.

이것이 바로 고전물리학에서와는 달리 양자물리학에서 '측정'이 가장 큰 아이디어 중 하나로 인정받는 이유입니다. 앞서 언급했듯이 그 이면에서 무슨 일이 벌어지고 있는지에 대한 합의는 거의 없습니다. 물리학자들과 철학자들은 이것을 **측정 문제**measurement problem라고 명명했습니다. 즉 측정의 특별한 점은 무엇이며, 측정이 정확히 언제 일어나는지, 그리고 측정을 하면 정확히 어떤 일이 일어나는가 하는 것입니다. 그러나 양자역학을 통해 어떤 실험적 예측을 할 수 있는지를 충분히 타개할 수 있는 그림이 있으며, 여기서 우리는 그것에 초점을 맞출 것입니다.

파동함수 붕괴

슈뢰딩거의 파동함수 도입과 파동함수에 대한 방정식은 1920년대 중반의 혼란스러운 양자 이론에 질서를 부여하기 위해 노력하던 물리학자들 사이에서 즉각적인 인기를 끌었습니다. 그러나 어렴풋이 보이기 시작한 명백한 문제가 있었습니다. 즉 전자(그리고 이 문제에서 광자 역시)가 파동이 아니라 입자처럼 행동하는 매우 분명한 상황이 존재한다는 것입니다. 우리는 입자와 같은 행동을 어떻게 파동함수에서 끌어낼 수 있을까요?

슈뢰딩거 자신은 희망을 가지고 있었습니다. 즉 어느 정도 퍼져 있는 파동함수로 시작하여 자신의 방정식에 따라 진화하게 하면 파동이 자연스럽게 어떤 실제 위치 주위로 국소화되고, 시간이 지남에 따라 이 파동이 입자처럼 움직일 수 있으리라 생각했습니다. 다시 말해 사물은 근본적으로 파동과 같을 수 있지만 본질적으로 입자처럼 보일 수 있다는 것입니다. 왜냐하면 파동함수가 거의 모든 곳에서 0이고 특정 위치 근처에서만 0이 아닐 수 있기 때문입니다.

그 희망은 통하지 않았습니다. 좋은 방정식의 아름다움과 공포는 변하지 않습니다. 방정식은 어떤 종류의 함수가 그 방정식의 해답이 될 수 있는지를 결정하며, 그 해답은 여러분의 희망이나 꿈과는 상관이 없습니다. 파동함수는 슈뢰딩거가 원했던 방식과는 정반대로 행동한다는 것이 밝혀졌습니다. 즉 파동함수가 처음에 비교적 국소화되어 있다면 시간이 지남에 따라 더 퍼지고 확산됩니다. 슈뢰딩거 방정식에 관한 한, 파동함수는 적어도 입자처럼 행동하는 것이 아니라 파동처럼 행동하는 것을 좋아합니다.

우리가 보는 세상을 설명하려면 이 점이 문제입니다. 더 가벼운 입자들로 붕괴하는 방사성 원자핵을 생각해보십시오. 슈뢰딩거 방정식은 새로 생성된 입자의 파동함수가 어떻게 보일지 분명히 말해줍니다. 즉 원래 원자핵으로부터 대략 구형으로 확산하는 구름처럼 퍼져 나갈 것입니다. 그러나 이는 실제로 우리가 보는 것과는 다릅니다. 원자핵이 붕괴할 때 방출되는 입자들의 사진을 찍을 수 있는데, 방출되는 입자들은 우리가 움직이는 입자에서 기대할 수 있는 명확한 궤적을 보여줍니다. 우리는 뭉게구름이 아니라 선을 보게 됩니다. 이것이 1927년 벨기에 브뤼셀에서 당대 최고의 물리학자들이 모여 양자 이론의 새로운 규칙을 체계화했던 유명한 제5차 솔베이 회의에서 알베르트 아인슈타인이 제기한 퍼즐 중 하나였습니다.

우리가 현대 교과서로 양자역학을 가르칠 때, 이 현상에 대한 설명은 사진을 촬영하는 것—1920년대의 안개상자로 사진을 찍든, 제네

바 외곽의 대형강입자충돌기Large Hadron Collider(LHC)에서 현대식 검출기로 사진을 찍든—이 측정 행위라는 생각에 기초합니다. 그리고 측정은 극적인 방식으로 파동함수에 영향을 미칩니다.

특히, 양자 측정은 항상 어떤 특정한 양, 즉 고려 대상인 관측 가능한 양을 측정하는 것입니다. 새로 생성된 입자의 운동 이미지는 매 순간 입자의 위치를 측정한 것입니다. 규칙은 이렇습니다. 관측 가능한 양을 측정할 때마다 측정 전의 파동함수가 무엇이든, 파동함수는 관측하는 양의 어떤 확실한 값으로 즉시 **붕괴**collapse합니다. 그런 다음 이 새로운 붕괴 후의 파동함수는 관측되어 또다시 붕괴할 때까지 슈뢰딩거 방정식에 따라 진화합니다.

아인슈타인의 퍼즐을 푸는 방법은 다음과 같습니다. 붕괴하는 원자핵에서 생성된 입자의 초기 파동함수는 실제로 구형으로 방출됩니다. 그러나 어떤 관측 과정을 통해 감지되는 즉시 공간의 특정 위치로 붕괴됩니다. 이 국소화된 파동함수 역시 퍼지지만 운동량이 보존되기 때문에 대부분 원래 원자핵에서 멀어지는 방향으로 이동합니다. 따라서 그 직후에 다시 관측하고 잠시 후 다시 관측하면 관측 결과가 합쳐져 움직이는 입자의 궤적(선)처럼 보이는 것을 설명할 수 있습니다.

양자 불확정성

파동함수는 우리가 파동함수를 관측할 때 어디에 국소화할지 어떻게 알 수 있을까요? 파동함수는 알지 못합니다. 파동함수가 붕괴할 위치는 환원 불가능한 무작위적인 요소를 포함하고 있습니다. 그러나 각각의 가능한 측정 결과에는 확실한 **확률**probability이 존재하며, 그 확률은 파동함수에 의해 결정됩니다.

이 확률은 1926년 막스 보른이 처음 제안한 **보른 규칙**Born rule에 의해 지정됩니다. 보른 규칙은 매우 간단합니다. 특정 위치 x를 측정할 확률은 관련 파동함수의 제곱으로 주어진다는 것입니다.

$$P(x) = |\Psi(x)|^2 \qquad (2.1)$$

$\Psi(x)$는 실수부와 허수부를 모두 가진 복소수이기 때문에 조금 주의해야 합니다. 그렇기 때문에 식 (2.1)의 파동함수 주위에 세로 막대 표시를 붙여 이것이 실제로는 해당 복소수의 '모듈러스modulus의 제곱'임을 나타냅니다. 파동함수를 실수부와 허수부로 나누면, $\Psi = \Psi_R + i\Psi_I$, 모듈러스의 제곱은 실수부와 허수부 각각의 제곱을 합한 값으로 주어집니다.

$$|\Psi|^2 = \Psi_R^2 + \Psi_I^2 \qquad (2.2)$$

모듈러스 자체, $|\Psi| = \sqrt{|\Psi|^2}$는 복소수의 '길이'로 생각할 수 있으며 앞 장의 복소평면의 그림에 표시되어 있습니다. 따라서 파동함수의 실수부나 허수부가 모두 큰 경우 입자의 위치를 측정하면 입자를 볼 확률이 상대적으로 높아집니다. 파동함수가 작은 곳에서는 입자를 볼 확률이 상대적으로 낮아집니다.

파동함수의 모듈러스의 제곱이 왜 우리가 기대하는 확률의 역할을 하는지 생각해봅시다. 사건의 확률은 두 가지 중요한 성질을 가지고 있습니다. 즉 확률은 음수가 될 수 없으며, 가능한 모든 별개의 결과의 확률을 더하면 1이 되어야 합니다. (이것은 어떤 특별한 일—그것이 어떤 일인지 모르더라도—이 일어날 것이라는 생각을 표현하는 방식입니다.)

확률이 음이 아니라는 성질은 매우 간단합니다. 모듈러스의 제곱은 두 실수의 제곱의 합이므로 음수가 될 수 없다는 뜻입니다. 파동함수는 음수(또는 허수)일 수 있기 때문에, 파동함수 자체는 확률과 같을 수 없습니다. 그러나 모듈러스의 제곱이 마술을 부립니다.

또한 우리는 모든 확률의 합이 1이 되기를 원합니다. 그러나 우리가 입자의 위치 x를 측정하기 때문에 우리는 가능한 결과들의 불연속적인 집합이 아니라 연속체를 가지게 됩니다. 그래도 괜찮습니다. 이 경우 적분을 해서 '합산'하면 됩니다.

$$\int P(x)\, dx = \int |\Psi(x)|^2\, dx = 1 \qquad (2.3)$$

우리는 《공간, 시간, 운동》에서 적분은 각각의 위치에서의 적분하는 사물의 값을 합한 것임을 배웠습니다. 이 표현은 "가능한 모든 위치에서 입자를 볼 수 있는 전체 확률은 1과 같다"는 뜻입니다. 입자는 반드시 어딘가에 존재해야 하며, 이 입자가 동시에 두 곳에 있는 것을 관측할 수는 없습니다. 우리는 식 (2.3)을 만족하는 파동함수가 **규격화**normalized되었다고 말합니다. 규격화된 파동함수로 시작하여 이 파동함수가 슈뢰딩거 방정식에 따라 진화하게 하면 파동함수는 규격화된 상태를 유지합니다. 가능한 모든 결과의 전체 확률은 1로 유지됩니다.

분명히 해두고 갑시다. 양자역학 교재에 따르면 파동함수의 행동 방식에는 두 가지 다른 방식이 있습니다. 파동함수를 측정하지 않을 때는 파동함수가 슈뢰딩거 방정식을 따릅니다. 이러한 행동은 우리가 고전역학에서 보았던 것과 크게 다르지 않습니다. 즉 파동함수는 부드럽고 가역적으로(파동함수의 상태에 대한 정보가 보존됩니다), 그리고 결정론적으로 진화합니다. 그러나 측정하는 순간, 우리는 슈뢰딩거를 창밖으로 던져버립니다. 파동함수는 보른 규칙에 따라 갑자기, 비가역적으로, 불확정적으로 붕괴합니다. 고전물리학에서 이 같은 경우는 찾아볼 수 없습니다.

자신의 방정식으로 모든 것을 설명하고자 했던 슈뢰딩거는 파동함수가 붕괴할 경우의 확률을 계산하는 데 그의 방정식을 사용하자는 보른의 제안을 그다지 달가워하지 않았습니다. 그는 "마음에 들지 않는다"고 투덜대며 "내가 이 일에 관여한 것 자체가 유감이다"라고 말했습니다.

그러나 슈뢰딩거에게는 (노벨상, 영원한 명성 등의) 보상도 있었습니다. 공간을 자유롭게 이동하는 입자의 파동함수가 점점 더 퍼지는 경향이 있는 것은 사실이지만, 그 퍼지는 속도는 입자의 질량에 따라 달라집니다. 가벼운 입자는 빠르게 퍼지고 무거운 입자는 더 서서히 퍼집니다. 따라서 우리가 당구공부터 행성에 이르기까지 계산해보면 퍼짐이 거의 눈에 띄지 않습니다. 거시적인 물체의 경우, 일단 특정 공간에 국소화되어 있으면 매우 고전적으로 행동합니다. 적절한 상황에서 오래된 뉴턴 규칙들은 그보다 더 일반적인 양자역학의 극한 상황에서의 규칙과 동일한 것으로 밝혀졌습니다.

파동-입자 이중성

양자 진화의 기묘한 이중성이 유명한 이중 슬릿 실험에서보다 더 분명하게 드러나는 곳은 없습니다.

1801년에 토머스 영은 빛의 파동성을 입증하기 위해 유명한 실험을 수행했습니다. 이 시기는 맥스웰이 전기와 자기를 통합하기 전이었기 때문에 빛이 입자로 이루어져 있다고 상상하는 것이 여전히 그럴듯했고, 플랑크와 아인슈타인이 빛이 입자와 같은 것임을 다시 도입하기 훨씬 전이었습니다.

영의 실험은 파동이 위아래로 진동하기 때문에 서로 **간섭**interfere할 수 있다는 파동의 중요한 성질을 이용했습니다. 두 파동이 함께 모이면 둘 다 위로 올라가거나 둘 다 아래로 내려가는 위치가 있을 것이고, 이 경우 두 파동은 힘을 합쳐 더 위로 올라가거나 더 아래로 내려갈 것입니다('보강 간섭constructive interference'). 그러나 다른 위치에서는 한 파동이 위로 올라가고 다른 파동은 아래로 내려가기 때문에 서로 상쇄될 것입니다('상쇄 간섭destructive interference'). 입자들은 이런 상쇄 간섭을 할 수 없으며, 입자들이 만나면 입자의 개수만 많아집니다.

그래서 영은 서로 매우 가까이 위치한 2개의 가는 슬릿slit에 광선을 조준하도록 실험 장치를 설정했습니다. 그리고 실제로 슬릿의 반대편에 있는 감지 판에서 빛을 측정했을 때, 그는 밝은 띠와 어두운 띠가 번갈아 나타나는 간섭무늬를 관측했습니다. 왼쪽 슬릿을 통과한 광파의 일부가 오른쪽 슬릿을 통과한 광파의 일부와 간섭을 일으킨 것입니다. 이를 통해 당시의 사고방식에 따르면 빛은 파동이라는 것이 확인되었습니다.

양자 버전은 조금 더 까다롭습니다. 하나의 전자를 서로 가까이 위치한 2개의 슬릿에 조준한다고 상상해보십시오. 우리는 전자가 파동함수를 가지고 있어 슬릿들을 통과하면서 아마도 스스로 간섭을 일으키리라는 것을 알고 있습니다. 그러나 반대편에 놓인 검출기는 입자만을 관측하게 되어 이는 확실한 위치를 가진 점으로 나타납니다. 그렇다면 파동함수가 스스로 간섭을 일으켰다는 것은 무엇을 의미할까요?

확인을 위해 다른 전자들로 다시 실험을 시도하고 전자의 점들을 관측해봅시다. 점들이 쌓여 무늬를 형성하기 시작할 때까지 이 작업을 계속합니다. 우리가 보는 것은 정확히 파동에서 기대할 수 있는 **일종의 간섭무늬입니다**. 즉 점이 많이 쌓인 띠들이 점이 거의 없는 어두운 영역과 분리된 무늬를 보게 됩니다. 전자가 단순히 고전적인 입자라면 간섭이 일어나지 않을 것이고, 대신 각 슬릿을 통과하는 입자들이 만든 두 그룹의 점들을 볼 수 있을 것입니다. 그러나 각 전자가 스크린에서 감지되기 직전까지는 파동과 같은 함수이기 때문에 간섭으로 인해 예상되는 밝은 띠와 어두운 띠의 무늬를 볼 수 있습니다.

더 좋아 보입니다. 이 규칙은 파동함수가 관측되기 전까지는 슈뢰딩거 방정식을 따라 파동으로 전파되고 관측 후에는 붕괴된다는 것입니다. 그렇다면 우리가 '전자가 어떤 슬릿을 통과하는가?'를 관측하면 어떻게 될까요?

 답은 간섭무늬가 사라진다는 것입니다. 전자가 슬릿을 통과할 때 전자를 관측할 수 있는 검출기를 놓으면 전자의 파동함수는 '왼쪽 슬릿을 통과하는' 또는 '오른쪽 슬릿을 통과하는' 파동함수로 붕괴되고, 전자는 검출기를 지나 계속 이동하여 스크린에 점을 남깁니다. 그러나 누적된 점들의 위치는 단순히 왼쪽 슬릿을 통과한 점들과 오른쪽 슬릿을 통과한 점들의 위치를 더한 것이 됩니다. 각 전자의 파동함수가 동시에 두 슬릿을 통과하지 않기 때문에 간섭이 일어나지 않습니다.

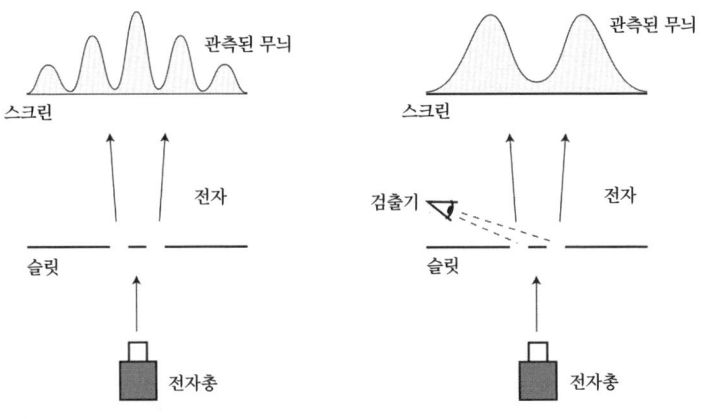

 양자역학에 대한 논의에는 종종 '파동-입자 이중성wave-particle duality'에 대한 신비로운 담론이 많이 포함되어 있습니다. 적어도 우리가 보는 수준에서 이것에 대해 혼란스러워할 이유는 없습니다. 전자는 관측하지 않을 때는 파동처럼, 관측하면 입자처럼 행동합니다. 관측하면 파동함수가 어떤 특정 위치로 붕괴하기 때문입니다.

측정과 실재

그럼에도 불구하고 '결국 우리가 보는 것'보다 조금 더 깊이 파고 들어가면 혼란스럽고 신비로운 것이 **존재합니다**. 위의 설명이 양자역학을 거의 모든 곳에 어떻게 사용하는지 우리가 알고 있음을 여러분에게 납득시킬 수 있었길 바랍니다. 어떤 파동함수를 가진 양자계를 설정하고 이 계가 슈뢰딩거 방정식에 따라 진화하도록 한 다음, 보른 규칙을 사용하여 다양한 측정 결과의 확률을 계산합니다. 이 과정에서 약간의 어려운 수학적 작업이 필요하지만, 절차 자체는 충분히 명확합니다.

명확하지 않은 것은 실제로 무슨 일이 일어나고 있는지입니다. 현대 양자물리학자들 사이에서 합의가 거의 이루어지지 않는 두 가지 문제, 즉 측정 문제와 실재 문제를 구분하는 것이 유용합니다.

측정 문제measurement problem는 본질적으로 '우리가 양자계를 측정할 때 실제로 무슨 일이 일어나고 있는가?'라는 문제입니다. 측정을 할 때 일어나는 일을 설명하기 위해서는 완전히 새로운 규칙을 만들어야 하기 때문에 이 문제는 분명히 중요한 문제입니다. 그러나 우리는 실제로 측정이 무엇인지에 대해서도 잘 알지 못했습니다. 측정을 하려면 상호작용이 있어야 할까요? 또는 반드시 정보 교환이 수반되어야 할까요? 의식이 있는 대리인agent에 의해 수행되어야 할까요? 여러분이 계를 보고 있긴 하지만 주의를 기울이고 있지 않다면 어떨까요? 파동함수의 붕괴 과정은 얼마나 빠를까요?

우리가 이러한 질문에 대한 답에 동의할 수 없다는 것이 물리학자들에게 다소 당황스러운 일이거나 적어도 그래야만 합니다. 물론 그럴듯한 답이 있긴 합니다. 문제는 앞선 질문에 대해 이론마다 매우 다른 방식으로 답하고 있으며 우리는 어떤 이론이 옳은지 동의하지 못하고 있습니다. 양자 얽힘에 대해 조금 더 생각해본 후 다음 장에서 선택지에 대해 좀 더 이야기하겠습니다.

실재 문제reality problem는 간단합니다(실재는 인간의 의식으로부터 독립하여 객관적으로 존재하는 사물을 의미합니다—옮긴이). '실재에 대한 올바른 양자적 설명은 무엇일까?'라는 것입니다. 고전물리학에서 이는 그리 큰 고민거리가 아닙니다. (철학자들은 무엇이든 걱정할 수 있지만, 고전역학에 관한 걱정은 덜 절박해 보입니다.) 실재는 고전적 진화 법칙에 따라 시공간에서 진화하는 입자와 장의 집합입니다. 그러나 측정 결과의 확률을 예측하기 위해 파동함수를 사용하는 양자 이론에서는 상황이 그렇게 명확하지 않습니다. 파동함수 자체가 실재를 나타내는 것일까요? 아니면 파동함수는 단지 유용한 계산 도구에 불과한 것일까요? 실재를 온전히 설명하기 위해 다른 물리량이 필요할까요? 아니면 '실재'에 대한 이야기는 왠지 오해의 소지가 있으며, 우리는 측정할 대상을 예측할 수 있는 것만으로도 만족해야 할까요?

다시 말하지만, 실재 문제에 대해서는 전문가들 사이에서도 의견이 일치하지 않습니다. 파동함수가 실재를 직접 포착한다고 생각하는 사람도 있고, 위치나 운동량과 같은 다른 변수로 보강해야 한다고 생각하는 사람도 있으며, 실재에 대해 전혀 이야기하고 싶지 않거나 측정을 해야만 실재가 존재하게 된다고 생각하는 사람도 있습니다.

괜찮습니다. 과학자들은 항상 의견 충돌을 일으키고, 우리는 재고하고 새로운 데이터를 수집하고, 논의를 통해 끝장을 보는 것으로 진전을 이룹니다. 그러나 양자역학이 무엇을 말하는지조차 동의할 수 없는 상황에서 만족스러운 방식으로 양자역학을 설명하기는 어렵습니다.

한 가지 예로 이중 슬릿 실험을 다시 생각해봅시다. 전자를 입자라고 생각할 때 '전자는 한쪽 슬릿 또는 다른 쪽 슬릿을 통과하지만, 우리는 어느 쪽을 통과하는지 알 수 없다'라는 식으로 추론하고 싶을 수 있습니다. 그러나 파동함수가 완전하고 최종적인 것이라면, 이 추론은 잘못된 것입니다. (이런 관점에서) '전자가 어느 슬릿을 통과하는가?'와 같은 질문은 존재하지 않습니다. 마찬가지로 전자의 위치나 운동량 같은 것도 존재하지 않습니다. 그것들은 실재하는 양이 아니라 관측의 가능한 결과일 뿐입니다. 그러나 관측이 우리에게 근본적인 실재의 모습을 있는 그대로 보여주지는 않습니다.

적어도 우리가 파동함수에 대해 '현실주의자'라면 그렇게 말할 수 있습니다. 그렇지 않은 사람들도 있습니다. 파동함수는 혼란스럽고, 우리는 공동체(또는 종)로서 파동함수가 실제로 무엇인지에 대해 동의하고 있지 않습니다. 왜 그런지 모르겠지만 우리는 파동함수를 이용해 놀라운 정확도로 예측을 할 수 있습니다.

그러나 특히 이 책과 같은 책에서는 이런 질문을 **다루는** 요령이 필요합니다. 따라서 여기서는 근본적인 문제에 대해서는 다루지 않겠지만, 파동함수가 실재를 직접적이고 완벽하게 표현하는 것처럼 이야기하는 서술 방식을 선택할 것입니다. 까다로운 철학적 질문을 제기하는 양자장과 가상 입자에 관해 이야기할 때 선택한 서술 방식을 사용할 것입니다. 우리의 목적을 위해 실재를 대표하는 것은 파동함수이고, '입자'와 '장'에 관한 모든 이야기는 파동함수라는 실재를 비교적 직관적으로 생각하는 데 유용한 언어입니다. 여러분이 좋아하는 양자역학 체계가 다른 대화 방식을 선호한다면, 여러분에게 편한 언어로 번역해서 이해해도 좋습니다.

힐베르트 공간

고전역학에서는 **위상공간**phase space—고전적인 계의 상태들의 집합—의 개념이 중심적인 역할을 했습니다. 어떤 계를 염두에 두고 있든 상관없이 위상공간은 가능한 모든 좌표와 운동량의 집합이라고 생각할 수 있습니다. 초기 조건은 위상공간에서 한 점에 해당하며, 이는 고전역학의 방정식을 풀고 계가 어떻게 작동할지 알아내는 데 필요한 모든 정보입니다.

양자역학에서 위상공간과 유사한 개념은 **힐베르트 공간**Hilbert space—가능한 모든 양자 상태의 공간—입니다. 고전적인 상태와 달리 2개의 양자 상태가 있을 때 우리는 두 양자 상태를 더하거나 (복소수) 숫자를 곱해 다른 양자 상태를 얻을 수 있습니다. 예를 들어 2개의 파동함수 $\Psi_1(x)$와 $\Psi_2(x)$, 그리고 2개의 복소수 α와 β가 있을 때

$$\Psi_3(x) = \alpha\Psi_1(x) + \beta\Psi_2(x) \qquad (2.4)$$

역시 파동함수입니다. (하나의 파동함수에 숫자를 곱하기만 할 때 결과

상태는 원래 상태와 물리적으로 동일합니다.)

2개의 고전적인 입자의 위치를 합쳐서 세 번째 위치를 얻을 수는 없습니다. 그렇게 할 수 있다고 생각할 수도 있지만, 이는 여러분이 좌표를 생각하고 있기 때문이며 좌표를 더하는 것은 실제로 어떤 좌표계를 사용하는지에 따라 크게 달라집니다. 그러나 파동함수를 더하는 데는 아무런 문제가 없습니다. 따라서 조금 추상적인 의미에서 이 상태는 '벡터'로 간주하기 위한 수학적 요건을 충족하므로 힐베르트 공간은 **벡터 공간**의 한 예입니다. 벡터 공간은 서로 더하거나 어떤 숫자를 곱하여 크기를 조정할 수 있는 객체(벡터)의 집합일 뿐입니다. 그러므로 이제 우리는 양자 상태에 대한 어떤 것을 배웠습니다. 즉 양자 상태는 수학적으로 벡터이며, 이러한 모든 벡터의 집합이 힐베르트 공간입니다.* 일반적으로 우리가 생각하는 고전적인 계에 따라 위상공간이 달라지는 것과 마찬가지로 그것이 어떤 종류의 힐베르트 공간인지는 물리적 상황에 따라 달라집니다.

이 표현은 여러분이 이전에 어디서 들어본 단어들을 낯선 방식으로 사용하는 것처럼 보일 수 있습니다. 우리는 이미 벡터를 만나보았습니다. 즉 벡터는 길이와 방향을 가진 작은 화살표입니다. 우리가 이전에 접했던 벡터 공간에서 우리는 축을 그릴 수 있고 각 축을 따른

---

* '힐베르트 공간'이라는 용어는 헝가리의 수리물리학자 존 폰 노이만이 도입했으며, 최소 작용의 원리로부터 일반상대성이론의 장 방정식을 도출한 아인슈타인의 동료이자 《공간, 시간, 운동》에서 만난 다비트 힐베르트의 이름을 따서 명명되었습니다. 힐베르트 공간의 완전한 정의에는 벡터 사이의 '점곱dot product'(내적이라고도 함 - 옮긴이)을 정의하는 기능을 포함한 다른 수학적 조건들이 관여하지만, 우리는 세부적 내용에 대해 걱정하지 않아도 됩니다.

벡터 성분들로 벡터를 표현할 수 있었습니다. 벡터가 얼마나 많이 x방향을 향하고 있는지, 얼마나 많이 y방향을 향하고 있는지 등등. 파동함수는 이 멋진 직관적인 그림과 어떻게 들어맞을까요?

답은 복잡하지만 엉뚱하지 않습니다. 파동함수 $\Psi(x)$의 성분은 단순히 각 점 x에서의 **진폭**amplitude ─ 파동함수의 (복소수) 값 ─ 입니다. 잠깐, 이상한 것이 있습니다. x 표식을 붙인 점이 무한히 많습니다. 실제로 무한히 많습니다. 따라서 단일 입자에 대한 힐베르트 공간은 **무한 차원**의 벡터 공간입니다. 또한 힐베르트 공간이 유한 차원의 공간인 예도 있지만, 무한한 개수의 위치(또는 다른 가능한 관측 결과)를 가질 수 있는 고전적인 계에서 출발한다면 그에 해당하는 양자 힐베르트 공간은 일반적으로 무한 차원을 가지고 있습니다.

우리는 2차원이나 3차원 벡터 공간을 생각하는 데 익숙해 있고, 시공간의 지적 거주자가 된다면 아마도 4차원 벡터 공간도 생각할 수 있을 것입니다. 무한한 차원으로의 도약은 극단적인 것처럼 보이며 시각화하기 어려운 것이 분명합니다. 비결은 무한한 직교축 집합을 사용하여 무한 차원의 힐베르트 공간을 그리려고 시도하지 않는 것입니다. 우리는 공간적 위치 x의 각 값에 대해 하나의 성분만 생각하면 됩니다.

양자역학의 선구자 중 한 명인 영국의 뛰어난 물리학자 폴 디랙Paul Dirac은 파동함수를 벡터로 생각하기 위한 좋은 표기법을 고안했습니다. $|\Psi\rangle$처럼 벡터의 기호를 수직선과 꺾쇠 괄호 사이에 넣는 것입니다. 이를 **켓**ket이라고 부르는데, 이는 '괄호bracket'*라는 단어의 뒷부분

---

* 맞습니다. $\langle\Psi|$로 표기하는 '브라bra'도 있습니다. 우리는 브라와 켓을 결합하여 식 (2.3)의 매

에서 따온 것입니다.

디랙 표기법은 힐베르트 공간을 우리가 이전에 알고 있던 벡터 세계와 연결하는 데 도움을 줍니다. 일반적인 3차원 벡터 $\vec{v}$가 주어져 있을 때 우리는 이 벡터를 성분으로 다음과 같이 표현할 수 있습니다.

$$\vec{v} = v_x \vec{e}_x + v_y \vec{e}_y + v_z \vec{e}_z \tag{2.5}$$

여기서 $\vec{e}_x, \vec{e}_y, \vec{e}_z$ 는 해당 방향의 기저 벡터basis vector입니다. 우리는 이것을 디랙 표기법으로 $|v\rangle = v_x|e_x\rangle + v_y|e_y\rangle + v_z|e_z\rangle$.처럼 적을 수 있습니다.

단일 입자의 양자 상태를 하나의 공간 차원에서 표현하는 유사한 방법은 다음과 같습니다.

$$|\Psi\rangle = \int \Psi(x) |x\rangle \, dx \tag{2.6}$$

이 표현은 물리학 교수들이 비슷해 보이는 표기법을 약간 다른 의미로 과도하게 사용하여 학생들을 고문하는 방법을 보여주는 예이므로 천천히 살펴봅시다. 왼쪽 변에는 우리 계의 양자 상태인 $|\Psi\rangle$가 있습니다. 이것은 $\vec{v}$와 같은 3차원 벡터가 그 자체로 존재하지만, 우리가 사용하는 좌표계에 따라 $\vec{v}$가 다른 성분들을 가질 수 있는 것처럼, 양자 상태도 그것을 표현하는 특정한 방식과 무관하게 그 자체로 존재합니다.

끄러운 디랙 표기법인 $\langle\Psi|\Psi\rangle = 1$의 괄호 형태를 만들 수 있습니다.

오른쪽 변에는 위치 x에 대한 $|\Psi\rangle$의 특별한 표현이 주어져 있습니다. 일반적인 벡터는 여러분이 원하는 축들로 표현할 수 있으며, 양자 상태도 다양한 방식으로 표현할 수 있습니다. 켓 $|x\rangle$는 공간 위치 x의 각 값에 대해 하나씩 주어지는 기저 벡터이며 전체적으로 무한 개가 존재합니다. 우리가 식 (2.5)에서 벡터를 성분 v_i에 기저 벡터 $\vec{e}_i$를 곱해 세 방향 i 모두에 대해 합산한 것으로 표현한 것처럼, 식 (2.6)에서 우리는 양자 상태를 진폭 $\Psi(x)$에 기저 벡터 $|x\rangle$를 곱한 것을 모든 x값에 대해 더한 것으로 적었습니다. (적분 기호로 시작하고 끝이 dx로 끝나는 경우, 이는 '모든 x값에 대해 묶인 식을 더하라'라는 것을 의미합니다.) 더하기가 무한한 개수의 항들로 이루어져 있어 적분으로 표기했지만, 기본 개념은 동일합니다.

양자 상태가 벡터라는 사실은 단순히 과도한 형식주의가 아니라 실재의 본질에 대한 심오한 진술입니다. 우리가 선택한 기저 벡터들인 $\{|x\rangle\}$는 관측 가능한 것—입자의 위치—에 해당합니다. 이는 우연이 아닙니다. 매우 일반적으로 관측 가능량에 대해 명확한 값을 갖는 상태의 관점에서 힐베르트 공간의 기저를 찾을 수 있습니다. 여기서는 위치를 살펴보고 있지만, 우리는 운동량을 사용하여 힐베르트 공간의 다른 기저를 정의할 수도 있습니다.

입자의 양자 상태가 우연히 어떤 기저 벡터 $|x_*\rangle$과 정확히 일치한다면, 우리는 이 입자를 측정할 때 입자가 x_*의 위치에 있는 것을 관측하리라 장담할 수 있습니다. 이 경우 입자가 특정 위치 상태 또는 **위치 고유 상태** position eigenstate에 있다고 말할 수 있으며, 이는 단조화 진농자에서 우리가 고려했던 에너지 고유 상태와 유사합니다.

그러나 대부분의 상태는 특정 위치 상태가 아니라 식 (2.6)과 같은 형태의 상태입니다. 따라서 이 경우 우리는 입자가 여러 가능한 위치들의 **중첩**superposition 상태에 있다고 말합니다. ('중첩'은 '정말 멋진 위치'가 아니라 '중첩된 여러 위치'라는 의미입니다.) 이것이 바로 양자역학의 핵심적인 특징이며, (우리와 달리) 양자 상태가 실재를 대표한다고 생각하는 것을 좋아하지 않는 사람들에게 동기를 부여합니다. 우리가 관측하는 것을 '실재'와 연관 짓는 것은 자연스러운 일입니다. 내가 입자들을 볼 때 나는 이 입자들이 특정 위치에 있기 때문에 그것이 실제로 존재한다고 생각하고 싶은 유혹을 받습니다. 그러나 양자역학은 매우 다른 이야기를 하는 것 같습니다. 즉 우리가 관측하기 전에 입자는 여러 가능한 측정 결과들의 중첩 상태에 있습니다.

큐비트

여러분(또는 폰 노이만)이 양자 상태를 벡터의 일종으로 생각할 수 있다는 사실을 알게 되면 양자 상태들이 사는 힐베르트 공간이 무한 **차원이어야** 하는지 아닌지 궁금해지는 것은 당연합니다. 답은 아니라는 것입니다. 즉 2차원의 힐베르트 공간, 3차원의 힐베르트 공간, 또는 더 큰 정수 차원을 가진 힐베르트 공간도 있습니다. (다시 말하지만, 이때 '차원'은 수학적 설명일 뿐 물리적 3차원 공간의 방향과는 아무런 관련이 없습니다.) 그리고 이러한 유한 차원의 힐베르트 공간이 중요해지는 자연스러운 경우가 존재합니다. 바로 양자 입자의 **스핀**spin 입니다.

1921년 오토 슈테른Otto Stern이 제안하고 이듬해 발터 게를라흐 Walther Gerlach가 수행한 유명한 실험에서, 그들은 은 원자의 빔을 좁아지는 자기장 속으로 보냈습니다. 회전하는 입자는 북극과 남극을 가진 작은 자석처럼 행동하며, 자석의 축 방향에 따라 자기장 속에서 휘어집니다. 우리는 원자가 스핀의 방향에 따라 다양한 각도로 휘어질 것으로 예상할 수 있습니다. 슈테른-게를라흐 실험에서 우리가 실제로 보게 되는 것은 이와 다릅니다. 즉 원자가 위로 휘거나 아래로 휩니다. 그 사이에는 아무것도 없습니다.

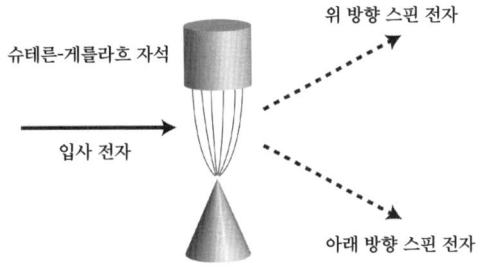

우리가 이제 이해하듯이, 그 이유는 양자역학 때문입니다. 각 원자는 위치뿐만 아니라 스핀에 의존하는 양자 상태를 가집니다. 원자를 자기장 속에 보내서 어떻게 휘어지는지 볼 때, 우리는 특정 축 방향의 원자의 스핀 양을 측정할 수 있습니다. 은 원자(그리고 전자, 중성미자 및 쿼크를 포함한 많은 소립자)의 경우 가능한 측정 결과는 두 가지뿐입니다. 즉 '위 방향 스핀spin-up' 또는 '아래 방향 스핀spin-down'이 그것입니다. 위 방향 스핀 입자의 각운동량은 $+\hbar/2$이고 아래 방향 스핀 입자의 각운동량은 $-\hbar/2$입니다. 여기서 $\hbar$는 우리의 오랜 친구인 환산 플랑크 상수입니다. 이 두 가지 가능성만 있을 때 우리는 이 입자를 **스핀-½ 입자**spin-½ particle라고 부릅니다.

1차원에서 입자의 위치를 설명할 때, 우리가 관측할 수 있는 가능한 위치 x는 무한히 많으며, 그에 해당하는 양자 상태는 기저 벡터 $\{|x\rangle\}$를 가진 무한 차원의 힐베르트 공간에 있습니다. 스핀-½ 입자의 스핀을 설명할 때 두 가지 가능한 측정 결과가 있으며, 그에 따라 양자 상태를 설명하는 2차원의 힐베르트 공간이 존재합니다. 예를 들어, z축을 따라 스핀을 측정하는 경우 우리는 기저 벡터를 위 방향 스핀의 경우 $|+z\rangle$, 아래 방향 스핀의 경우 $|-z\rangle$로 표시하며 상태는 $|\Psi\rangle = \alpha|+z\rangle + \beta|-z\rangle$로 쓸 수 있습니다. 여기서 α와 β는 $|\alpha|^2 + |\beta|^2 = 1$을 만족하는 복소수입니다. 기저 벡터들은 z 방향의 '스핀 고유 상태'(여러 가능성의 중첩이 아닌, 특정 스핀 값을 갖는 양자 상태)입니다.

또한 우리는 스핀을 x-축, y-축 또는 우리가 좋아하는 다른 축을 따라 자유롭게 측정할 수 있습니다. 다시 말하지만, 우리에게는 사용 중인 축을 기준으로 위 방향 스핀 또는 아래 방향 스핀이라는 두 가지 결과만 가능합니다. x-축을 따른 위 방향 스핀 상태는 $|+x\rangle$, y-축을 따른 위 방향 스핀 상태는 $|+y\rangle$ 등이 됩니다.

우리가 양자 상태를 특정 기저를 사용해 지정하고 나서 이것을 다른 기저로 변환하는 데는 새로운 정보가 필요하지 않습니다. 그것은 상태를 지정하는 기존 정보를 재포장하는 것일 뿐입니다. 스핀의 경우, x-축 또는 y-축에 대한 기저 벡터는 z-축 기저 벡터들의 조합에 불과하기 때문에 그 사실을 알 수 있습니다.

$$|+x\rangle = \frac{1}{\sqrt{2}}|+z\rangle + \frac{1}{\sqrt{2}}|-z\rangle,$$

$$|-x\rangle = \frac{1}{\sqrt{2}}|+z\rangle - \frac{1}{\sqrt{2}}|-z\rangle,$$

$$|+y\rangle = \frac{1}{\sqrt{2}}|+z\rangle + \frac{i}{\sqrt{2}}|-z\rangle$$

$$|-y\rangle = \frac{1}{\sqrt{2}}|+z\rangle - \frac{i}{\sqrt{2}}|-z\rangle.$$

(2.7)

여러분은 $|\pm z\rangle$를 $|\pm x\rangle$나 $|\pm y\rangle$로 바꾸기 위해 이러한 방정식들의 조합을 더하고 뺄 수 있습니다. 그런 다음 여러분은 이러한 관계를 사용하여 특정 기저로 작성한 상태를 다른 기저로 변환할 수 있습니다.

잠시 후에 살펴보겠지만, 이 겸손한 방정식들은 유명한 **하이젠베르크 불확정성 원리**Heisenberg uncertainty principle의 핵심입니다. 이 방정식들은 우리에게 상태를 표현하는 방식이 중요한 것이 아니라 상태 자체가 중요하다는 것을 상기시켜 줍니다. 예를 들어, 식 (2.7)의 첫 번째 줄은 명확한 상태인 $|+x\rangle$의 스핀 상태가 $|+z\rangle$와 $|-z\rangle$의 특정한 중첩 상태로 생각할 수 있음을 가리킵니다. 고전물리학에는 이와 같은 개념이 존재하지 않습니다.

고전적인 세계에서 우리가 생각할 수 있는 정보의 기본 단위는 **비트**bit입니다. 비트는 전통적으로 0 또는 1로 표시되는 두 가지 값만 가지는 숫자입니다. 양자 세계에서 정보의 기본 단위는 자연스럽게 **큐비트**qubit, 또는 '양자 비트quantum bit'라고 불립니다. 큐비트는 0 또는 1이 아니라 다음과 같이 2차원 힐베르트 공간에서의 두 기저 벡터의 중첩으로 표현됩니다.

$$|\Psi\rangle = \alpha|0\rangle + \beta|1\rangle \qquad (2.8)$$

복소수 계수 α와 β를 각각 $|0\rangle$와 $|1\rangle$에 해당하는 진폭이라고 부릅니다. 마찬가지로 위치 x에 있는 단일 입자의 파동함수의 특정한 값 $\Psi(x)$는 이 입자가 이 위치에 있을 진폭입니다.

1비트의 정보는 추상적인 개념으로, 물리적 컴퓨터에서는 스위치의 두 위치부터 회로의 두 가지 다른 전류량까지 다양한 방식으로 표현할 수 있습니다. 마찬가지로 큐비트는 2차원 벡터 공간에서의 추상적인 상태로, 다양한 물리계를 가지고 표현할 수 있습니다. 주어진 축에 대한 스핀-½ 입자의 스핀이 그러한 표현 중 하나입니다. $|0\rangle$와 $|1\rangle$의 상태가 의미하는 것에 대한 물리적 해석은 큐비트를 구성하는 데 사용하는 기술에 따라 달라집니다. 양자 컴퓨팅의 최신 연구는 물리계에서 큐비트를 인코딩하는 다양한 방법을 탐구해왔습니다.

운동량 재방문

지금까지 우리가 파동함수에 관해 이야기한 방식에는 흥미로운 불균형—위치만 고려하고 운동량은 고려하지 않은 점—이 있습니다. 고전역학에서 입자의 상태는 입자의 위치와 운동량으로 구성되며, 이 두 양은 서로 완전히 독립적입니다. 내가 여러분에게 한순간의 위치만 알려주면 여러분은 운동량이 무엇인지 전혀 알 수 없습니다. 그러나 우리는 파동함수를 Ψ(x) — 위치에만 의존하는 함수 — 로 표현했습니다. 운동량은 어떻게 된 걸까요?

운동량은 여전히 존재하니 걱정하지 않아도 됩니다. 양자역학에서 위치와 운동량은 고전역학에서처럼 독립적인 변수가 아닙니다. 둘 다 관측 가능량이며, 우리가 측정을 할 때 다른 값들을 관측할 확률을 계산할 수 있습니다. 그리고 단일 양자 상태로부터 위치와 운동량 중 어느 하나의 확률을 계산할 수 있습니다.

겉으로 나타나는 불균형은 전적으로 입자가 있을 수 있는 모든 측정 가능한 위치에 복소수를 부여한 파동함수를 도입한 선택의 문제입니다. 양자 상태를 표현하는 또 다른 유용한 방법이 있습니다. 즉 입자가 가질 수 있는 모든 측정 가능한 **운동량**에 복소수로 파동함수를 표시하는 것입니다. 운동량을 p로 표기한다면 우리는 파동함수의 또 다른 형태 $\tilde{\Psi}(p)$를 쓸 수 있고, 여기서 Ψ 위의 물결 표시(~)는 이 파동함수가 동일한 물리적 양자 상태를 나타내지만 위치가 아닌 운동량의 함수라는 것을 상기시켜줍니다. 그러면 우리가 운동량을 측정했을 때 특정한 운동량 값을 발견할 확률은 평소와 마찬가지로 보른 규칙을 따릅니다.

$$P(p) = \left|\tilde{\Psi}(p)\right|^2 \tag{2.9}$$

$\tilde{\Psi}(p)$에 포함된 정보는 원래 파동함수 Ψ(x)에 포함된 정보와 정확히 동일합니다. 이는 말 그대로 기저의 변화일 뿐, 우리가 스핀의 기저를

{|+z⟩, |−z⟩}에서 {|+x⟩, |−x⟩}로 바꿀 수 있는 것과 동일합니다. 위치 상태의 합으로 |Ψ⟩를 표현한 식 (2.6)처럼 **운동량 기저**momentum basis에서는 파동함수를 다음과 같이 운동량 상태의 합으로 표현할 수 있습니다,

$$|\Psi\rangle = \int \tilde{\Psi}(p) |p\rangle \, dp \quad (2.10)$$

여기서 |p⟩는 특정 운동량 p를 가진 기저 벡터(운동량 고유 상태)입니다. 왼쪽 변의 켓에는 물결 표시가 없는 점에 주목하세요. 이는 그것이 새로운 양자 상태가 아니라 **동일한 양자 상태**이기 때문입니다. 새로워진 것은 성분의 합으로 표현한 방식뿐이며, 이 경우 성분은 운동량 파동함수 $\tilde{\Psi}(p)$의 값입니다.

위치 기저에서 운동량 기저로의 변환과 그 반대 변환을 수행하기 위한 명시적인 공식은 다소 복잡하기 때문에 부록으로 넘겼습니다. 이와 관련된 수학적 요령을 **푸리에 변환**Fourier transform — 함수를 모든 위치에서 명시적인 값으로 표현하는 것이 아니라 사인파의 합으로 표현하는 방식 — 이라고 부릅니다. 운동량 기저 파동함수 $\tilde{\Psi}(p)$는 위치 기저 파동함수 Ψ(x)의 푸리에 변환입니다. 그러나 너무 많은 세부적 내용을 모르더라도 우리는 무슨 일이 일어나고 있는지 어느 정도 직관적으로 알 수 있습니다.

여러분의 고막에 부딪히는 음파는 여러분 주변 공기의 밀도와 압력에 따라 변하는 진동으로 생각할 수 있습니다. 그러나 피아노를 비롯한 다른 악기 소리를 들을 때 우리 뇌는 공기 압력의 모든 위아래 변화를 감지하지 못합니다. 대신 우리는 특정 음—특정 진동수의 진

동—을 듣게 됩니다. 음악적으로 얼마나 훈련을 받았느냐에 따라 화음을 만들기 위해 결합한 여러 음을 모두 맞출 수 있습니다. 마찬가지로 라디오를 특정 방송국에 맞추는 튜닝은 특정 파장의 전파에 집중하도록 라디오에 지시하는 것입니다. 세상에는 다른 많은 파동이 존재하지만, 우리가 이들을 무시하고 있을 뿐입니다.

이것은 음파의 형태든 양자 파동함수의 형태든, 파동과 유사한 현상을 고려할 때마다 유용하게 쓰이는 일반적인 아이디어의 예입니다. 파동을 위아래로 진동하는 공간의 함수로 생각할 수도 있고, **또는** 파동을 특정 진동수나 진동수들의 조합으로도 생각할 수 있습니다. 따라서 어떤 파동함수 $\Psi(x)$가 주어지면 이 파동함수를 가능한 각 파장의 파동들의 가중치 합으로 표현할 수 있습니다. 이것이 바로 푸리에 변환이 하는 일입니다.

운동량과의 연결짓는 것은 간단합니다. 즉 위치의 함수가 사인파처럼 보이는 파동함수는 특정 운동량 값을 가진 상태—운동량 고유 상태—입니다. 파장과 해당 운동량 사이의 관계는 정확히 드 브로이의 방정식 (1.6)을 따릅니다.

$$\lambda = h/p \qquad (2.11)$$

따라서 **큰** 운동량을 가진 양자 상태는 **짧은** 파장을 가진 사인파 모양의 파동함수로 설명할 수 있습니다. 크기와 운동량(따라서 에너지) 사이의 역관계는 양자장이론에서 핵심적인 역할을 합니다.

불확정성 원리

운동량이 명확한 파동함수를 생각해봅시다. 이 파동함수는 x의 함수로서 모든 x값에 대해 고정된 진폭과 정확히 동일한 파장을 가지고 위아래로 진동합니다. 이러한 파동함수는 식 (2.3)에서처럼 규격화할 수 없지만—함수가 사라지지 않고 영원히 진동하므로 적분하면 무한대가 됩니다—이는 중요한 내용을 파악하기 위해 무시하기로 한 귀찮은 수학적 세부 사항 중 하나에 불과합니다. 우리가 말할 수 있는 것은 입자가 어떤 특정 위치에 있는 것을 관측할 확률이 사방에 퍼져 있다는 것입니다. 운동량을 정확히 알면 우리는 입자가 어디에 위치하는지 전혀 알 수가 없습니다.

이것은 특별한 상태가 가진 별난 특성이 아니라 하이젠베르크의 불확정성 원리라는 일반적인 규칙의 한 가지 예입니다. 우리는 운동량이 확실한 상태를 생각할 수 있지만 반면에 입자가 어디에 위치하는지 알 수는 없습니다. 반면에 위치가 명확한 상태는 가능한 모든 운동량의 중첩 상태에 해당하므로 우리는 어떤 운동량을 관측할지 알

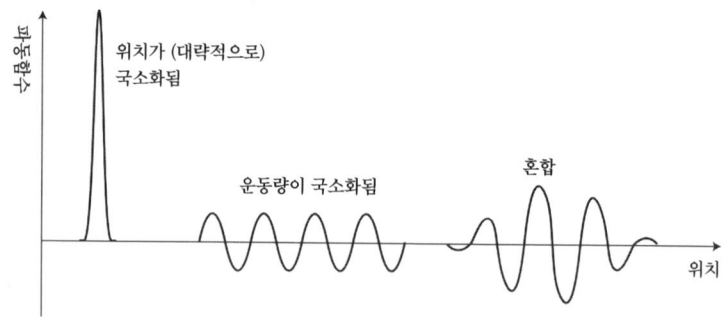

수가 없습니다. 또한 '파동 묶음wave packet' 상태도 있는데, 이 상태는 x 와 p 모두 조금 퍼져 있어 어느 쪽도 정확하게 결정할 수가 없는 상태를 말합니다.

불확정성 원리에 따르면, 상상할 수 있는 모든 양자 상태에서, 위치와 운동량의 조합과 관련된 더 이상 줄일 수 없는 최소 불확정성이 존재하는데, 그 형태는 다음과 같습니다.

$$\Delta x \, \Delta p \geq \frac{\hbar}{2} \tag{2.12}$$

여기서 Δx는 위치 측정의 가능한 결과들에서 예상되는 편차이고, Δp는 운동량 측정의 가능한 결과들에서 예상되는 편차입니다. 그러나 불확정성 원리의 본질은 측정에 관한 것이 전혀 아닙니다. 불확정성 원리는 측정에 영향을 미칩니다. 위치나 운동량 중 어느 하나를 정확하게 측정하면 파동함수가 붕괴되어 그 직후에 다른 하나가 어떻게 될지 알 수 없습니다. 그러나 실제로 불확정성 원리는 심지어 측정하기도 전부터 있었던 양자 상태의 특징이기도 합니다.

중요한 점은 여러분이 양자계를 측정하는 동안 필연적으로 양자계와 접촉하게 되어 양자계가 바뀐다는 것이 아닙니다. 그것은 위치와 운동량이 동시에 고도로 국소화되는 상태가 존재하지 않는다는 것입니다. 위치와 운동량을 실제로 존재하는 것으로 생각하는 고전적 생각에 머물러 있으면 이 사실을 이해하기 어렵지만, 위치와 운동량을 근본적인 양자 상태로부터 도출한 가능한 관측 결과들의 집합으로 생각하면 불확정성 원리를 좀 더 쉽게 받아들일 수 있습니다.

물리학자들은 일단 불확정성 원리를 이해하고 나면 불확정성 원리는 아주 사소한 것이라는 의견을 제시하기도 합니다. 결국, 불확정성 원리는 단지 기저의 변화일 뿐입니다. 우리는 양자 상태를 위치가 확실한 상태들의 합 또는 운동량이 확실한 상태들의 합으로 쓸 수 있지만, 위치가 확실한 상태는 운동량 상태들의 중첩이며 그 반대의 경우도 마찬가지입니다. 따라서 당연히 위치와 운동량 두 가지 모두 확실한 상태를 갖는 것은 불가능합니다. 이는 마치 식 (2.7)에서처럼 스핀의 기저를 z-축에서 x-축(또는 다른 축)으로 바꾸는 것과 같습니다. 확실한 x-스핀 상태는 위 방향과 아래 방향의 z-스핀의 합이며, 그 반대도 마찬가지입니다. 벡터는 정확히 한 축 방향을 가리키면서 동시에 첫 번째 축에 대해 일정한 각도만큼 회전한 다른 축 방향을 정확히 가리킬 수 없습니다.

위치와 운동량(또는 x-스핀과 z-스핀)이 독립적인 존재가 아니라는 아주 중요한 사실을 받아들인다면 불확정성 원리는 사소한 것일 뿐입니다. 위치와 운동량, 또는 적어도 이들이 특별한 값을 가질 확률은 단일 양자 상태의 일부에 지나지 않습니다. 물리적으로 관련이 있는 것은 **상태**이지, 우리가 어떤 기저로 상태를 표현하느냐가 아닙니다. 이것이 바로 심오한 점입니다.

흔히 양자역학은 아주 작은 세계에만 적용된다는 말을 하곤 합니다. 사실 양자역학은 크든 작든 모든 세계에 적용됩니다. 그러나 물체가 충분히 클 때는 그 세계를 잘—아주 잘—설명하는 고전적인 근사가 존재합니다. 식 (2.12)에서는 그 점이 명확하지 않은데, 이 식은 전혀 물체의 크기를 언급하고 있는 것 같지 않기 때문입니다. 그러나 이것은 (광속보다 훨씬 느린 비상대론적 운동의 경우) 질량, 속도, $p=mv$의 관계를 가진 운동량을 언급합니다. 우리는 일반적으로 질량을 고정된 물리량으로 간주하고 속도도 운동량과 마찬가지로 관측 가능한 것으로 생각할 수 있습니다. 그러면 식 (2.12)를 다음과 같이 쓸 수 있습니다.

$$\Delta x \, \Delta v \geq \frac{\hbar}{2m} \tag{2.13}$$

거대한 물체의 경우, m이 매우 크기 때문에 기존의 뉴턴 매개변수인 x와 v의 불확정성이 지극히 작습니다. 그렇기 때문에 고전역학은 우리의 느릿느릿한 거시적인 세계에서는 잘 작동하지만, 작은 입자를 고려할 때는 무너지게 됩니다.

CHAPTER 3

얽힘

이미 존재하고 있으나 우리에게는 알려지지 않은 것들 사이의 단순한 상관관계 그 이상의 것이 얽힘입니다. 파동함수가 물리적으로 실재하는 것-예를 들면 이중 슬릿 실험에서 간섭을 일으키는 것-처럼 행동하기 때문에 우리는 부분적으로 그 사실을 알고 있습니다. 그러나 더 직접적으로 양자 얽힘이 수반하는 상관관계는 단순한 고전적 관계를 훨씬 더 뛰어넘습니다.

✳ ✳ ✳

　우리가 파동함수를 관측할 때 파동함수가 붕괴하는 것처럼 보인다는 사실은 세상을 설명하는 고전적 방식과 양자 방식 사이에 큰 차이가 있음을 말해줍니다. 이 때문에 물리학자들은 파동함수가 실재를 나타내는지 아니면 단지 예측을 위한 도구에 불과한지에 대해 의견의 일치를 보지 못하고 있습니다. 그러나 파동함수를 반직관적으로 보이게 만드는 것은 이것만이 아닙니다. 이것은 심지어 가장 중대한 문제도 아닙니다. 가장 중대한 문제는 실제로—모든 개별 물리계에 대해 하나의 파동함수가 존재하는 것과 같이—**여러 개의 파동함수**가 존재하지 않는다는 사실입니다. 모든 것에 대한 단 하나의 파동함수만이 존재하는데, 우리는 이것을 **우주 파동함수**the wave function of the universe라고 부를 수 있습니다(그리고 부릅니다).
　이것은 고전역학과는 매우 다릅니다. 고전역학에서는 우주의 각 부분을 개별적으로 설명할 수 있으며, 각 부분에 대한 적절한 설명을 포함하기만 하면 전체 계를 설명할 수 있습니다.

3차원에서 움직이는 고전 입자 A가 있다고 합시다. 이 입자가 가질 수 있는 모든 상태는 6차원 위상공간에 있습니다. 즉 A의 위치에 대한 3차원과 운동량에 대한 3차원이 그것입니다. 이것이 바로 우리가 입자의 미래 진화를 예측하는 데 필요한 정보입니다. 이제 이 계에 또 다른 입자 B를 추가한다고 합시다. 이 추가 입자는 자신의 6차원 위상공간으로 설명됩니다. 즉 B의 위치에 대한 3차원과 마찬가지로 운동량에 대한 3차원입니다. 결합계의 위상공간은 A에 대한 위상공간과 B에 대한 위상공간의 합─총 12차원의 위상공간─입니다. 이 집단에 부분계subsystem를 계속 추가하면 위상공간에 더 많은 차원이 추가됩니다. 각 입자는 다른 입자들과 상호작용할 수 있지만─이것은 운동 방정식으로 처리하는 동역학적 질문입니다─한순간에 이들 입자의 상태를 설명하는 방법에 대한 **운동학적**kinematic 질문은 '각 입자에 대한 6차원 위상공간의 한 점'으로 간단히 답할 수 있습니다.

이 패턴에 따라 파동함수 $\Psi(x)$를 가진 입자가 하나 있다면, 먼저 원래 입자의 파동함수에 첨자를 붙여 $\Psi_1(x)$로 만든 다음, 두 번째 입자에 새로운 파동함수 $\Psi_2(x)$를 도입하는 것을 상상할 수 있습니다. 그러나 그것은 일반적으로는 사물이 작동하는 방식이 아닙니다. 좌표 x는 관측 가능량─가능한 측정의 결과─이지 어떤 명확한 값을 가진 계에 대한 사실이 아닙니다. 따라서 우리가 입자 A를 보는 곳에 관측 가능량 x_1이 있고 입자 B를 보는 곳에는 별도의 관측 가능량 x_2가 있어야 합니다. 그리고 슈뢰딩거 방정식 $\widehat{H}\Psi = i\hbar \partial \Psi / \partial t$는 2개 이상의 조합이 아니라 단일 파동함수를 위한 공간만 있을 뿐입니다. 따라서 실제로 우리가 가진 것은 입자가 관측될 수 있는 두 가지 가능한 위치 모두에 의존하는 단일 파동함수 $\Psi(x_1, x_2)$입니다.

그리고 그것은 한 입자에 대해 관측할 수 있는 것이 다른 입자에 대해 관측할 수 있는 것에 따라 달라진다는 의미이며, 고전역학에서는 관측할 수 없는 것입니다. 이것이 양자역학의 가장 심오한 사실입니다. 일단 이 사실을 제대로 이해하면 다른 많은 것들이 더 명확해집니다.

물리학자들이 양자 이론의 이러한 특징을 표현하는 일반적인 방법은 두 입자(또는 더 큰 계의 다른 부분계들)가 서로 **얽혀 있다**entangled고 말하는 것입니다. 이 용어는 몇 가지 이유로 불완전합니다. 첫째, 인간의 뇌는 두 사물이 '얽혀 있다'는 말을 들으면 끈이나 역장force field 등과 같은 가시적인 연결을 떠올릴 수밖에 없습니다. 얽힘은 그보다 더 복잡한 개념입니다. 특히 입자는 서로 얽혀 있다는 이유만으로 서로에게 힘을 가하지 않습니다. 그리고 특정 입자 하나를 측정하는 것만으로는 다른 입자와 얽혀 있는지 여부를 알 수 없습니다.

둘째, 더 심오하게는 양자계를 '얽힘'이라는 특징을 공유하는 개별 입자들의 집합으로 생각하는 것은 개별 입자의 상태가 일종의 독립적인 실재를 가지는 고전적인 사고방식의 유물입니다. 우리는 입자를 '실제로 존재하는 것'으로 생각하고 양자 상태를 얽혀 있거나 얽혀 있지 않은 것으로 특징지을 수밖에 없습니다. 그러나 먼저 양자 상태를 생각하고 다음 단계로 고전적인 한계에서는 이를 다양한 입자로 나누는 것을 선택하는 것이 더 도움이 됩니다.

그러나 '얽힘'은 존재하며 이 용어는 앞으로도 계속 사용할 것입니다. 좋은 소식―아마도―은 얽힘 현상으로 인한 혼란과 양자 측정으로 인한 혼란이 궁극적으로 상쇄될 수 있다는 것입니다. 왜냐하면 얽힘은 측정을 이해하는 데 도움이 되기 때문입니다.

우주 파동함수

왜 얽힘이 양자역학의 기본 특징의 자연스러운 결과인지 알아봅시다.

가장 좋은 방법은 하나의 입자가 2개의 입자로 붕괴하는 것을 생각해보는 것입니다. 1960년대에 가정되었지만 2012년에야 대형강입자충돌기 실험에서 발견된 힉스 보손Higgs boson을 생각해봅시다. 힉스 보손은 다음 장에서 설명할 여러 이유로 입자물리학자들을 흥분시키고 있습니다. 그러나 지금은 힉스 보손이 단순한 방식으로 다른 입자들로 붕괴하기 때문에 힉스 보손을 언급합니다. 힉스 보손은 두 입자 또는 실제로 한 입자와 그 반입자로 붕괴합니다. 따라서 힉스 보손은 때로는 전자와 그 반입자인 양전자로, 때로는 2개의 광자로(본질적으로 광자는 자신의 반입자이기 때문에), 때로는 다른 입자들로 붕괴합니다.

힉스 보손 또는 다른 불안정한 입자의 붕괴에 관해 이야기할 때, 우리는 그것을 특정 확률을 가진 무작위적인 과정으로 생각하는 경향이 있습니다. 실제로는 "입자가 아직 붕괴하지 않은 상태"와 "입자가 붕괴한 상태"의 중첩을 나타내는 양자 파동함수가 있다는 것입니다.

$$|\Psi(t)\rangle = \alpha(t)|붕괴\ 전\rangle + \beta(t)|붕괴\ 후\rangle \tag{3.1}$$

우리가 이 파동함수를 관측하면 파동함수가 붕괴하여 원래의 단일 입자 또는 이 입자가 붕괴해 생긴 두 입자를 볼 수 있습니다. 슈뢰딩거 방정식에 따르면 진폭 $\alpha(t)$는 시간이 지남에 따라 감소하고 $\beta(t)$는 증가합니다. 우리가 원래 입자를 볼 확률은 $|\alpha|^2$이고, 2개의 붕괴 입자를 볼 확률은 $|\beta|^2 = 1-|\alpha|^2$입니다. 따라서 더 오래 기다릴수록 입자가 붕괴한 것을 관측할 가능성이 커집니다.

식 (3.1)의 마지막 항, 즉 원래 입자가 붕괴해 생긴 두 입자를 나타내는 양자 상태에 집중해봅시다. 그 입자 중 하나를 전자라고 하여 1번 표식을 붙이고 다른 하나는 양전자라고 하여 2번 표식을 붙입니다. 실험을 여러 번 실행하여 많은 힉스 보손의 붕괴를 관측하면 생성된 전자와 양전자가 시작점에서 임의의 방향으로 이동하는 것을 볼 수 있습니다. 이것이 의미하는 것은—그리고 슈뢰딩거 방정식을 주의 깊게 살펴보면 확인할 수 있는 것은—'입자가 붕괴한' 후의 파동함수가 원래 입자로부터 대략 구형으로 퍼져 나간다는 것입니다.

따라서 전자가 어느 방향에서 관측될지, 또는 양전자가 어느 방향에서 관측될지 예측할 수 없습니다. 그러나 한 가지 추가 정보가 있습니다. 즉 운동량이 보존된다는 것입니다. 원래 힉스 보손이 운동량이 없이 정지해 있었다면, 관측된 전자의 운동량은 양전자의 운동량과 크기는 같고 방향은 반대가 되어야 합니다. 따라서 두 운동량의 합은 0이 됩니다.

그러나 잠깐만 기다리십시오. 우리는 전자의 운동 방향이나 양전자의 운동 방향 모두 예측할 수 없습니다. 만약 원래 힉스 보손의 한쪽에 감지 스크린을 설치하고 어느 시점에 전자가 스크린에 부딪히는 것을 관측했다고 가정해봅시다. 전자의 위치를 원래 입자의 위치와 비교하면, 우리는 방출된 전자가 어떤 방향으로 움직였는지 알아낼 수 있습니다.

그리고 이것은 이제 우리가 양전자를 감지하지 못했더라도 양전자가 움직이는 방향을 유추할 수 있다는 뜻입니다. 양전자는 전자와 반대 방향으로 움직여야 합니다. 어떻게든 양전자의 파동함수는 모든 방향으로 움직이는 구형 구름에서 특별한 운동량을 가진 국소화된 어떤 것으로 붕괴하여야 합니다. 우리가 양전자를 직접 관측하지도 않았는데 어떻게 양전자에 이런 일이 일어날까요?

이미 밝힌 바와 같이 전자와 양전자는 별도의 양자 상태로 설명되지 않는다는 것이 그 답입니다. 2개의 입자로 이루어진 계에 하나의 상태만 존재합니다. x_1이 우리가 전자를 관측하는 위치이고 x_2가 양전자를 관측하는 위치라면, 식 (2.6)과 유사하게 우리는 결합 파동함수를 $\Psi(x_1, x_2)$를 사용해 디랙 표기법으로 다음과 같이 쓸 수 있습니다.

$$|\Psi\rangle = \int \Psi(x_1, x_2) | x_1, x_2 \rangle \, dx_1 \, dx_2 \qquad (3.2)$$

여기서 $|x_1, x_2\rangle$는 각 입자가 특정 위치에 있는 기저 상태입니다.

$\Psi(x_1, x_2)$는 x_1에서 전자를, 또 x_2에서 양전자를 동시에 관측할 확률, 즉 $P(x_1, x_2) = |\Psi(x_1, x_2)|^2$을 우리에게 알려줍니다. 우리는 분명히 두 입자가 서로 아무 관련이 없고 그 상태가 얽히지 않는 상황을 생각할 수도 있습니다. 그러나 두 입자가 한 입자의 붕괴로부터 발생하는 경우처럼 앞서와 다른 상황에서는 전자와 양전자를 발견할 확률이 서로

매우 밀접하게 관련되어 있습니다. 이것이 바로 얽힘입니다.

이런 패턴이 일반적입니다. 계가 아무리 크더라도 파동함수는 하나뿐입니다. 궁극적으로 모든 것에는 단 하나의 양자 상태, 즉 우주 파동함수가 존재합니다. 조각들이 얽혀 있지 않기 때문에 계를 세분화할 수 있는 경우가 종종 있지만, 그것은 일반적인 상황이 아닙니다.

얽힘 이야기에서 주목해야 할 것 두 가지가 있습니다. 첫째, 파동함수는 고전역학에서 말하는 장이 아니라는 것이 분명합니다. 장의 핵심은 장이 공간의 모든 점에서 고유한 값을 가진다는 것입니다. 파동함수가 $\Psi(x)$와 같은 형태를 가진 단일 입자의 경우, 파동함수는 기본적으로 각 점에서 고유한 값을 갖기 때문에 파동함수를 일종의 장이라고 생각해도 무방합니다. 그러나 입자가 2개인 경우, $\Psi(x_1, x_2)$는 공간의 모든 점에 숫자를 할당하는 것이 아니고 두 점으로 구성된 모든 **쌍**에 숫자를 할당합니다. 그리고 입자가 3개인 경우, 파동함수 $\Psi(x_1, x_2, x_3)$는 세 점으로 구성된 모든 쌍에 숫자를 할당합니다. 파동함수는 공간의 함수가 아니라 우리가 생각하는 특정 계의 **짜임새 공간** configuration space의 함수입니다. (또는 원한다면 운동량 공간의 함수라고 불러도 됩니다.) 이는 파동함수가 일반적인 의미의 장이 아니라는 것입니다. 이 때문에 바로 얽힘이 가능할 수 있습니다.

또 한 가지 주목해야 할 점은 붕괴하지 않은 입자 하나와 이 입자의 붕괴 산물 2개의 중첩을 나타내는 식 (3.1)을 생각해보면 사실 약간 이상해 보인다는 것입니다. 단일 입자의 힐베르트 공간은 하나의 변수의 복소수 함수 $\Psi(x)$로 구성되는 반면, 두 입자의 힐베르트 공간은 두 변수의 복소수 함수 $\Psi(x_1, x_2)$입니다. 이 둘을 하나의 힐베르트 공간으로 합치는 것이 정당한가요?

답은 합법적으로 합칠 수 있다는 것이지만, 서로 다른 개수의 입자 사이의 전이를 설명하려면 우리는 양자장이론으로 눈을 돌려야 합니다. 곧 그렇게 할 것입니다.

기괴한 원격 작용

얽힘은 1935년 알베르트 아인슈타인, 보리스 포돌스키Boris Podolsky, 네이선 로젠Nathan Rosen의 유명한 논문에서 양자역학의 특징으로 처음 강조되었으며, 이후 간단히 EPR로 알려지게 되었습니다. 이 논문은 양자역학이 우주의 작동에 관한 올바른 최종적인 이론이 될 수 없다는 아인슈타인의 확신에서 비롯되었습니다. 이 논문의 요점은 양자역학이 틀렸다는 것이 아니라 양자역학이 왠지 불완전하다는 것이었습니다. 이 점은 논문 제목 〈물리적 실재에 대한 양자역학적 설명을 완전한 것으로 간주할 수 있을까?Can Quantum-Mechanical Description of Physical Reality Be Considered Complete?〉에 바로 나와 있습니다. ('the'라는 단어가 없는 것은 포돌스키가 러시아 출신이기 때문이 아니라 학술지 《피지컬 리뷰Physical Review》의 편집 스타일을 반영했기 때문입니다. 나는 그렇게 생각합니다.)

EPR은 붕괴하는 입자와 매우 유사한 상황을 고려했지만, 입자의 위치보다는 얽힌 스핀을 사용하는 것이 기본적인 요점을 더 쉽게 파악할 수 있습니다. 힉스 보손은 전체 스핀이 0인 반면, 전자와 양전자는 모두 스핀-½인 입자입니다. 각운동량 보존에 의해 전자와 양전자의 스핀의 합이 0이어야 하므로 이들은 서로 반대인 스핀을 가져야 합니다.

얽힘을 사용하면 두 입자의 스핀이 완전히 불확실하지만, 두 입자가 서로 반대인 스핀을 가진 상태로 제한되는 것을 알 수 있습니다. z-축을 따라 스핀을 측정한다고 가정하고, 위 방향 스핀 상태를 $|\uparrow\rangle$로, 아래 방향 스핀 상태를 $|\downarrow\rangle$으로 표기하겠습니다. 두 입자 전자/양전자계의 경우, 우리는 두 입자가 아래에 표시한 것처럼 확실한 스핀을 가지는 네 가지 기저 상태를 정의할 수 있으며, 첫 번째 화살표는 전자를, 두 번째 화살표는 양전자를 나타냅니다.

$$|\uparrow\uparrow\rangle, |\uparrow\downarrow\rangle, |\downarrow\uparrow\rangle, |\downarrow\downarrow\rangle$$

$|\uparrow\downarrow\rangle$ 상태는 z축을 따라 측정할 때 위 방향 스핀의 전자와 아래 방향 스핀의 양전자를 확실히 찾을 수 있다는 것을 의미합니다. 전체 각운동량은 0이지만 두 스핀이 서로 얽혀 있지 **않습니다**. 즉 이 상태에서는 우리가 위치를 측정함으로써 전자에 대해 새로운 것을 알 수 없으며, 그 반대의 경우도 마찬가지입니다. 그러나 올바른 중첩을 취하면 어느 스핀도 미리 알 수 없지만, 전체 각운동량은 0으로 보장되는 상태를 만들 수 있습니다.

$$|\Psi\rangle = \frac{1}{\sqrt{2}}(|\uparrow\downarrow\rangle - |\downarrow\uparrow\rangle) \qquad (3.3)$$

이것은 힉스 보손이 붕괴해 두 입자가 방출될 때 스핀이 어떤 상태

에 놓이게 되는지를 나타냅니다. 우리가 전자의 스핀을 측정한다면 $|\uparrow\downarrow\rangle$ 상태를 볼 확률은 진폭의 제곱, $(1/\sqrt{2})^2=1/2$로 주어집니다. 이 경우 전자는 위 방향 스핀 상태입니다. 상태 전체는 전자 스핀이 위 방향인 상태, 즉 $|\uparrow\downarrow\rangle$로 붕괴하게 됩니다. 따라서 이제 z-축을 따라 양전자의 스핀을 측정하면 아래 방향 스핀인 것을 확실히 알 수 있습니다. 마찬가지로 전자가 아래 방향 스핀인 것을 본다면 양전자가 위 방향 스핀인 것을 알 수 있습니다. 파동함수의 일부를 측정하면 얽힘으로 인해 파동함수의 나머지 부분도 함께 따라가게 됩니다.

양자역학이 꽃을 피울 무렵 이미 완고한 노인이 되어버린 위대한 물리학자 아인슈타인은 그가 가진 여러 철학적 편견 때문에 양자역학을 충분히 이해하지 못했다는 식의 신화가 널리 퍼져 있습니다. 그러나 이보다 사실과 거리가 먼 것은 없습니다. 앞서 살펴본 것처럼 아인슈타인은 양자 혁명의 시작을 도왔고, 1935년에는 양자역학을 누구보다 잘 이해했습니다. 다만 그것이 최종적인 답이라고 생각하지 않았을 뿐입니다. 그리고 한때 신이 우주를 가지고 주사위 놀이를 하지는 않는다고 불평했던 것은 사실이지만, 양자 예측의 무작위성이 그의 주된 걸림돌은 아니었습니다. 그는 **실재론**realism—우리의 관측과는 무관한 물리적 세계가 실제로 외부에 존재한다는 주장—과 **국소성**locality—'시공간'과 같은 것이 존재하며 이 세계에서 일어나는 일은 시공간의 개별 장소에서도 일어난다는 주장—에 훨씬 더 관심이 많았습니다.

EPR 사고 실험은 아인슈타인이 **기괴한 원격 작용**spooky action at a distance이라고 기억하기 쉽게 부른 것을 포함하여 실재론과 국소성에

갈등을 일으켰습니다. 힉스 보손이 붕괴한 후 전자와 양전자는 서로에게서 멀어집니다. 우리는 이들의 스핀을 측정하지 않고 이들을 포획하여 하나는 가까이 두고 다른 하나는 로켓 우주선에 실어 수 광년 떨어진 곳으로 보낼 수 있습니다. 앨리스가 지구의 실험실에 있고, 밥은 양전자를 가지고 알파 센타우리 궤도를 돌고 있다고 가정해봅시다. 앨리스가 마침내 전자의 스핀을 측정하고 전자가 위 방향 스핀을 가지고 있다고 기록했다고 가정해봅시다. 앨리스가 측정하기 전 밥은 양전자의 스핀이 무엇인지 전혀 모르고 있었습니다. 측정 후 앨리스는 밥이 아래 방향 스핀을 보리라는 것을 확실히 알 수 있습니다. 양전자의 스핀은 아무리 멀리 떨어져 있어도 앨리스가 측정하는 순간 즉시 바뀌어야 합니다. 그 누구보다도 아인슈타인은 상대성이론의 규칙에 따라 실제 정보가 입자 사이를 광속보다 더 빠르게 이동할 수 없다는 사실을 잘 알고 있었습니다. 따라서 '즉시'라는 단어가 멀리 떨어져 있는 위치에서는 잘 정의되지 않습니다. 그렇다면 양전자는 멀리 떨어진 전자의 측정에 어떻게 반응해야 할지 어떻게 '알' 수 있을까요?

이것은 상대성이론의 실제 문장보다 상대성이론의 정신을 더 위반하는 것으로 밝혀졌습니다. 물론 앨리스는 전자를 측정하자마자 양전자 스핀이 무엇인지 알 수 있습니다. 그러나 밥은 앨리스가 측정한 것을 보기에는 너무 멀리 떨어져 있기 때문에 그가 전에 알지 못했던 것을 알 수 없습니다. 밥에 관한 한, 그가 양전자를 측정할 때 위 방향 스핀 또는 아래 방향 스핀을 볼 확률은 여전히 2분의 1입니다. 앨리스는 그에게 측정 결과를 알려주는 메시지를 보낼 수 있지만, 그 메시지는 빛보다 느린 보통의 수단으로 전달되어야 합니다. 양자역학에 대해 조금 알지만 충분히 알지 못하는 사람들의 적극적인 상상력에도 불구하고, 얽힘은 우리가 빛보다 빠른 속도로 정보를 전송하는 것을 허용하지 않습니다.

EPR 수수께끼

얽힘이 생각만큼 기괴한 것이 아닐지 모른다고 상상하고 싶은 유혹이 있습니다. 구슬 2개, 하나는 빨간색 구슬, 다른 하나는 파란색 구슬을 가지고 있다고 상상해봅시다. 그리고 구슬을 똑같은 모양의 2개의 상자 속에 하나씩 넣습니다. 친구가 두 상자를 뒤섞어 어떤 것이 어떤 것인지 모르게 하고, 하나는 여러분에게 건네주고 다른 하나는 멀리 가져갑니다. 상자를 여니 빨간 구슬이 보입니다. 이제 전에는 몰랐지만, 다른 하나가 멀리 떨어져 있더라도 그것이 파란색 구슬이라는 것을 즉시 알 수 있습니다. 이게 뭐 그렇게 기괴한가요?

양자역학에서는 그런 일이 일어나지 않습니다. 이미 존재하고 있으나 우리에게는 알려지지 않은 것들 사이의 단순한 상관관계 그 이상의 것이 얽힘입니다. 파동함수가 물리적으로 실재하는 것—예를 들면 이중 슬릿 실험에서 간섭을 일으키는 것—처럼 행동하기 때문에 우리는 부분적으로는 그 사실을 알고 있습니다. 그러나 더 직접적으로 양자 얽힘이 수반하는 상관관계는 단순한 고전적 관계를 훨씬 더 뛰어넘습니다.

EPR은 이 점을 높이 평가하여 이런 불편함을 좀 더 명백하게 역설적인 것으로 바꾸려고 노력했습니다. 그들은 우리가 측정 결과를 절대적으로 확실하게 말할 수 있을 때, 계의 이런 성질에 해당하는 '실재하는 요소element of reality'가 반드시 존재해야 한다고 가정합니다. 이 정의에 따르면, 앨리스가 전자가 위 방향 스핀을 가진 것을 측정한 후 '밥의 양전자는 아래 방향 스핀을 가질 것이다'라고 말하는 실재하는 요소가 존재합니다. 그리고 EPR에 따르면 빛보다 빠르게 이동할 수 있는 것은 없기 때문에 실재하는 요소가 처음부터 존재했어야 합니다.

그러나 앨리스는 전자의 스핀을 z-축을 따라 측정하지 않고 x-축을 따라 측정하여 위아래가 아닌 '오른쪽 방향 스핀' 또는 '왼쪽 방향 스핀'이라는 결과를 얻을 수도 있습니다. 해당 상태를 $|\rightarrow\rangle$과 $|\leftarrow\rangle$라고 표시합시다. (우리는 이것을 앞 장에서 $|+x\rangle$와 $|-x\rangle$라고 불렀습니다.) 식 (2.7)의 z-스핀과 x-스핀의 관계를 식 (3.3)의 얽힌 상태와 비교하면, 이 상태를 다음과 같이 쓸 수도 있다는 것을 쉽게 증명할 수 있습니다.

$$|\Psi\rangle = \frac{1}{\sqrt{2}}\left(|\leftarrow\rightarrow\rangle - |\rightarrow\leftarrow\rangle\right) \qquad (3.4)$$

이것은 식 (3.3)과 동일한 양자 상태이며, 단지 다른 기저를 사용해 적은 것뿐입니다. 두 스핀은 여전히 서로 얽혀 있으며, 여전히 스핀 방향은 반대입니다. 즉 앨리스가 왼쪽 방향 스핀을 측정하면 밥은 필연적으로 오른쪽 방향 스핀을 보게 되고, 그 반대의 경우도 마찬가지입니다. 각운동량의 합이 0이 되어야 한다는 점을 고려하면 이는 당연한 결과입니다.

EPR은 앨리스가 z-스핀을 측정했다면 위 방향 스핀을 관측했을 것이고, x-스핀을 측정했다면 왼쪽 방향 스핀을 관측했을 상황을 상상하는 것은 쉬운 일이라고 주장합니다. 따라서 그들이 이해하는 바에 의하면 밥의 입자의 z-스핀과 x-스핀 모두를 고정하는 별도의 실재하는 요소들이 존재해야 하며, (상대성이론 때문에) 이러한 요소들은 항상 존재했어야 합니다. 그러나 이는 불확정성 원리에 위배됩니다. 양자역학의 전통적인 규칙에 따르면 동시에 z-스핀과 x-스핀의 값이 모두 확실한 상태는 존재할 수 없습니다. 따라서 EPR은 양자역학 자체가 불완전해야 한다는 결론을 내렸습니다.

EPR 논쟁에 직면했을 때 일부 현대 물리학자들의 표준적인 반응은 두 사건이 공간적으로 분리되어 있더라도(즉 서로의 빛 원뿔 바깥에 있더라도) 앨리스의 측정 사건에서 시작하여 밥의 사건으로 순간적으로 퍼지는(이것이 무엇을 의미하든지 간에) 어떤 종류의 영향이 있다는 것을 받아들이는 것입니다. 앞서 언급했듯이, 우리가 사용하는 이론이 빛보다 빠른 영향을 불러오는 것처럼 보이더라도 이 기괴한 원격 작용을 활용하여 신호나 정보를 보낼 방법은 없습니다. 표준적인 반응 가운데 일부는 이 상황에 대해 너무 많은 불편한 질문을 하지 않고 다른 문제로 주제를 바꾸자는 것입니다.

측정과 얽힘

이 장의 서두에서 얽힘이 양자 측정의 신비를 이해하는 데 도움이 될 수 있다는 가능성을 언급했습니다. 이제 이 두 가지가 어떻게 연관

될 수 있는지 살펴봅시다.

이를 위해 측정 중에 어떤 일이 일어나는지 좀 더 명확하게 설명해보겠습니다. 양자계가 중첩 상태에 있을 수 있으나, 물리량을 측정할 때 우리는 어떤 확실한 값을 갖는 양만을 볼 수 있다고 말했습니다. 이러한 측정을 수행하려면 일종의 장치가 필요합니다. 예를 들어 스핀을 측정하는 슈테른-게를라흐 실험에서는 위 방향 스핀과 아래 방향 스핀이 중첩된 입자를 입력하면 장치가 '위 방향' 또는 '아래 방향' 중 하나의 확실한 답을 출력합니다. 좀 더 구체적으로 설명하기 위해 큰 지침pointer과 **위, 준비, 아래**라는 표식이 있는 눈금판을 상상해볼 수 있습니다. 측정 전에는 지침이 **준비**를 가리키고 있는데, 이는 아직 측정을 시작하지 않았음을 나타냅니다. 측정 후에는 결과에 따라 지침이 **위** 또는 **아래**를 가리킵니다.

이 장치는 아마도 원자와 입자 등으로 만들어졌을 것이므로, 회전하는 단일 입자처럼 양자역학의 규칙을 따라야 합니다. 거시적인 실험실 장치에 대한 완전한 양자적 설명은 무서울 정도로 복잡할 수 있지만, 우리는 세 가지 기저 상태, 즉 $|위\rangle$, $|준비\rangle$와 $|아래\rangle$로 추상화함으로써 현재 우리의 목적에 중요한 것들을 잃지 않을 수 있습니다. 각 기저 상태는 구체적인 지침의 위치에 해당합니다. 물론 우리는 이러한 상태들의 중첩을 자유롭게 상상할 수 있지만, 실제 실험실에서 이러한 상태와 마주치는 일은 없습니다. 우리에게 익숙한 지침은 항상 명확한 방향을 가리키고 있는 것처럼 보입니다.

우리는 특정 중첩 상태 $|\Psi\rangle_{입자} = \alpha|\uparrow\rangle + \beta|\downarrow\rangle$에 있는 입자로부터 출발하여 초기 상태 $|\Psi\rangle_{장치} = |준비\rangle$에 있는 장치로 이 입자를 측정할 수

있습니다. 완전한 초기 상태는 이 두 상태의 곱이 되며 다음과 같이 쓸 수 있습니다.

$$|\Psi\rangle_{초기} = (\alpha|\uparrow\rangle + \beta|\downarrow\rangle)|준비\rangle \qquad (3.5)$$

우리는 입자와 장치가 이미 얽혀 있는 초기 상황을 고려할 수도 있지만, 여기서는 얽히지 않은 상황을 고려하기로 합니다.

측정 과정이 완료되면 입자는 완전히 $|\uparrow\rangle$인 상태에 있고 장치는 $|위\rangle$ 상태에 있거나 또는 입자는 완전히 $|\downarrow\rangle$ 상태에 있고 장치는 $|아래\rangle$ 상태에 있게 됩니다.

$$\begin{aligned} |\Psi\rangle_{최종} &= |\uparrow\rangle|위\rangle, \quad 확률 \; |\alpha|^2 \\ |\Psi\rangle_{최종} &= |\downarrow\rangle|아래\rangle, \quad 확률 \; |\beta|^2 \end{aligned} \qquad (3.6)$$

우리가 알다시피 이 모든 붕괴 과정은 슈뢰딩거 방정식을 명백히 위반하고 있으며, 붕괴가 어떻게, 왜, 정확히 언제 일어나는지 명확하지 않습니다.

그렇다면 묻습니다. 우리가 슈뢰딩거 방정식을 위반하지 **않는다면** 어떻게 될까요? 거시적 장치를 구성하는 원자와 분자계가 너무 복잡해서 정확하게 규정하기가 어렵다고 생각할 수도 있습니다. 그러나 측정이 정확해야 한다는 기본적인 사실에서 보면 엄청난 단순화가 우리 앞에 놓여 있습니다. 이것은 입자의 초기 상태가 $|\Psi\rangle_{입자} = |\uparrow\rangle$(순수 위 방향 스핀, 아래 방향 스핀과 섞이지 않음)이라면 장치의 최종 상태는 확률

100%의 순수 |위⟩여야 하고, 아래 방향 스핀의 경우에 대해서도 마찬가지입니다. 이런 일이 일어날 수 있는 유일한 방법은 더 일반적인 초기 상태인 식 (3.5)가 다음과 같이 진화하는 경우입니다.

$$|\Psi\rangle_{최종} = \alpha|\uparrow\rangle|위\rangle, + \beta|\downarrow\rangle|아래\rangle \qquad (3.7)$$

다시 말해, 좋은 측정 장치에서 일어나는 일은 적절한 판독 값을 해당 계의 상태와 연관시키는 방식으로 측정 대상인 계와 얽히게 되는 것입니다.

그러나 실제 세계의 과학자들이 실제로 보는 것은 그렇지 않습니다. 우리가 보는 것은 식 (3.6)에서와 같이 명확한 상태에 있는 입자와 지침입니다. 따라서 측정 문제는 해결된 것이 아니라 선명해진 것입니다: 무엇이 일반적인 슈뢰딩거식 진화를 방해하여 식 (3.7)이 아니라 식 (3.6)으로 끝나는 것처럼 보이게 하는 것일까요?

결깨짐

여기 취약점이 하나 있습니다. 우리는 우주 전체에 파동함수가 하나만 존재한다는 사실에 큰 의미를 부여했지만, 소수의 움직이는 부분만을 지속적으로 분석했고 그 외의 다른 모든 것은 무시했습니다. 우리가 세상과 일정 기간 떨어져 있을 수 있는 미시적인 입자들에 대해 생각할 때는 이것이 큰 문제가 되지 않습니다. 그러나 측정 장치와 같은 거시적인 물체가 개입되면 이 구형 소 전략은 실패합니다. 좋든 싫든, 세상의 나머지 조각들—공기 중의 분자, 방 안의 광자 등—이 측정 장치와 계속 충돌하게 됩니다. 그런데 이것들이 중요한가요?

중요합니다. 단일 스핀을 측정하는 것을 다시 분석해봅시다. 그러나 이제는 우주의 다른 모든 것을 **환경**environment이라는 단일계로 묶어보겠습니다. 여기에는 공기 분자, 광자뿐만 아니라 실험자와 실험대, 그 밖의 모든 것이 포함됩니다. 실험 도중 명시적으로 추적하지 않는 모든 것을 환경이라고 생각하면 됩니다. 또다시 말하지만, 환경의 상태는 상상할 수 없을 정도로 복잡하지만, 우리는 몇 가지 특징에만 신경을 쓰겠습니다.

측정 장치가 환경과 어떻게 상호작용하는지 생각해봅시다. 실험자가 조심만 한다면 측정하는 동안 대부분 홀로 있기 때문에 흥미로운 일이 일어나지 않을 것입니다. 그러나 우리는 눈금판을 보기 위해 광자가 필요하기 때문에 방 안의 광자는 중요합니다. 그리고—이것이 중요한 부분입니다—이 광자들은 장치가 어떤 일을 하느냐에 따라 다르게 상호작용할 것입니다. 우리는 서로 다른 판독 값, 즉 **위**, **준비** 및 **아래**를 가리킬 수 있는 지침을 상상했습니다. 지침이 검은색(따라서 광자를 흡수)이고 눈금판의 배경은 흰색이라고 가정해봅시다. 그러면 지침이 **위**를 가리킬 때 특정 광자가 지침에 닿아 흡수되지만, 지침이 다른 방향을 가리킬 때는 동일한 광자가 눈금판에서 반사되는 것을 쉽게 상상할 수 있습니다.

즉 이것은 장치를 담고 있는 광자 저장체bath가 장치와 상호작용할

뿐만 아니라 거의 즉시 장치와 얽히게 된다는 것을 의미합니다.* 환경이 초기 상태 $|e_0\rangle$에서 시작하여 광자가 **위** 또는 **아래** 어느 것을 가리키는 화살표에 부딪히는지에 따라 $|e_\uparrow\rangle$ 또는 $|e_\downarrow\rangle$로 진화한다고 가정합시다. 그러면 측정 직후 스핀/장치/환경의 결합 상태는 다음과 같아집니다.

$$|\Psi\rangle_{측정} = (\alpha|\uparrow\rangle|위\rangle + \beta|\downarrow\rangle|아래\rangle)|e_0\rangle \qquad (3.8)$$

그러나 광자는 광속으로 움직이므로 이것은 아주 신속하게 다음과 같이 진화합니다.

$$|\Psi\rangle_{결깨짐} = \alpha|\uparrow\rangle|위\rangle|e_\uparrow\rangle + \beta|\downarrow\rangle|아래\rangle|e_\downarrow\rangle \qquad (3.9)$$

따라서 측정하는 계와 얽히는 것은 측정 장치만이 아닙니다. 측정 장치는 주변 광자 저장체와 상호작용할 수밖에 없는 거시적 물체이기 때문에 환경과도 얽히게 됩니다. 이 과정을 **결깨짐**decoherence ─ 중첩된 양자계가 주변 환경과 얽히게 되는 것 ─ 이라고 합니다. 세상의 나머지 것들과 계속해서 충돌하는 큰 물체의 경우, 결깨짐은 신속히 일어나며 피할 수 없습니다.

왜 우리는 거시적인 계가 주변 환경과 계속해서 얽혀 있는 것에 관

---

* 얽히지 않고도 상호작용할 수 있으며, 한 계의 상태가 다른 계의 상태와 연관될 때만 얽힘이 발생합니다. 상태 (3.7)은 얽혀 있지만 상태 (3.5)는 얽혀 있지 않습니다.

심을 가져야 할까요? 다시 이중 슬릿 실험을 생각해봅시다. 입자가 슬릿을 통과할 때 우리가 관측하지 않으면 반대편에 있는 검출기 스크린에 간섭무늬가 나타나는 것을 볼 수 있습니다. 이러한 간섭은 입자가 특정 위치에서 관측되는 최종 진폭에 정확히 동일하게 작용하는 두 가지—각 슬릿 당 하나—가 모두 기여하기 때문에 발생합니다. 입자가 슬릿을 통과할 때 이 입자를 '측정'하면 실제로 이 입자는 외부 측정 장치와 얽히게 됩니다. 그것은 입자가 검출기 스크린에 도달할 때 두 슬릿의 기여도를 직접 비교할 수 없다는 것을 의미합니다. 그들은 외부 세계의 서로 다른 상태와 얽혀 있기 때문에 서로를 상쇄하거나 보강할 수 없습니다. 결깨짐은 양자 동작의 가장 근본적인 측면 중 하나인 간섭을 파괴합니다. 그리고 결깨짐은 비가역적입니다. 환경은 매우 크고 혼란스러운 움직이는 부품들의 집합이기 때문에 일단 계와 얽히게 되면 얽힘이 풀릴 가능성은 무시할 정도로 작습니다.

이는 양자 측정이 실제로 무엇인지에 대한 해답을 제시합니다. 즉 양자 측정은 계가 결깨짐하는 때를 말합니다. 양자역학에서 말하는 측정은 의식이나 지각과는 아무런 관련이 없습니다. 중첩 상태에 있는 양자계가 주변 환경과 얽힐 때 일어나는 현상일 뿐입니다.

기초

그렇다고 해서 결깨짐이 '측정 문제를 해결'했다는 의미는 아닙니다. 결깨짐은 이중 슬릿 실험에서 간섭무늬가 사라지는 이유를 설명하며, 따라서 '측정'의 의미에 대한 물리학 기반을 이해할 수 있게 해줍니다. 그러나 결국 단순히 슈뢰딩거 방정식을 따르면 식 (3.9)의 얽힘 상태만 남는 반면, 우리가 분명히 보게 되는 것은 식 (3.6)의 붕괴 상태 중 하나입니다. 우리가 전자가 아닌 후자를 보는 이유를 어떻게든 설명할 필요가 있습니다.

이것이 바로 **양자역학의 기초**라는 주제입니다. 모호하게 정의된 '측정'과 갑작스러운 '붕괴'라는 다소 임시방편인 이론 체계가 정확한 예측을 할 수 있는 이유를 설명해줄 완전하고 명확한 이론은 무엇일까요? 아직 정답이 무엇인지에 대해서는 의견이 일치하지 않습니다. 여기에서는 우리가 동의하는 것에 초점을 맞추고 있으므로 몇 가지 주요 아이디어들에 대한 간략한 개요만 제공합니다.

여기 한 가지 아이디어가 있습니다. 파동함수는 실재를 대표하며 파동함수는 항상 슈뢰딩거 방정식을 따르는 것일 수 있습니다. 미학과 단순함의 관점에서 보면 이 아이디어는 분명 좋은 생각입니다. 문제는 결국 식 (3.9)—서로 다른 측정 결과가 중첩된 양자 상태—로 귀결된다는 것입니다. 그리고 어떤 실험자도 서로 다른 측정 결과가 중첩되어 있다고 느껴본 적이 없습니다. 실제 실험에서는 확실한 결과만 나오는 것 같습니다.

이 문제를 해결하는 한 가지 방법을 1950년대에 대학원생이었던 휴 에버렛 3세 Hugh Everett Ⅲ 가 제안했습니다. 에버렛은 슈뢰딩거 방정식은 문제가 없고, 식 (3.9)와 같은 상태에서 '실험자'를 식별하는 것이 잘못이라는 제안을 했습니다.

결깨짐이 발생하면 실제로 다른 환경 상태와 얽혀 있는 상태들의

일부가 다시는 서로 간섭하지 않는다는 것을 기억하세요. 이 경우 서로 간섭하지 않는 상태들을 **가지**branch라고 부르는 완전히 독립적인 우주의 복사본으로 취급하는 것이 맞다고 에버렛은 말합니다. 중첩 상태에 있는 실험자는 한 명만이 아닙니다. 파동함수의 |위〉 가지에 한 실험자가 있고 |아래〉 가지에 다른 실험자가 있으며, 둘 다 확실한 측정 결과를 경험합니다. 이것은 양자역학의 **다세계 해석**Many-Worlds interpretation으로 알려져 있습니다 (다세계 해석은 그 자체로 정직한 물리학 이론이며, 어떤 것에 대한 '해석'이 아닙니다).

다세계는 단순하고 설득력이 있지만 명백한 이유로 사람들의 눈썹을 찌푸리게 합니다. 또 다른 접근 방식은 파동함수가 실재의 **일부**를 대표하는 것이지 전부를 대표하지는 않는다는 것—세계의 물리적 구성을 완전히 설명하는 데 필요한 다른 변수가 있다는 것—입니다. 입자 집합의 경우 이러한 변수는 단순히 입자의 실제 위치일 수 있습니다. 이 접근법은 루이 드 브로이에 의해 개척되었고, 나중에 데이비드 봄David Bohm에 의해 부활해 대중화되었기 때문에 **드 브로이-봄 이론** de Broglie–Bohm theory 또는 간단히 **봄역학**Bohmian mechanics이라고 알려져 있습니다. 입자의 위치를 우리에게 알려주는 추가 변수가 필요하기 때문에 이것은 일종의 **숨은변수이론**hidden-variable theory입니다. 파동함수의 역할이 입자를 '조종'하는 것이기 때문에 이것을 **파일럿파동이론**pilot wave theory이라고도 부릅니다. 입자들은 파동함수가 큰 곳에서는 모이고 작은 곳에서는 흩어지는 경향을 가집니다.

숨은변수이론은 흥미로운 역사를 가지고 있습니다. 1935년, 존 폰 노이만은 숨은변수이론이 절대로 성립할 수 없다는 가설을 제시했습니다. 그레테 헤르만Grete Hermann은 폰 노이만이 불필요한 가정을 했다고 지적했지만 거의 무시되었고, 물리학자들은 그 가능성이 제거되었다고 가정했습니다. 1950년대에 아인슈타인은 봄에게 폰 노이만의 주장의 한계를 지적했고, 봄은 성공 가능성이 큰 모형을 만드는 데 착수하여 몇 년 전 발표된 드 브로이의 것과 유사한 모형을 생각해냈습니다. 이 역시 거의 무시되었지만, 스위스 제네바의 입자물리학 연구소인 CERN의 이론가였던 아일랜드 물리학자 존 벨John Bell의 관심을 끌었습니다. 벨은 봄 이론의 중요한 특징에 주목했습니다. 그 특징은 **비국소성**으로, 파동함수가 입자를 밀어내는 방식이 밀리는 1개의 입자뿐만 아니라 모든 입자의 짜임새에 따라 달라지기 때문입니다. 벨은 이 특징이 꼭 필요한지 궁금해했고, 필요하다는 것을 증명했습니다: **벨의 정리**Bell's theorem는 국소 숨은변수이론으로는 양자역학의 예측을 재현하는 것이 불가능함을 입증하고 있습니다.* 2022년 노벨 물리학상은 벨이 구상한 장치를 가지고 얽힌 입자가 표준 양자 이론의 예측을 실제로 따르는 것을 실험적으로 증명한 알랭 아스페Alain Aspect, 존 클라우저John Clauser, 안톤 차일링거Anton Zeilinger에게 수여되었습니다. 안타깝게도 노벨위원회 보도자료에는 벨의 정리가 숨은변수 모형의 가능성을 제거했다고 주장하는 실수가 있었습니다. 실제로 벨의 정리는 **국소** 숨은변수 모형의 가능성만을 제거했습니다. 벨 자

---

* 다른 수학 정리와 마찬가지로 벨의 정리에도 가정들이 들어가 있습니다. 가정 하나는 실험이 명확한 결과를 보여준다는 것으로 다른 가지에서 다른 결과가 나오는 다세계 해석은 이 가정을 위반합니다. 다른 하나는 측정하고자 하는 모든 양을 측정할 수 있다는 것인데, 우주의 초기 조건이 특정 성질들을 절대 측정할 수 없다는 '초결정론적superdeterministic' 이론들은 이를 위반합니다.

신은 봄의 비국소 이론의 열렬한 팬이었기 때문에 이 보도에 매우 당혹스러웠을 것입니다.

양자 측정에 대한 또 다른 실행 가능한 접근 방식은 슈뢰딩거 방정식을 위반하더라도 파동함수가 실제로 붕괴한다는 사실을 받아들이는 것입니다. 붕괴가 자발적이고 무작위적인지 또는 양자 상태의 어떤 특징에 의해 촉발되는지에 따라 여러 가지 전략이 있습니다. 좋은 소식은 이러한 **객관적 붕괴 모형**objective collapse model이 실험적으로 검증 가능하다는 것입니다. 나쁜 소식은, 적어도 지금까지, 이 모형에 유리한 실험적 증거가 없다는 것입니다.

마지막으로, 일부 물리학자들은 보어와 하이젠베르크의 원래 코펜하겐 철학으로 돌아가는 것을 선호합니다. 이 아이디어는 '실재'가 무엇인지에 대한 걱정을 멈추고 우리가 실제로 보는 것, 즉 측정 결과에만 초점을 맞추자는 것입니다. 양자 기초에 대한 **인식론적 접근법**에서 파동함수는 대리인이 측정 결과의 확률을 계산하기 위한 도구일 뿐입니다. 그러고 나면 파동함수의 붕괴에 기괴한 것은 없으며 그것은 새로운 증거가 나왔을 때 우리의 믿음을 업데이트하는 통상적인 과정일 뿐입니다.

이런 다양한 옵션은 물리학계가 양자역학의 기초에 관해 합의에 이르지 못하고 있다는 것을 반영합니다. 물리학자들은 이론을 사용하여 예측하는 데는 매우 능숙하지만, 이론이 실제로 무엇을 말하는지를 입증하는 데는 능숙하지 않습니다.

그러므로 우리는 이 책을 쓴 목적과 관계된 다음과 같은 상황을 맞이하고 있습니다. 즉 전문 물리학자들이 파동함수와 실재에 관해 올바르게 설명하는 방법에 동의하지 않는 상황에서 어떻게 파동함수와 실재에 관해 이야기할 수 있을까요? 양자역학의 기초에 관해 어떤 태도를 취하느냐에 따라 근본적으로 무슨 일이 일어나고 있는지를 표현하는 여러 가지 방법을 제시할 수 있습니다. 그러나 이런 방식은 지루할 수 있습니다. 대신 우리는 한 가지 태도, 즉 파동함수가 실재를 대표하는 직접적이며 유일한 것이라는 일관된 태도를 취할 것입니다. 그리고 앞으로 살펴보겠지만, 파동함수는 시공간에 퍼져 있는 양자장에서 만들어집니다. 이 그림에서 전자는 실제로 점과 같은 입자가 아니라 전자장electron field의 양자화된 진동이며, 원자는 대부분 비어 있지 않으며 특정 파동함수의 프로파일profile에 의해 정의됩니다. 상호작용과 파인먼 도형에 도달하면 '가상 입자'는 문자 그대로 실재가 아니라 특정 양자 과정의 확률을 계산하기 위한 편리한 장치라는 점을 언급할 것입니다. 그러나 가상 입자는 매우 편리한 장치이며, 실제로 내부에서 무슨 일이 일어나고 있는지 기억하는 한, 가상 입자에 관해 이야기하는 것은 아무 문제가 없습니다.

다른 시각도 존재한다는 것을 명심하십시오. 여기에 사용된 언어는 여러분이 선호하는 양자 기초에 관한 모든 접근 방식의 언어로도 번역할 수 있습니다. 미래 세대가 이 상황을 결정적으로 해결할 수 있는 여지가 분명히 존재합니다.

CHAPTER 4

장

장은 공간의 각 점 x에서 값을 가집니다. 이를 f(x)라고 합니다. 이때 그 값은 0일 수 있지만 이 역시도 여전히 값입니다. 공간이 아무리 비어 있어도 장은 여전히 존재합니다. 이는 입자가 매 순간 공간에 위치하지만, 입자가 위치하지 않는 다른 점에는 입자가 존재하지 않는 것과는 대조적입니다, 장이 '실제로' 무엇인지 궁금해지기도 합니다. 마찬가지로 장은 무엇으로 구성되어 있을까요? 양자장이론의 맥락에서 볼 때, 장은 어떤 것으로 '구성된' 것이 아닙니다. 장은 다른 모든 것을 구성하는 것입니다.

✱ ✱ ✱

고전역학과 마찬가지로 양자역학은 그 자체로 특정한 물리학 이론이 아닙니다. 양자역학은 다양한 종류의 계에 대한 특정 모형을 구축할 수 있는 틀입니다. 여러분은 단조화 진동자에 대한 고전 이론 및 단조화 진동자에 대한 양자 이론을 가지고 있습니다. 물리학에서 우리는 종종 특정 물리계를 염두에 두고 그 계의 양자 이론을 어떻게 만들지 생각합니다.

고전역학에서는 공간에서 특정 위치를 갖는 입자와 공간의 모든 점에서 값을 갖는 장을 구분합니다. 양자역학에서도 마찬가지입니다. 지난 몇 장에서 우리는 입자에 대한 양자역학 이론을 살펴봤습니다. 양자역학적 장이론은 **양자장이론**(또는 QFT)으로 잘 알려져 있습니다. 어떤 사람들은 마치 '양자역학'이 먼저 있었고, 그 후 '양자장이론'이 이를 대체한 것처럼 이야기합니다. 이는 정확하지 않습니다. 양자장이론은 입자가 아닌 단지 장에만 적용된 양자역학의 일부입니다.

이 글을 쓰는 현재 양자장이론은 우주를 가장 심오한 수준에서 설명할 수 있는 유일한 최고의 방법입니다. 우리는 입자와 장을 따로 생각할 필요도 없으며, 양자장에 대해 주의 깊이 생각해 보면 입자가 바로 양자장에서 우리 앞에 튀어나옵니다. 즉 이것이 근본적으로 매끄러운 세계 그림에서 '양자'가 나타나는 전형적인 예입니다.

ϕ(그리스 문자 파이)로 표기할 간단한 장을 생각해보겠습니다. 장은 공간의 각 점 x에서 **값**을 가집니다. 이를 $\phi(x)$라고 합니다. 이때 그 값은 0일 수 있지만 이 역시도 값입니다. (표기를 단순하게 하기 위해 우리는 모든 것을 공간이 하나의 차원 x만 가진 것처럼 적겠지만, 모든 아이디어는 3차원에서도 똑같이 잘 작동합니다). 공간이 아무리 비어 있어도 장은 여전히 존재합니다. 이는 입자가 매 순간 공간에 위치하지만, 입자가 위치하지 않는 다른 점에는 입자가 존재하지 않는 것과는 대조적입니다.

공간의 모든 점에서 장이 갖는 실제 값을 알려주는 전체 **장 짜임새** field configuration, 또는 '프로파일'을 고려하는 것은 종종 유용합니다. 우리는 장 짜임새를 중괄호를 사용하여 $\{\phi(x)\}$로 표기할 것입니다. 그러나 가끔 게을러서 중괄호를 건너뛰는 경우가 있으므로 주의해야 합니다. (아예 중괄호를 사용하지 않는 문헌도 있습니다). 장이 적절한 운동 방정식에 따라 시간에 따른 진화를 하기 때문에, 장은 시공간의 각 점에서 값 $\phi(x, t)$을 가지게 됩니다. 수학적으로 장은 공간을 특정 값으로 변환하는 맵으로 정의할 수 있습니다. 지금 우리는 공간의 각 점에서 장의 값이 단순히 숫자인 가장 간단한 경우의 장인 **스칼라 장** scalar field을 사용하겠습니다. 나중에 벡터 장과 좀 더 이색적인 가능성들을 고려할 것입니다.

곧 살펴보겠지만, 양자장을 이해하는 가장 좋은 방법은 장을 실제로 공간의 각 점에서의 값으로 생각하는 것이 아니라 (푸리에 변환을 통해) 파장이 다른 파동들의 합으로 양자장 짜임새를 표현하는 것입니다. 이 합의 각 항은 특정 진동수를 가진 음처럼 특정 파장을 가진 '모드'입니다.

그리고 기적이 일어납니다. 양자장의 각 모드는 우리가 이전에 밝혀낸 양자화된 에너지 준위를 가진 단조화 진동자처럼 행동합니다. 이러한 에너지 준위들은 우리가 관측할 **입자들**의 개수로 해석할 수 있습니다. 즉 첫 번째 들뜬 상태의 모드는 입자 1개를 나타내고, 두 번째 들뜬 상태는 입자 2개를 나타냅니다. 이것은 장과 입자 사이의 매우 마법 같은 양자 연결이며, 이를 확인하기 위해 수학적 잡초에 우리 손을 약간 더럽혀야 할 필요가 있습니다.

장이 '실제로' 무엇인지 궁금해지기도 합니다. 마찬가지로 장은 무엇으로 구성되어 있을까요? 이 질문에 대한 만족스러운 답은 없습니다. 양자장이론의 맥락에서 볼 때, 장은 어떤 것으로 '구성된' 것이 아닙니다. 장은 다른 모든 것을 구성하는 것입니다. 이에 놀라지 않아도 됩니다. 사물을 구성하는 것에 대해 충분히 깊이 파고들면 '여기 실재의 속 물질 bare stuff이 있고, 이것은 다른 어떤 것으로도 구성되어 있지 않다'는 결론에 도달할 수밖에 없습니다.

현재 우리가 가장 잘 이해하는 바에 따르면 양자장은 실재의 속 물질입니다. 앞으로 우리의 이해가 더 발전하면 양자장도 결국은 근본적인 것이 아니라는 사실을 깨닫게 될 것입니다. 양자 중력을 이해하려는 현대의 시도에서 이에 대한 힌트를 얻을 수도 있습니다. 그러나 이는 여전히 추측에 불과하며, 이 시리즈의 목적상 기존의 양자장 패러다임을 고수하는 것이 합리적입니다.

장 에너지

대부분의 경우 물리학자들은 양자 이론을 구성할 때 고전 이론에서 시작하여 이를 양자화합니다. 이는 입자의 경우처럼 장에서도 마찬가지입니다. 따라서 먼저 고전적인 장에 대해 생각해보고 그러한 장이 어떤 종류의 에너지를 가질 수 있는지 물어봅시다. 그러면 슈뢰딩거 방정식을 뒷받침하는 적절한 양자 해밀토니안이 나올 것입니다.

단일 입자의 경우 우리는 운동에너지 $\frac{1}{2}mv^2$과 퍼텐셜에너지 $V(x)$라는 두 가지 유형의 에너지를 고려했습니다. 여기서 m은 입자의 질량, v는 속도, $V(x)$는 퍼텐셜에너지 함수입니다. 운동에너지는 운동과 관련이 있으며, 위치 에너지는 입자의 위치와 입자에 영향을 미치는 외부 요인에 따라 달라집니다. 장의 경우 '위치'라는 개념은 없지만, 각 사건 (x, t)에서 장이 갖는 값 $\phi(x, t)$와 다른 공간과 시간에 있는 점에서의 값이 존재합니다. 우리는 이러한 정보로부터 에너지와 같은 무언가를 만들어야 합니다.

이를 수행하는 방법에 대한 주요 제약은 국소성 원리에서 비롯합니다. EPR과 양자 측정의 맥락에서 국소성에 대해 조금 이야기했지만, 이제는 장의 고전적인 행동에 대해 생각해보겠습니다. 이러한 행동은 전적으로 국소적이며 여기에는 어떤 기괴한 점도 없습니다.

장의 경우 국소성이란 장이 시공간의 어느 한 점에서 어떻게 진화하는지는 이 점에서의 해당 장 및 다른 장의 값, 또한 바로 이웃한 점들에서의 장의 값에 따라 달라진다는 것을 의미합니다. '바로 이웃한'이란 (x, t)에서의 장의 행동이 장의 공간 또는 시간 **미분**(미분은 무한히 가까운 곳에서 장이 하는 일을 반영하기 때문)에는 의존하지만, 유한한 거리 떨어진 다른 점들에서 일어나는 일에는 직접적으로 의존하지 않는다는 것을 말합니다. 이것이 실제로 의미하는 바는 위치 (x, t)에서 장 ϕ의 행동이 공간과 시간에 대한 편미분

$$\frac{\partial \phi}{\partial x}, \quad \frac{\partial \phi}{\partial t}$$

뿐만 아니라 장 값 $\phi(x, t)$의 영향을 받을 수 있다는 것입니다. 편미분은 '다른 모든 변수를 고정한 상태에서 이 특별한 변수에 대한 변화율을 구한다'는 것을 기억하십시오. 따라서 공간과 시간의 각 점 (x, t)에서 장은 공간 편미분과 시간 편미분을 가집니다. 이러한 편미분이 너무 자주 나타나기 때문에 장이론가들은 엄청나게 긴 공식을 작성하는 데 지쳐서 불가피하게 속기 표기법을 사용합니다.

$$\frac{\partial \phi}{\partial x} = \partial_x \phi, \quad \frac{\partial \phi}{\partial t} = \partial_t \phi \tag{4.1}$$

의존성이 명시적으로 적혀 있지 않더라도 ϕ가 (x, t)의 함수라는 것을 알고 있어야 합니다. 그리고 공간 편미분 $\partial_x \phi$와 시간 편미분 $\partial_t \phi$, 그리고 장 값 ϕ는 우리가 장 에너지에 대한 식을 구성하는 데 사용할

수 있는 것들입니다.

국소성의 또 다른 결과는 장 짜임새의 전체 에너지(결국 공간 전체에 걸쳐 뻗어 있는)를 각 점에서 정의된 공간 부피당 에너지 양인 **에너지 밀도**의 공간 적분으로 생각할 수 있다는 것입니다. 에너지 밀도는 전통적으로 그리스 문자 ρ('로'라고 읽습니다)로 표기합니다. 그러면 장 짜임새의 전체 에너지는 다음과 같이 됩니다.

$$E = \int \rho(x)\,dx \qquad (4.2)$$

다시 말하지만, 이것은 실제로 부피 요소 $d^3x = dx\,dy\,dz$를 가진 모든 3차원 공간에 대한 적분이며, 표기상의 편의를 위해 1차원에 있는 것처럼 적은 것입니다.

마지막으로 스칼라 장의 에너지 밀도 $\rho(x,t)$에 대한 표현은 다음과 같습니다.

$$\rho(x,t) = \frac{1}{2}(\partial_t \phi)^2 + \frac{1}{2}(\partial_x \phi)^2 + V(\phi) \qquad (4.3)$$

에너지 밀도 = 운동에너지 + 기울기에너지 + 퍼텐셜에너지

분명 입자의 에너지와 유사합니다. 입자가 얼마나 빨리 공간을 이동하는지가 아니라 (진동하는 고무판처럼) 공간의 특정 점에서 장의 값이 얼마나 빨리 변하는지에 따라 달라진다는 점을 제외하면, 입자의 경우와 마찬가지로 '계가 얼마나 빨리 움직이는가'에 따라 달라지는 운동에너지가 있습니다. 계의 순간적인 짜임새에 따라 달라지는 퍼텐

셜에너지도 있지만, 이 역시 입자의 위치가 아닌 장의 값의 함수입니다. 장의 경우 새로운 것은 **기울기에너지** $\frac{1}{2}(\partial_x \phi)^2$입니다. 기울기에너지gradient energy는 장이 시간에 따라 진화하는 데 에너지가 필요한 것처럼 장이 공간의 한 점에서 다른 점으로 이동하면서 휘어지는 데 에너지가 필요하다는 사실을 반영합니다.

이 모든 것이 직관적으로 이해될 것입니다. 고전적인 장의 행동은 늘어난 고무판의 행동과 크게 다르지 않습니다. 각 점에서 장의 위아래 운동으로 인한 운동에너지가 있고, 한 장소에서 다른 장소로 장이 변하면서 늘어나거나 줄어들기 때문에 생기는 기울기에너지가 있으며, 안정 평형 값에서 변위한 장의 값으로 인한 퍼텐셜에너지가 있습니다.

에너지 밀도 공식 (4.3)에는 의문을 제기할 수 있는 한 가지 특징이 있습니다. 운동에너지와 기울기에너지는 모두 숫자 $\frac{1}{2}$을 가지고 있습니다. 이 숫자가 정확히 $\frac{1}{2}$이라는 것을 어떻게 알 수 있을까요? 그리고 두 항의 숫자가 같은 이유는 무엇일까요?

답은 상대성이론입니다. 운동에너지는 시간에 대한 미분을, 기울기에너지는 공간에 대한 미분을 불러오기 때문입니다. 이 양들의 단위가 다르다고 걱정할 수도 있지만, 우리는 암묵적으로 광속을 1, 즉 $c = 1$로 설정하고 있기 때문에, 시간과 공간을 같은 단위를 사용해 측정할 수 있습니다. 시간 미분과 공간 미분에 곱하는 숫자가 동일한 이유는 상대성이론의 규칙들이 **로런츠 불변성**Lorentz-invariant 또는 모든 기준틀에서 동일하게 보이는 성질을 따르기 때문입니다. 이런 일이 일어나기 위해서는 $c = 1$인 단위에서 공간 계수와 시간 계수가 같아야 합니다. 이 계수가 $\frac{1}{2}$인 이유는 관습의 문제이기도 하지만, 궁극적으로는 입자의 운동에너지 공식 $½mv^2$에 나타나는 것과 동일한 계수이기 때문입니다.

로런츠 불변성을 가지지 않은 장이론을 만드는 것도 가능합니다. 예를 들어 금속을 통과하는 전자의 운동에 관해 이야기하고자 한다면, 로런츠 불변성을 가지지 않은 장이론이 적절할 수 있습니다. 이 경우 모든 기준틀이 동일하게 만들어지는 것은 아니며, 금속의 정지 기준틀은 특별합니다. 그러나 이 책에서 우리의 관심은 장 자체를 위한 장의 근본적인 행동이지, 장이 특정한 환경에 속해 있을 때의 행동이 아니므로 우리는 상대성이론의 규칙들을 따르고자 합니다.

자유장

식 (4.3)에서 에너지 밀도가 할 수 있는 것은 많지 않습니다. 결정되지 않은 유일한 것은 퍼텐셜에너지 $V(\phi)$뿐입니다. 실제로 입자물리학이 가져온 흥분과 풍성함의 대부분은 단일 장뿐 아니라 상호작용하는 여러 장에 대한 적절한 퍼텐셜의 선택에서 비롯됩니다. 현실 세계에는 시공간의 모든 점에서 이론에 의해 정확하게 정해진 방식으로 서로 밀고 당기는 장들의 시끄러운 불협화음들이 존재합니다.

그러나 여기서는 단일 장과 우리가 생각할 수 있는 가장 단순한 퍼텐셜로 점잖게 시작하겠습니다.

$$V(\phi) = \frac{1}{2}m^2\phi^2 \qquad (4.4)$$

매개변수 m은 장의 **질량**으로 알려져 있습니다. 물론 질량은 정지한 국소화된 물체에 내재된 에너지이고, 장은 국소화된 물체가 아니라 공간 전체에 퍼져 있기 때문에 장은 실제로 '질량'을 가지고 있지 않습니다. 그러나 장을 양자화하면서 우리는 장이론이 입자를 설명하고, m은 그 입자의 질량이 된다는 것을 발견하게 될 것입니다. 그리고 편의상 이를 '장의 질량'이라고 부르겠습니다.

왜 식 (4.4)가 가장 단순한 퍼텐셜일까요? 이것이 타당한 이유는 《공간, 시간, 운동》에서 설명했던, 단조화 진동자가 어디에나 존재하는 이유에 대한 논의와 유사합니다. 장 변수를 다른 승수로 올리는 것을 생각해봅시다. 즉 ϕ^0, ϕ^1, ϕ^2, ϕ^3 등등. ϕ^0은 상수일 뿐이므로 이것을 에너지 밀도에 더해도 장의 동역학은 변하지 않으며, 우리는 에너지가 장소 또는 시간에 따라 어떻게 변하는지에만 관심이 있습니다. ϕ^1은 장을 한 방향 또는 다른 방향으로 밀어내는 선형 퍼텐셜입니다. 그러나 우리는 즉시 굴러가는 장이 아니라 최소 에너지 상태로 그냥 머물러 있는 장을 고려하고자 합니다. 따라서 이 항을 버리기로 합니다.* ϕ^2는 고려해야 할 매우 합리적인 항이기 때문에 이것으로부터 시작하겠습니다. 적어도 당분간은 ϕ^3 및 그 이상의 고차 항에 대해 걱정할 필요가 없습니다.

퍼텐셜이 식 (4.4)의 단순한 형태를 취하는 장을 **자유장**free field이라고 부르는데, 이렇게 부르는 이유는 자신이나 다른 장들과 상호작용

---

* 좀 더 주의 깊게 살펴봅시다. 퍼텐셜이 0이 아닌 어떤 값에서 최소라고 가정합시다($\phi_{최소} \neq 0$). 우리는 새로운 변수 $\phi' = \phi - \phi_{최소}$를 정의할 수 있습니다. 그러면 $\phi' = 0$에서 퍼텐셜이 최소가 되기 때문에 우리는 퍼텐셜에 $(\phi')^1$항이 없다는 것을 알 수 있습니다.

하지 않고 자유롭게 전파할 수 있기 때문입니다. 자유장은 실제로 양자장이론에서 모든 방정식을 정확히 풀 수 있는 유일한 경우입니다. 더 복잡한 퍼텐셜은 장들 사이의 상호작용을 생성하며, 이에 대한 내용은 다음 장으로 미루겠습니다.

모드

이제 장을 양자화할 준비가 거의 다 되었습니다. 그러나 그 전에 한 가지 문제를 예상해봅시다. 위치가 x인 단일 입자의 양자역학을 고려하기 위해 우리는 각 위치에 복소수 진폭을 배정하는 파동함수 $\Psi(x)$를 만들었습니다. 이제 우리는 공간에서 가능한 각 프로파일에 복소수 진폭을 배정하는 장 짜임새의 파동함수 $\Psi[\{\phi(x)\}]$를 가집니다. 이 파동함수는 꽤 다루기 어려워 보입니다. 어떻게 하면 이 파동함수를 쉽게 해석하거나 계산할 수 있는 것으로 만들 수 있을까요?

해답은 매우 간단한 장 짜임새, 즉 **평면파**plane wave를 생각해보는 것입니다. 평면파는 공간을 통해 모든 곳으로 이동할 수 있는 완벽히 규칙적인 진동을 하는 파동입니다. 평면파는 그 행동을 정확히 설명할 수 있을 만큼 간단합니다.

그러나 평면파가 분석하기 쉬운 아주 특별한 종류의 장 짜임새에 불과했다면 큰 관심을 끌지 못했을 것입니다. 평면파의 진정한 힘은 어떠한 장 짜임새도 다양한 종류의 평면파의 조합으로 생각할 수 있다는 놀라운 사실에서 비롯합니다.

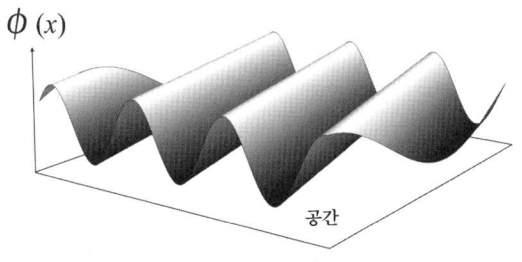

이것이 바로 우리가 2장에서 언급하고 부록에서 자세히 살펴본 수학적 요령인 푸리에 변환의 마법입니다. 우리는 수학적으로 조금 더 구체적으로 들어가겠으며, 여기에는 그만한 가치가 있습니다.

장 짜임새는 각 공간 점 $\{\phi(x)\}$에서 별도의 값을 가진 것으로 정의하기보다 각각 특정한 파장과 운동 방향을 가진 공간 전체에 뻗어 있는 파동의 합으로 생각할 수 있습니다. 이러한 개별 파동을 **모드**mode라고 합니다. 양자장을 이해하는 데 사용되는 첫 번째 요령은 공간을 점 단위로 생각하지 않고 모드 단위로 생각하는 것입니다. 실제로는 전체 장의 파동함수를 다루는 대신 단일 모드의 파동함수를 다룬 다음, 여러 모드를 합친 파동함수를 다룰 것입니다. 그리고 단일 모드의 행동을 확장하면 일반적인 양자역학 문제가 될 것입니다. (실제로 그것은 단조화 진동자의 문제가 됩니다.)

우리는 식 (4.3)으로 주어진 에너지와 식 (4.4)으로 주어진 퍼텐셜을 가진 자유 스칼라 장을 고려하고 있으며, 여러 모드를 결합하여 원하는 짜임새를 만들기 전에 고정된 파장을 가진 단일 모드의 에너지를 생각해보려고 합니다. 파장이 λ인 경우, 거리당 파장의 개수에 2π를 곱한 **파수**wave number k로 모드를 특성화하는 것이 가장 편리합니다.

$$k = 2\pi / \lambda \qquad (4.5)$$

이것은 특정 모드의 장 짜임새를 다음과 같이 진동하는 실수부와 진동하는 허수부의 합으로 쓸 수 있기 때문에 편리합니다.

$$\tilde{\phi}(k,t) = a(t)\cos(kx) - ia(t)\sin(kx) = a(t)e^{-ikx} \qquad (4.6)$$

여기서 $a(t)$는 이 특정 파동의 진폭을 나타냅니다. 삼각 함수와 허수의 지수 사이의 관계식 (A.4)를 포함해 자세한 내용은 푸리에 변환에 대한 부록을 보십시오. 도식적으로(개념적으로 깔끔하게 정리하기 위해 적분 대신 합으로 적었습니다) 각각 특정 진폭 a_k를 가진 파수 k의 모드들을 결합하여 모든 장 짜임새를 설명할 수 있습니다.

$$\phi(x, t) = \sum_k a_k(t) e^{-ikx} \qquad (4.7)$$

지금은 자세히 다루지 않을 세부 사항들이 몇 가지 있습니다. 모드마다 별도의 진폭 함수를 가지고 있습니다. 그것이 식 (4.7)에서 진폭 함수를 $a_k(t)$로 적은 이유입니다. 그러나 이미 아래첨자가 충분히 많기 때문에, 여기서는 아래첨자를 생략하고 그냥 $a(t)$라고 적겠습니다. 고전적으로, 우리는 $a(t)$의 실제 형태를 구할 수 있습니다. $a(t)$는 장의 성질에 의해 고정된 진동수로, 시간에 따라 진동합니다. 마지막으로 3차원에서, 우리는 **파동 벡터** wave vector $\vec{k}$에 대해 이야기할 것입니다. 파동 벡터의 진폭은 파수입니다. 즉 $k = |\vec{k}|$입니다. 그러면 모드

는 $\phi(\vec{k}) = a_{\vec{k}}(t)e^{-i\vec{k}\cdot\vec{x}}$가 되고, 여기서 $\vec{k}\cdot\vec{x}$는 파동 벡터와 위치 사이의 점곱입니다. 그러나 적어도 표기법에 관한 한, 공간은 한 차원만 있다고 가정하여 단순화할 것이므로 우리 모드들은 각각 공간 의존성 e^{-ikx}를 가지게 됩니다.

양자역학의 기초에 익숙해졌다고 해도 양자장이론이 어렵게 느껴지는 이유는 장 짜임새의 파동함수인 $\Psi[\{\phi(x)\}]$에서 추적해야 할 것이 무수히 많기 때문입니다. 거기에 수많은 장 짜임새가 존재합니다. 우리는 이들 모두를 어떻게 추적할 수 있을까요? 여러분은 우리가 공간의 한 점 x_0에만 집중하여 그 점에서 양자장 $\phi(x_0)$의 행동을 연구한 다음 이를 공간의 모든 점으로 일반화할 수 있다고 생각할 수도 있습니다. 그러나 그 방법은 잘 작동하지 않습니다. 식 (4.3)의 공간 편미분 항들(기울기에너지)로 인해 한 점에서 일어나는 일은 주변의 점들에서 일어나는 일에 따라 달라지기 때문입니다.

모드들이 우리를 구해줍니다. 푸리에 변환의 위력은 우리가 한 번에 하나의 공간 위치가 아니라 한 번에 하나의 모드를 살펴볼 수 있다는 것입니다. 이 경우 장의 공간 의존성은 식 (4.6)에서 주어진 것처럼 e^{-ikx}로 완전히 처리됩니다. 따라서 우리가 집중해야 할 것은 단일 숫자, 즉 진폭 a의 파동함수뿐입니다. 이는 단일 위치 x의 파동함수에 관심이 있었던 일반 양자역학보다 어렵지 않습니다. 두 경우 모두 우리는 파동함수가 의존할 단일 숫자(입자의 위치, 모드의 진폭)를 가지고 있습니다. 입자의 경우 우리는 $\Psi(x)$를 가지고 있고 자유장의 단일 모드의 경우 우리는 $\Psi(x)$를 가질 것이지만 조작은 거의 동일한 것처럼 보입니다.

모드 에너지

이제 장의 단일 모드에 대한 명시적인 형태 (4.6)을 에너지 밀도의 식 (4.3)과 (4.4)에 대입합시다. 우선 이 지수 함수의 미분은 지수에 어떤 변수를 곱하든지 상관없이 그것을 아래로 가져온다는 것에 주목합시다.

$$\frac{\partial}{\partial x} e^{-ikx} = -ik\, e^{-ikx} \tag{4.8}$$

또 한 가지 주목할 점은 푸리에 변환 후 에너지 밀도의 식 (4.3)에서 모든 제곱한 양이 절대값 제곱으로 바뀐다는 것입니다. 따라서 예를 들면 모든 사인파 모양 함수의 지수가 사라집니다,

$$\left| e^{ikx} \right|^2 = e^{ikx} \cdot e^{-ikx} = 1 \tag{4.9}$$

모든 작업을 끝내면 모드의 에너지 밀도의 식 (4.6)은 다음과 같이 됩니다.

$$\begin{aligned} \tilde{\rho}(k) &= \frac{1}{2}(\partial_t a)^2 + \frac{1}{2}a^2 k^2 + \frac{1}{2}a^2 m^2 \\ &= \frac{1}{2}\left(\frac{da}{dt}\right)^2 + \frac{1}{2}(k^2 + m^2) a^2 \end{aligned} \tag{4.10}$$

(a는 하나의 변수인 t에만 의존하기 때문에 우리는 첫 번째 항의 편미분을 일반 미분으로 대체할 수 있습니다.) 우리가 에너지 '밀도'라고 말할 때, 우리는 이제 공간 위치 x가 아닌 모드 k당 에너지를 이야기하고 있습

니다. 물리학자들은 종종 '실제 공간'이 아닌 '푸리에 공간'에서 장을 설명하곤 합니다. 그것은 우리가 장을 일반적인 공간의 점들에서의 값의 집합이 아니라 평면파 모드들의 집합으로 생각한다는 의미입니다. 완전히 동일하지만 모드로 설명하는 것이 이론을 양자화하는 데 더 편리합니다.

지루해하지 마십시오. 방금 파수 k를 가진 모드의 에너지 밀도 (4.10)을 유도하기 위해 우리가 수행한 작은 계산은 양자장이론에서 가장 중요한 아이디어 가운데 하나이며, 따라서 현대 과학에서 가장 중요한 아이디어 가운데 하나입니다. 어쩌면 인류 역사상 가장 중요한 아이디어일지도 모릅니다.

그 이유를 알려면 방금 말한 양자장이론에 관한 내용은 잠시 잊어버리고 단조화 진동자 퍼텐셜에 있는 단일 입자를 생각해보십시오. 이 입자의 에너지는 다음과 같습니다.

$$E_{\text{SHO}} = \frac{1}{2}\left(\frac{dx}{dt}\right)^2 + \frac{1}{2}\omega^2 x^2 \qquad (4.11)$$

잠시 이 식을 잘 보십시오. 이제 식 (4.10)을 보십시오. 그런 다음 다시 보십시오.

여러분은 이들이 동일한 식이라는 것을 알게 됩니다. 유일한 차이는 일부를 재표기한 것뿐입니다. 입자의 위치 $x(t)$ 대신 우리는 진동 모드의 진폭 $a(t)$를 사용하고 있습니다. 그리고 각진동수 ω의 역할은 $\sqrt{k^2 + m^2}$이 담당하고 있습니다. 그러나 수학적 구조는 동일합니다.

우리가 자유 스칼라 장을 취하여 파수 k의 모드들의 집합으로 분해하면 각 개별 모드는 정확히 아래 식 (4.12)의 진동수를 가진 단조화 진동자처럼 행동한다는 점이 중요한 깨달음입니다.

$$\omega^2 = k^2 + m^2 \qquad (4.12)$$

모드의 진동수는 파수와 장의 질량 모두에 의존합니다. 질량이 0인 장은 임의로 느리게 진동할 수 있지만(k가 매우 작을 때) 질량은 진동수의 하한값을 설정합니다. 그리고 파수가 커질수록(더 짧은 파장에 해당) 진동수도 커집니다.

물리학에서는 이런 종류의 수학적 마술을 흔히 볼 수 있습니다. 우리는 단조화 진동자 퍼텐셜에 있는 단일 입자라는 간단한 문제를 잘 알고 있습니다. 우리 머릿속에는 전기장에 갇힌 전자나 용수철에 매달린 추와 같은 실재하는 물리계가 있을 수 있습니다. 그러나 방정식은 우리가 어떤 계를 생각하고 있든 상관하지 않습니다. 방정식은 다양한 계에 공통으로 적용할 수 있는 가장 기본적인 형태로 동역학의 본질을 표현한 것입니다. 그런 다음 우리는 완전히 다른 물리적 상황, 즉 시간에 따라 위아래로 진동하는 자유 스칼라 장의 평면파 짜임새로 전환합니다. 놀랍게도 방정식은 (간단한 재표기만으로도) 동일한 것으로 밝혀집니다. 따라서 우리의 작업은 이미 끝났고 답을 어떻게 구하는지 알 수 있습니다. 이 경우 우리는 또다시 양자화된 에너지 준위를 발견합니다.

식 (4.12)가 다소 익숙해 보인다면 《공간, 시간, 운동》의 상대론적 에너지와 운동량에 대한 논의를 떠올려보십시오. 거기서 우리는 입자의 에너지, 운동량 및 질량이 $E^2 = p^2 + m^2$와 관계가 있다는 것을 알았습니다. 이것은 우연이 아닙니다. 양자장에서 입자가 태어나면 모드와 관련된 입자의 에너지는 $E = \hbar\omega$, 입자의 운동량은 $p = \hbar k$가 되는데, 여기서 $\hbar$는 (우리가 플랑크 상수와 광속을 1로 설정한 후 보이지 않았던) 환산 플랑크 상수입니다. 이것은 기억할 만한 가치가 있는 일반적인 관계입니다. 물리학자들이 단거리 현상에는 자외선 또는 'UV', 장거리 현상에는 적외선 또는 'IR'의 딱지를 붙인다는 점을 기억하면 우리는 다음과 같은 대응 관계를 가지게 됩니다:

자외선	적외선
짧은 파장	긴 파장
짧은 시간	긴 시간
높은 에너지	낮은 에너지

이 이야기에서 배울 점은 자유 스칼라 장을 단조화 진동자의 무한 집합으로 생각할 수 있다는 것입니다. 이것은 공간의 각 점에 진동자가 있다는 것이 아니라, '진동자'는 공간 전체에 퍼져 있는 개별 모드이고, 이 진동자들은 우리가 원하는 어떠한 장 짜임새라도 이를 설명하기 위해 서로 더할 수 있다는 것입니다. 나는 여러분에게 단조화 진동자가, 알려진 최고의 구형 소라고 말한 바가 있습니다.

장의 파동함수

이제 장을 양자화할 준비가 되었습니다. 개념적 명확성을 위해 우리는 장 짜임새 $\{\phi(x)\}$로 문제를 설정한 뒤, 다음 섹션에서 모드를 사용해 더 쉽게 이해할 수 있도록 하겠습니다.

얽힘에 대해 이야기할 때, 우리는 적어도 우주에 입자가 2개 이상 있을 때 파동함수는 장이 아니라는 점을 강조했습니다. 장은 공간의 각 점에 특정 값을 부여하는 것인 반면, 파동함수의 진폭은 우리가 염두에 두고 있는 어떤 물리계의 짜임새에 부여하는 것입니다. 그 계가 여러 입자인 경우, 짜임새 공간은 각 입자에 대해 하나씩 주어지는 물리적 공간의 여러 복사본이므로 N개 입자의 경우 파동함수는 $\Psi(x_1, x_2, \dots x_N)$가 됩니다.

파동함수가 장은 아니지만 우리가 양자장이론을 다루고 있다면, 둘 사이의 관계는 무엇일까요? 입자에 대한 양자 이론이 입자 위치의 파동함수를 특징짓는 것과 똑같은 의미에서 우리도 장 짜임새의 파동함수를 가지고 있다는 것이 답입니다. 즉 입자이론에서 우리는 입자(또는 여러 입자의 집합)의 가능한 모든 위치를 취하고 각 위치에 복소수를 할당합니다. 이러한 모든 할당의 집합이 바로 양자 상태를 정의하는 파동함수입니다. 장이론에서 우리는 장의 가능한 모든 짜임새의 집합을 취하고 각 전체 짜임새에 복소수를 할당합니다. 장 파동함수는 이러한 모든 할당의 집합으로, 우리는 $\Psi[\{\phi(x)\}]$로 쓸 수 있습니다. $\Psi[\{\phi(x)\}]$가 x의 함수가 아니라는 것에 주목하십시오—그것은 공간의 모든 점에서 정의되는 전체 짜임새 $\{\phi(x)\}$의 함수입니다. 표기법이 어색하긴 하지만 우리는 최선을 다했습니다.

입자의 경우 이 추상적인, 말도 안 되는 표현을 조금 더 쉽게 받아들일 수 있습니다. 왜냐하면 우리는 공간의 다른 위치에서 입자를 관측하는 것을 상상할 수 있고, 그 측정 결과를 얻을 확률은 해당 파동함수의 제곱이기 때문입니다. 장의 경우 우리는 상상력을 조금 더 확장하여 공간의 모든 점에서 동시에 장을 측정하는 것을 상상해야 합니다. 현실적으로 실용적이지는 않지만, 우리가 말하는 것을 정의하는 데 도움이 됩니다. 특정한 장 짜임새를 관측할 확률은 다음과 같이 주어집니다.

$$P[\phi(x)] = |\Psi[\{\phi(x)\}]|^2 \qquad (4.13)$$

다시 말하지만, 이것은 어떤 특별한 점 x에서 $\phi(x)$가 특정 값을 가질 확률이 아니라 모든 공간에 대한 전체 짜임새 $\{\phi(x)\}$의 확률입니다.

시간에 따라 파동함수가 어떻게 진화하는지를 알려주는 슈뢰딩거 방정식 버전도 있습니다. 상태의 에너지를 특징짓는 적절한 해밀토니안 연산자를 적기만 하면 $\widehat{H}\Psi = i\partial\Psi/\partial t$를 풀 수 있습니다. 그러나 고전역학의 뉴턴 공식에 대한 동등한 대안(해밀턴역학, 라그랑주역학)이 있는 것처럼, 양자 상태의 파동함수를 특성화하는 대체 방법들도 있으며, 이들이 더 유용한 것으로 밝혀졌습니다.

장에서 나온 입자들

'장의 파동함수'가 무엇을 의미하는지 추상적으로 이야기했으니, 이제 구체적인 내용을 살펴볼 수 있습니다. 좋은 소식은 우리가 변수를 장 짜임새 $\{\phi(x)\}$에서 평면파 모드 $\{\phi(k)\}$로 변경하면 실제로 장을 양자화하는 것이 식은 죽 먹기라는 것입니다. 답은 장에서 생기는 양자들을 입자들의 집합으로 해석할 수 있다는 것입니다.

여러 모드의 합으로 생각할 수 있는 자유장은 주어진 파수 k를 가진 각 모드에 대해 하나씩 있는 단순한 단조화 진동자들의 집합입니다. 이 모드들을 한 번에 하나씩 생각해봅시다. 기본적으로 우리는 방금 설정한 각 모드 k에 대한 단일 진폭 변수 a의 파동함수가 단조화 진동자처럼 행동하는지에 관심을 가집니다. 그러므로 파동함수인 $\Psi(a)$는 우리가 1장에서 진동자에 대해서 본 독특한 해들의 집합을 갖습니다. 에너지가 가장 낮은 **바닥 상태**ground state와 바닥 상태 에너지보다 높은 일정 간격 떨어진 에너지를 가진 **들뜬 상태들**excited states의 탑이 있습니다.

전체 양자장이론의 양자 상태들의 집합은 각 파동 벡터 k에 대한 이러한 모든 단조화 진동자 상태들의 집단일 뿐입니다. 모든 개별 진동자가 그들의 바닥 상태에 있는 전체 최저 에너지의 고유 상태가 하나 있을 것입니다. 이것을 양자장 이론의 **진공 상태**vacuum state라고 부릅니다. 물리학자들은 '진공'을 '빈 공간'(빈 공간이 그렇게 보이기는 하지만)이 아니라 '양자장 이론의 최저 에너지 상태'라는 의미로 사용합니다.

에너지가 0이 되는 방법은 한 가지뿐이지만 에너지가 0이 아닌 상태는 여러 가지가 있습니다. 진공 상태에서 시작하여 우리는 파수 k를 가진 단일 모드를 '구현'한다고 상상할 수 있습니다. 모드는 단조화 진동자와 같으므로 이 진동자의 양자 상태는 해당 모드의 에너지 준위들이 중첩된 것으로 생각할 수 있습니다. 그리고 장 전체의 더 일반적인 양자 상태는 다양한 k를 가진 무한 개의 모드 상태들의 중첩이 될 것입니다. 조작해야 할 것이 많지만, 천천히 쌓아가면서 무슨 일이 일어나는지 파악할 수 있습니다.

단 하나의 모드, $k = 0$인 모드만 포함된 상태를 생각해보십시오. $k = 2\pi/\lambda$이므로 이 이 모드는 '무한대의 파장'을 가진 모드입니다. 기본적으로 이 장은 모든 곳에서 일정한 값을 가집니다. 고전적으로 이 값은 시간에 따라 진동할 수 있으며, 양자역학적으로 이 모드는 프로파일이 $\Psi(a)$인 파동함수를 갖습니다. 이 모드가 첫 번째 들뜬 상태에 있다고 상상해봅시다. 식 (4.12)에서 관련된 단조화 진동자 퍼텐셜의 진동수는 단지 $\omega = m$입니다. $E = \omega$이므로 이 상태의 에너지는 $E = m$, 그리고 운동량은 $p = k = 0$이 됩니다. ($\hbar = 1$인 것을 기억하십시오.) 이것은 흥미롭습니다. 즉 이것은 정지해 있는 질량 m의 단일 입자의 에너지와 운동량이라는 것입니다.*

이제 첫 번째 들뜬 상태에 있는, 다른 파수 k를 가진 단일 모드를 생각해봅시다. 이 모드는 운동량 $p = k$를 가진 단일 입자에 대해 예상

---

* 성가신 세부 사항: 단조화 진동자의 에너지 준위에 대한 공식 (1.14)에는 일정한 기여 $\frac{1}{2}\hbar\omega$가 포함되어 있습니다 이것은 영점 에너지이며 지금 우리는 이것을 무시하려고 합니다. 물리적으로 중요한 것은 전체 에너지가 아니라 서로 다른 상태들 사이의 에너지 차이이므로 영점 에너지는 무시해도 됩니다. 그러나 우리가 중력을 생각할 때, 영점 양자장 에너지는 '우주 상수cosmological constant'가 됩니다. 이는 나중에 간략하게 다룰 주제입니다.

하는 것과 정확히 일치하는 에너지 $E=\omega=\sqrt{k^2+m^2}$을 가질 것입니다. 이 모드의 공간 프로파일은 일정하지 않지만 평면파 e^{-ikx}처럼 보입니다.

우리가 단일 평면파 모드처럼 단순하지 않은 장 짜임새에 관심이 있다면 어떻게 해야 할까요? 문제없습니다. 모두 첫 번째 들뜬 상태에 있는 서로 다른 k의 모드를 결합하여 우리가 원하는 어떤 장 프로파일도 얻을 수 있습니다. 푸리에 변환은 임의의 장 프로파일을 취해 이를 평면파의 합으로 표현하지만, 우리는 거꾸로 거슬러 올라가 평면파 집단을 결합해 우리가 원하는 어떠한 모양도 만들 수도 있습니다. 그러므로 예를 들어, 우리는 물리학자들이 국소화된 파동이라고 부르는 **파동 묶음**wave packet을 만들 수 있습니다. 파동 묶음은 공간의 특정 위치 근처에서는 진동하지만 멀리 떨어진 곳에서는 0이 됩니다.

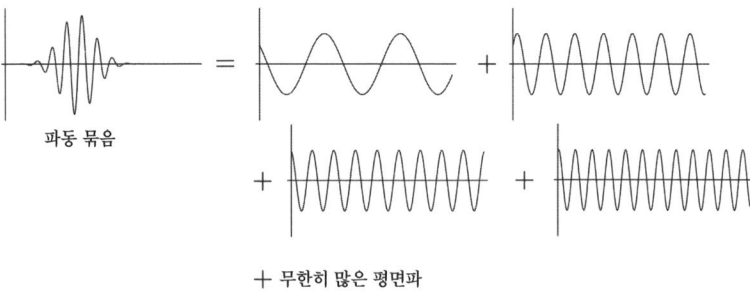

파동 묶음

+ 무한히 많은 평면파

우리가 보고 있는 것은 첫 번째 들뜬 상태에서 자유장 모드들의 중첩으로 구성된 양자 상태가 질량 m의 단일 입자의 파동함수처럼 보이며 또한 그렇게 행동한다는 것입니다. 우리는 입자를 넣지 않고 장으로 시작하여 장을 양자화했습니다. 그 결과 방정식의 해는 입자와 같은 양자입니다. 이것은 오리처럼 보이고 오리처럼 꽥꽥거린다면 오리라고 선언하는 것과 같습니다. 자유 양자장의 첫 번째 들뜬 상태는 상대론적 단일 입자의 양자 상태로 해석할 수 있습니다.

식 (4.3)에서 장의 에너지를 설명할 때 우리는 퍼텐셜 $V(\phi)$를 소개했지만, 이는 (장의 미분값이 아니라) 장 값과 관련된 에너지에 대해 생각하는 방식입니다. 장을 양자화한 후에 생긴 입자는 어떤 종류의 퍼텐셜에도 갇히지 않고 공간을 자유롭게 이동합니다. 고전적 극한에서 이 입자는 직선으로 일정한 속도로 움직일 것입니다. 그 속도는 모드의 진폭이며 모드의 에너지는 단조화 진동자 퍼텐셜을 포함하므로 불연속적인 에너지 준위를 가지고 있습니다. 우리는 실제 단조화 진동자의 퍼텐셜에너지와 장 모드 진폭의 퍼텐셜에너지 사이의 수학적 동등성을 영리하게 활용하고 있습니다.

자유 양자장의 두 번째 들뜬 상태―다양한 모드의 두 번째 들뜬 상태를 결합하여 만든―는 최소 에너지 $2m$을 가질 것입니다. 세 번째 들뜬 상태는 최소 에너지 $3m$ 등을 가질 것입니다. 이는 이들이 입자 2개, 입자 3개 등과 같이 보이는 상태에 해당하기 때문입니다.

모드 측면에서 양자장이론을 살펴보면 놀라운 사실을 발견할 수 있습니다. 즉 자유 양자장이론의 상태는 다른 수의 입자 집단의 중첩으로 해석할 수 있다는 것입니다. 우리는 이를 양자장이론의 힐베르트 공간으로 생각해볼 수 있습니다.

$$\text{양자장이론의 힐베르트 공간} = \begin{pmatrix} \text{유일한} \\ \text{입자 0개} \\ \text{상태} \end{pmatrix} + \begin{pmatrix} \text{입자 1개} \\ \text{상태} \end{pmatrix} + \begin{pmatrix} \text{입자 2개} \\ \text{상태} \end{pmatrix} + \cdots$$

이 설명은 러시아의 물리학자 블라디미르 포크Vladimir Fock의 이름을 따서 **포크 공간**Fock space으로 알려져 있습니다. 이는 새로운 개념이 아니라 양자장이론의 힐베르트 공간을 생각하는 좋은 방법일 뿐입니다.

여러분은 단순히 에너지 준위를 갖는 것보다 '입자'가 되는 것이 더 의미를 가진다고 생각할 수 있으며, 어떤 의미에서는 그 생각이 맞습니다. 특히 우리는 공간에서 입자가 명확한 위치를 갖는 것에 익숙합니다. 그러나 이러한 직관은 입자에 대한 고전적인 관점에서 비롯한 것입니다. 양자역학에서 입자는 파동함수를 가지며, 위치의 국소화는 우리가 그 위치를 측정할 때에만 발생합니다. 양자장으로 설명되는 입자에 대해서도 마찬가지입니다. 입자는 파동함수를 갖습니다. 이러한 파동함수는 공간 전체에 퍼져 있을 수도 있지만, 우리는 특정 위치를 중심으로 상대적으로 압축된 파동 묶음도 고려할 수 있습니다. 요점은 양자화된 장에서 튀어나오는 입자의 종류는 양자 입자가 가져야 할 모든 성질과 행동을 갖고 있다는 것입니다.

이 모든 것이 매우 놀랍습니다. 원래의 단조화 진동자(또는 원자의 전자 궤도)에서 양자역학의 '양자' 특성은 인위적으로 삽입한 것이 아닙니다. 슈뢰딩거 방정식을 풀고 해들의 불연속적인 집합을 찾음으로써 자연스럽게 나온 것입니다. 여기서도 정확히 똑같은 일이 일어나고 있습니다. 우리는 입자들의 집합이 아닌 장을 양자화했지만, 결국 이것이 우리가 입자로 해석할 수 있는 양자들의 집합처럼 보인다는 사실을 알아냈습니다. 그리고 이것은 단순한 의미론semantics(말이나 글의 의미 또는 뜻을 연구하는 분야—옮긴이)이 아닙니다. 그것은 장의 양자화된 들뜸이 입자의 실체라는 것입니다. 이것이 바로 모드와 모드 에너지에 대해 신중하게 생각함으로써 우리가 얻은 대가입니다.

생성과 소멸

공정하게 말해서, 우리가 연구하는 소는 실제로 구형 소입니다. 자유장이론―간단한 제곱 함수의 퍼텐셜 (4.4)를 가지고 있고 식 (4.3)에서와 같이 에너지가 운동에너지, 기울기에너지 및 퍼텐셜에너지 항의 합인 이론―은 우리가 모든 방정식을 정확히 풀 수 있기 때문에 좋은 출발점이지만 매우 흥미롭지 않은 우주를 만들어냅니다. 자유장이론에서 입자는 복사, 붕괴, 산란 또는 서로 변환하거나 상호작용할 수 없습니다. 이러한 중요한 과정들을 설명하려면 한 종류 이상의 장을 도입하는 것은 말할 것도 없이 상호작용을 추가하여 은유적인 구형 소를 복잡하게 만들어야 합니다.

그러나 지금까지의 연구만 보더라도 장이론이 방사능에서 볼 수 있는 것처럼 입자가 생성되고 붕괴하는 과정을 설명할 수 있는 요소를 우리에게 제공한다는 것을 알 수 있습니다. 처음부터 장이 아닌 입자를 기반으로 한 양자 이론에서는 이를 어떻게 설명할 수 있을지 명확하지 않았습니다. 예를 들어 내가 두 입자의 양자 상태를 가지고 있다면 그 파동함수는 모든 방식으로 진화할 수 있지만 파동함수는 항상 두 입자를 기술합니다. 반면 단일 장의 양자 상태는 입자 0개, 입자 1개, 입자 2개인 상태 등을 포함하고 있습니다. 따라서 입자들의 생성과 소멸은 모두 단일 양자장(또는 이런 여러 양자장)의 동역학에 포함되게 됩니다.

양자장이론에 대해 뿌리 깊은 혐오감을 가지고 있다면, 입자에 기반한 접근 방식 내에서 입자 수를 변경하는 과정을 허용하는 시도를 할 수 있습니다. 그러기 위해서는 입자 0개, 입자 1개, 입자 2개 등에 적합한 공간을 합침으로써 힐베르트 공간을 확장해야 합니다. 그런 다음 (예를 들어) 하나의 입자가 여러 입자로 붕괴될 수 있게 이 조각들 사이의 전이가 가능하도록 해밀토니안을 어떤 식으로든 수정해야 합니다. (실제 세계에서 중성자 하나만 홀로 남으면 양성자와 전자와 반중성미자로 붕괴합니다.) 다시 말해, 우리는 어쨌든 포크 공간을 만들어야 합니다. 추가 조사를 통해 특히 일련의 우회를 거치기는 했지만, 우리는 양자장이론의 모든 것을 실제로 재창조했음을 알게 될 것입니다.

우리가 직면한 문제는 물리학자들이 때때로 **포크 정리**folk theorem—다양한 상황에서 참이라고 믿지만 엄밀히 증명할 수 없는 결과—라고 부르는 것입니다. 우리가 직면한 문제의 포크 정리는 다음과 같습니다. (1) 양자역학, (2) 특수상대성이론, (3) 국소성 및 (4) 입자 개수의 변화라는 요건을 동시에 만족시키려면 적어도 저에너지/장거리에서는 어떤 이론을 만들든지 양자장이론처럼 보이게 된다는 것입니다. (단거리에서는 끈이론이나 여분의 차원 또는 다른 이색적인 이론을 발견할 수도 있습니다.) 양자장이론은 달리 말해 매우 강력합니다. 즉 양자장이론은 간단한 요구 사항의 집합을 만족시키는 거의 유일한 방법입니다.

세계의 장

양자장이론은 풍부하고 복잡한 주제입니다. 많은 똑똑한 사람들이 이 이론을 이해하기 위해 평생을 바칩니다(그리고 솔직히 말해서 이보다 더 보람이 없는 삶도 있습니다). 이 풍부함에 기여하는 측면은 여러 가지가 있습니다. 두 가지만 강조해보겠습니다.

첫째, 장이 많다는 점입니다. 각각의 장은 자신만의 특별한 성질을 가지고 있습니다. 우리는 두 가지 큰 부류를 고려해보겠습니다. 즉 대략 '물질' 입자에 해당하는 **페르미온**fermion과 우리에게 익숙한 역장을 생성하는 **보손**boson이 그것입니다. 페르미온에는 전자, 쿼크, 중성미자 등이 있으며, 보손에는 광자, 글루온, 중력자, 힉스 입자 등이 있습니다.* 장마다 스핀이 다르고 대칭성도 다르며 그에 따라 고유한 표기법을 가집니다. 장은 동물원과 매우 닮았습니다.

둘째, 장은 무수히 많은 방식으로 상호작용하며, 이러한 상호작용의 물리적 효과를 계산하는 것은 다소 혼란스러울 수 있습니다. 우리는 '두 전자가 서로 산란한다'고 말할 수 있지만, 실제로 일어나는 일은 어떤 적절한 장들의 진동이 겹치기 시작하고, 그 진동이 결합된 다른 장들의 진동을 유도하여, 말 그대로 우리는 가장 단순한 과정에 기여하는 무한한 양의 활동을 가지게 되는 것입니다. 이제 우리는 양자

---

* 개별 중력자는 다른 입자와 매우 약하게 상호작용하기 때문에 중력자는 직접 검출되지 않았고 앞으로도 검출되지 않을 가능성이 높습니다. 우리가 지구의 중력을 느끼는 것은 10^{50}개 원자가 결합된 중력을 느끼기 때문입니다. 그러나 양자장이론과 일반상대성이론의 기본 교리는 중력자의 존재를 보장합니다. 중력자는 스핀 2인 입자라는 점에서 독특합니다.

화된 장이 입자로 이어진다는 사실을 확인했기 때문에, 이제부터는 입자들 사이의 상호작용에 대해 생각하는 방법을 설명하는 데 시간을 할애할 것입니다. 결국 이러한 상호작용이 우주를 흥미로운 곳으로 만듭니다.

CHAPTER 5

상호작용

모든 형태의 입자 상호작용이 산란은 아닙니다. 전자가 원자에 전자기적으로 결합해 있으면 원자핵과 상호작용하지만, 이러한 상호작용은 시간이 지나도 지속되므로 산란이 아닙니다. 양성자와 중성자가 원자핵에 서로 붙어 있을 때도 마찬가지입니다. 산란은 입자가 멀리 떨어져 있어 처음에는 상호작용을 무시할 수 있다가 입자가 서로 가까워지면서 중요해지다가 멀어지면서 결국 다시 무시할 수 있는 경우로 국한됩니다. 양자장이론에서 고려하는 패러다임적 상황은 입자들이 멀리 떨어져 있는 초기 조건에서 시작하여 입자들이 함께 모여 상호작용하도록 한 다음 물리학 법칙들을 적용하여 어떻게 입자들이 산란할지 예측하는 것입니다.

✴ ✴ ✴

지난 장에서 우리는 꽤 놀라운 사실을 발견했습니다. 우리는 가장 단순한 고전 장이론—단순한 퍼텐셜 $V(\phi) = \frac{1}{2} m^2 \phi^2$을 가지며 다른 장, 심지어 자기 자신과도 상호작용하지 않는 단일 스칼라 장 $\phi(x, t)$—에서 시작하여 이것을 양자역학의 규칙에 넣었습니다. 그리고 우리가 발견한 것은 정확히 입자 집단같이 보이고 그렇게 행동하는 서로 다른 에너지를 가진 상태들의 집합이었습니다. 여기에는 진공 상태, 입자가 하나인 상태, 입자가 둘인 상태 등이 있습니다. 원래의 고전 이론은 우리가 상상할 수 있는 것처럼 매끄러우며 연속적이었지만, 이를 양자 틀로 옮기면 우리가 입자로 인식하는 양자들의 이론으로 바뀝니다. 그리고 이 입자들을 만든 장과 마찬가지로 이 입자들은 상호작용하지 않습니다. 여러 입자가 서로를 향해 움직이는 초기 짜임새를 설정하면 각 입자는 다른 입자들의 영향을 받지 않고 계속 직선 운동을 하게 됩니다.

매끄러움에서 울퉁불퉁함이 나타나는 근본적인 메커니즘은 원자

내 전자의 파동함수에서 불연속적인 에너지 준위가 나타나는 이유와 정확히 동일합니다. 즉 슈뢰딩거 방정식을 적절한 맥락에서 고려하면 일련의 불연속적인 해를 얻을 수 있습니다. 양자장이론을 포함한 양자역학의 양자성은 방정식을 푸는 데서 오는 것이지, 우리가 이 모형을 만드는 데 사용한 구성 요소들의 근본적인 특성에서 오는 것이 아닙니다.

그러나 우리는 상호작용하지 않는 하나의 장만을 가진 이론에 만족할 수 없습니다. 실제 세계에는 다양한 종류의 장과 그와 관련된 다양한 입자들이 존재하며, 이들은 상호작용을 하는 경향이 있습니다. 여기서 양자장이론의 진정한 힘이 드러나는데, 여러 입자가 있는 상태를 설명할 뿐만 아니라 한 입자 집합이 완전히 다른 입자 집합으로 진화하는 과정도 설명할 수 있습니다. 양자장이 무엇인지, 그리고 양자장이 서로 어떻게 상호작용하는지 이해하는 것은 궁극적으로 입자물리학뿐만 아니라 원소의 주기율표, 화학 반응, 그리고 우리가 경험하는 거시적 세계까지 설명할 수 있게 해줍니다.

기원

여러분은 때때로 자연에 네 가지 힘, 즉 전자기력, 중력, 강한 핵력과 약한 핵력이 있다는 말을 듣게 됩니다. 이는 좋은 사고방식이며 때때로 우리는 이 용어를 사용할 것입니다. 그러나 엄밀하지는 않습니다. 양자장이론의 세계에서 '입자'와 '힘'은 명확히 구분되지 않습니다. 다양한 방식으로 상호작용하는 장들만이 존재할 뿐입니다.

역사적으로 모든 사람이 전자기장에 대해 알고 있었고 언젠가는 전자기장을 완전히 양자화해야 한다는 것을 인식했기 때문에 양자장이론이 필요해졌습니다. (그들은 중력에 대해서도 알고 있었지만, 아인슈타인의 일반상대성이론은 맥스웰의 전자기학보다 더 복잡한 방정식을 가지고 있어 전자기학에서 시작하는 것이 좋습니다.) 1925년 초에 하이젠베르크, 보른과 요르단은 전자기장―하전 입자가 없는 경우―의 양자 이론을 연구했는데 이것은 본질적으로 자유장이론이며 그다지 흥미롭지 않았습니다. 1927년 폴 디랙은 이 이론에 전자를 추가하는 방법을 알아냈습니다. 이를 통해 그는 전자처럼 회전하는 입자를 상대론적 맥락에서 어떻게 설명할 수 있을지 더 신중하게 연구하게 되었고, 결국 디랙 방정식과 **반물질**antimatter(전자의 반입자인 양전자)의 예측을 이끌어냈습니다. 반입자는 해당 기호 위에 막대를 붙여 표기합니다. 양성자, 중성자, 전자, 중성미자는 p, n, e, v로 표기하는 데 비해 이들의 반입자는 $\bar{p}, \bar{n}, \bar{e}, \bar{v}$로 표기합니다. 전하와 같이 양 또는 음의 값을 가진 보존량을 운반하는 입자에는 이 보존량과 반대되는 값을 가진 반입자가 존재합니다. 전자는 -1의 전하를 가지므로 양전자는 +1의 전하를 가져야 합니다. 양전자는 1935년 칼 앤더슨Carl Anderson에 의해 실험적으로 발견되었지만, 처음에 사람들은 그를 믿지 않았습니다. 그들은 앤더슨이 양성자를 보았거나 전자를 보았을 뿐인데 사진을 거꾸로 들고 있어서 입자가 자기장에서 휘어지는 것을 잘못 해석했다고 생각했습니다.

양자장이론의 관점에서 디랙의 통찰을 해석하는 데는 시간이 좀 더 걸렸습니다. 그러나 원자 내 전자가 더 낮은 에너지 준위로 떨어지면서 광자를 방출할 때처럼 입자의 개수가 변화하는 과정들을 기술해야 할 필요성을 포함해 몇 가지 기본 아이디어는 이미 거기에 존재해 있었습니다. 1934년 엔리코 페르미Enrico Fermi는 또 다른 입자 변화 과정인 **베타 붕괴**beta decay를 설명하는 장이론을 제안했습니다. 베타 붕괴에서는 중성자가 양성자, 전자, 그리고 현재 우리가 반중성미자anti-neutrino라고 부르는 것으로 붕괴합니다. 이 시점에서 양자화된 장이 이 현상을 설명할 가장 유망한 방법처럼 보였습니다.

페르미는 베타 붕괴에 관한 논문을 처음에는 영국의 저명한 과학저널인 《네이처Nature》에 제출했지만, 이 논문이 너무 추측에 근거했다는 이유로 발표를 거절당했습니다. 부분적으로 이 경험이 계기가 되어 페르미는 이론물리학에서 실험물리학으로 관심을 돌렸습니다. 그는 원자폭탄의 선구자 역할을 한 최초의 자립형 핵 연쇄반응을 이끈 그룹의 책임자가 되었습니다.

산란

장을 양자화하기 위한 모든 작업을 거쳐 장을 입자들의 집합으로 생각할 수 있다는 사실을 알게 되면, 그 후에는 머리를 식히고 세상이 입자로 이루어진 것처럼 간단히 이야기할 수 있다는 것이 좋은 소식입니다. 우리는 세상이 실제로 장들로 구성되어 있다는 것을 알고 있으며 때로는 이 사실을 상기하는 것이 중요할 수도 있지만, 입자의 **언**

어는, 우리가 적용 가능한 영역을 잘 알고 있는 한, 양자장의 동역학에 관해 이야기할 수 있는 유용하고 효율적인 방법입니다.

입자 간의 상호작용과 관련된 물리적으로 흥미로운 과정이 많이 있습니다. **산란**scattering은 가장 기본적인 개념입니다. 산란은 한 입자 집합이 함께 모여서 상호작용하다가 다른 입자 집합이 되어 떠나는 현상입니다. 2개의 전자가 모여 전자기력을 통해 상호작용하여 서로를 밀어내는 것과 같이 이 집합은 같은 입자들의 집합일 수도 있습니다. 그러나 서로 다른 입자들의 집합일 수도 있습니다. 우리는 전자와 양전자(전자의 반입자)가 함께 모여 2개의 광자로 변환된 후 각자의 길을 가는 상황을 생각해 볼 수 있습니다.

산란의 특별한 경우는 하나의 입자가 하나 또는 그 이상의 다른 입자로 자발적으로 변환되는 **붕괴**decay입니다. 중성자의 베타 붕괴가 한 가지 예이지만, 그 외에도 무수히 많은 종류의 붕괴가 존재합니다. 라듐이나 플루토늄과 같은 원소를 방사능 원소라 하는데, 방사능 원자핵을 구성하는 특정한 입자 조합은 잘 붕괴하기 때문입니다. 또한 여러 입자가 결합하여 하나의 입자가 되는 **흡수**absorption를 고려할 수도 있습니다. 이 과정은 핵융합이나 다른 현상과 관련이 있지만 일반적으로 붕괴보다는 드문 과정입니다.

모든 형태의 입자 상호작용이 산란은 아닙니다. 전자가 원자에 전자기적으로 결합해 있으면 원자핵과 상호작용하지만, 이러한 상호작용은 시간이 지나도 지속되므로 산란이 아닙니다. 양성자와 중성자가 원자핵에 서로 붙어 있을 때도 마찬가지입니다. 산란은 입자가 멀리 떨어져 있어 처음에는 상호작용을 무시할 수 있다가 입자가 서로 가까워지면서 중요해지다가 멀어지면서 결국 다시 무시할 수 있는 경우로 국한됩니다.

그러면 우리의 삶이 훨씬 더 쉬워집니다. 양자장이론에서 고려하는 패러다임적 상황은 입자들이 멀리 떨어져 있는 초기 조건에서 시작하여 입자들이 함께 모여 상호작용하도록 한 다음 물리학 법칙들을 적용하여 어떻게 입자들이 산란할지 예측하는 것입니다. '입자들'이 실제로는 양자장의 진동이지만 그것으로 충분합니다.

여기서 우리가 이야기하는 것은 양자역학이기 때문에 예측은 결정론적이지 않습니다. 우리는 가능한 다양한 산란 결과에 대한 진폭을 계산한 다음 보른 규칙에 따라 그 진폭을 제곱하여 해당 확률을 구할 것입니다. (실제로 **우리는** 아무것도 계산하지 않지만 이러한 계산에 무엇이 포함되는지 배우게 될 것입니다.) 다행히 이러한 실험만으로도 물리학의 기본 법칙에 관한 엄청난 양의 정보를 얻을 수 있습니다. 안타깝게도 계산은 매우 어렵고, 명시적으로 계산을 하지 않더라도 이해하기 어려울 수 있습니다. 그러나 우리는 좌절하지 않습니다.

파인먼의 조리법

1940년대와 1950년대에 걸쳐 양자장이론을 개발하기 위해 많은 노력을 기울였지만, 제2차 세계대전으로 인해 진전이 지연되었습니다. 전쟁이 끝나고 (이론물리학자들이 전시 활동에서 대부분 해방되자) 이러한 노력이 다시 시작되었습니다. 기본적인 산란 진폭을 순진하게 계산하면 무한히 큰 답을 얻는다는 사실이 알려지면서 수많은 기술적 난제가 발생했습니다. 이것은 분명히 기본적인 이해가 부족하다는 징후였습니다. 줄리언 슈윙거Julian Schwinger, 리처드 파인먼Richard Feynman, 도모나가 신이치로朝永振一郎, 프리먼 다이슨Freeman Dyson과 같은 물리학자들이 이러한 문제들을 해결한 역사는 복잡하고 매혹적입니다. 늘 그렇듯이 우리는 복잡한 과정과 실수를 건너뛰고 바로 최종적인 답을 이해하는 가장 간단하고도 직접적인 방법, 이 경우 파인먼이 개발한 재미있는 도형을 사용한 계산 조리법recipe을 소개합니다.

초기 성공에도 불구하고 1940년대까지 물리학자들은 양자장이론이 올바른 방향으로 나가고 있다는 확신을 갖지 못했습니다. (특정 물리학자 집단은 1960년대 후반까지 양자장이론에 회의적이었습니다.) 특히 파인먼은 이 이론이 실제로는 기본 양자장이 아니라 많은 개별 입자를 설명하는 것으로 생각하는 것이 더 낫지 않을지 고민했습니다. 그는 입자적 관점에서 상호작용에 대한 매우 유용한 사고방식을 개발했지만, 곧 그의 규칙이 근본적으로 정당하다는 것을 양자장이론의 관점에서 가장 잘 이해할 수 있다는 것이 분명해졌습니다.

파인먼의 절차를 간단히 설명하면 다음과 같습니다.

- "전자와 양전자가 소멸하여 광자를 형성한다"와 같이 허용된 입자 상호작용의 기본 집합으로부터 시작합니다.
- 입자들이 **꼭짓점**vertex이라고 부르는 한 점에서 만나는 기본 상호작용을 대표하는 도형diagram을 그립니다.
- "들어오는 전자와 양전자가 나가는 전자와 양전자로 산란한다"와 같

이 관심을 가지고 있는 산란 과정을 지정합니다. 중요한 것은 들어오는 것과 나가는 것을 지정하는 것입니다.
- 특정 과정에 기여할 수 있는 기본 상호작용들을 **모든 가능한 방법**을 사용해 결합합니다. 각 방법은 특정 **파인먼 도형**Feynman diagram에 해당합니다.
- 특정한 규칙들의 집합을 사용해 각 도형을 복소수와 연관 짓습니다.
- 각 도형의 기여도(일반적으로 무한한 개수)를 합산합니다. 그 결과는 특정 초기 상태에서 최종 상태로 가는 **산란 진폭**scattering amplitude이 됩니다.
- 원하는 산란 확률을 얻기 위해 산란 진폭의 제곱을 구합니다.

허용된 입자 상호작용의 기본 집합을 나타내는 상호작용 꼭짓점들은 파인먼 도형의 구성 요소를 형성합니다. 입자는 선으로 표현되며, 종종 우리가 어떤 종류의 입자를 이야기하고 있는지 식별하는 데 도움이 되는 특징을 가지고 있습니다. 선의 종류보다 입자의 종류가 더 많기 때문에 우리는 때때로 그냥 표식을 붙이거나 표식을 안 붙이더라도 경험을 통해 알 수 있습니다. 한 점에서 여러 개의 선이 교차하면 그 점이 꼭짓점입니다. 이 이론의 기본 동역학(일반적으로 라그랑지안)을 살펴보면 우리는 어떤 꼭짓점이 거기에 있는지 파악할 수 있습니다. 모든 꼭짓점에는 해당 상호작용의 결합 상수에 따른 숫자 값이 할당됩니다. 그런 다음 이를 다양한 방식으로 조합하여 완전한 파인먼 도형을 만듭니다.

반입자와 시간 반전

파인먼 도형의 꼭짓점의 대표적인 예는 전자와 양전자가 함께 만나 광자로 변환되는 것입니다. 우리는 이것을 시간이 지남에 따라 도형의 왼쪽에서 오른쪽으로 진행하는 과정으로 생각할 수 있습니다.

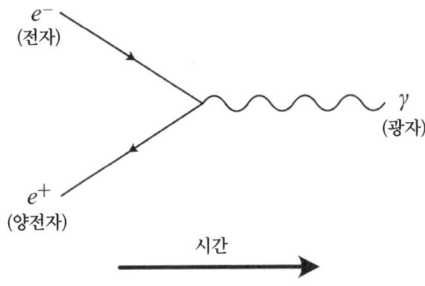

우리는 이미 파인먼 도형의 여러 특징적인 형태를 살펴보았습니다. 약속한 대로, 서로 다른 입자는 서로 다른 종류의 선으로 표현됩니다: 광자는 물결 모양의 선, 전자와 양전자는 직선입니다. (광자의 기호는 그리스 문자 감마를 뜻하는 γ입니다.) 전자와 양전자 선에 있는 작은 화살표가 중요한데, 이것은 반입자가 아닌 입자의 흐름을 나타냅니다. 따라서 우리는 전자가 도형에서 시간이 흐르는 방향대로 왼쪽에서 오른쪽을 가리키는 화살표를 보여주는 반면, 양전자는 반입자이기 때문에 양전자의 화살표는 오른쪽에서 왼쪽을 가리키고 있는 것을 보게 됩니다. 이것은 양전자가 다른 방향으로 움직이고 있다는 뜻이 아니며, 전자/양전자 선의 화살표는 운동 방향과는 전혀 무관합니다. 이것은 우리에게 전자는 '물질'이고 양전자는 '반물질'이라는 것을 상기시켜줄 뿐입니다. 물론 이런 용어 사용은 관습의 문제입니다. 즉 반양성자antiproton, 반중성자antineutron, 양전자positron로 이루어진 사람들이 있는 대안 우주를 상상하는 것은 어렵지 않으며, 그 반사람들antipeople은 자연스럽게 양전자를 '물질'로, 전자를 '반물질'로 분류할 것입니다. 표식은 임의적인 것입니다. 또한 표식은 완전히 선택적입니다. 여러분이 전자와 양전자 선에 화살표가 전혀 없는 파인먼 도형을 그리고 싶다면 누구도 막을 수 없습니다.

이것은 파인먼 도형의 또 다른 중요한 특징으로 이어집니다. 즉 어떤 상호작용 꼭짓점이 주어지면 우리는 (1) 입자가 움직이는 방향을 바꾸고, (2) 입자를 반입자와 교환함으로써 다른 꼭짓점들을 만들 수 있습니다. (이것은 우리가 이 도형들을 사용하여 진폭을 계산하여도 수치적으로 동일하다는 것을 의미합니다.) 따라서, 예를 들어 전자와 양전자가 만나 광자로 변환되는 이전의 꼭짓점은 또 다른 꼭짓점의 존재를 내포합니다. 새 꼭짓점에서는 양전자가 전자로 변환되고 이 전자는 들어오는 쪽이 아니고 나가는 쪽으로 움직입니다. 아래 도형은 이동하는 전자가 광자를 방출하는 것을 의미합니다.

또는 들어오는 전자와 양전자를 모두 나가는 쪽으로 이동시키고 광자를 들어오는 쪽으로 이동할 수도 있습니다. 전자와 양전자가 각

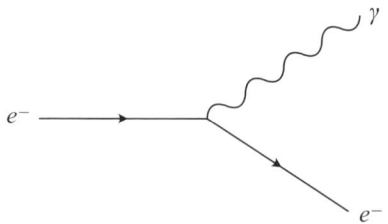

각 양전자와 전자로 변환되지만 이전 도형과 동일한 도형입니다. 광자는 그 자체가 반입자이므로 도형에 영향을 주지 않습니다. 이제 이 도형은 광자가 전자/양전자 쌍으로 분리되는 모습을 보여줍니다.

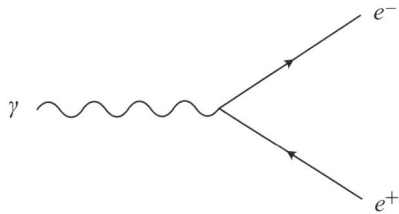

들어오는 양전자가 광자를 방출하는 것과 같은 도형도 있을 수 있으며, 여러분이 그 도형을 그려보기 바랍니다.

파인먼 도형의 이러한 특징—꼭짓점이 있을 때마다 들어오는 것/나가는 것과 물질/반물질을 바꿈으로써 얻게 되는 동일한 꼭짓점이 존재한다—때문에 "반입자는 시간을 거슬러 이동하는 입자에 불과하다"는 말이 생겨났습니다. 완전히 틀린 말은 아니지만, 수학을 일상 언어로 번역하는 많은 경우에서처럼 이 표현은 여러분에게 잘못된 인상을 줄 수 있습니다. 과거나 미래로 시간 '여행'을 하는 것은 없으며, 사물들은 매 순간 존재하고 물리학 법칙은 순간순간 사물들이 어느 정도 지속성을 가진다는 것을 보장합니다. 물론 반입자를 사용하여 시간을 거슬러 신호를 보내거나 과거에 영향을 미칠 수 있다는 생각은 완전히 잘못된 것입니다.

파인먼 도형에서 시간의 순방향으로 진화하는 입자에 대한 수학적 설명이 시간의 역방향으로 진화하는 반입자에 대한 설명과 동일하다는 것은 비난의 여지가 없는 옳은 표현입니다. 실제로 우리의 관심을 끄는 것은 입자의 선을 들어오는 방향에서 나가는 방향으로 뒤집으면 화살표의 방향도 함께 뒤집힌다는 사실뿐입니다.

무한 급수

전자와 양전자가 서로 산란할 확률을 계산하려면 어떻게 해야 하는지 좀 더 구체적으로 생각해봅시다. 그리고 우리가 이 작업을 통제할 수 있도록 여기서는 전자기력만 고려하고 중력이나 힉스 보손 또는 더 이국적인 것에 대해서는 걱정하지 않겠습니다. 따라서 우리가 다루는 것은 1940년대 양자장이론에서 산란에 관한 연구의 중심 주제였던 **양자전기역학**quantum electrodynamics(QED)입니다.

여러분은 '전자와 양전자는 하전 입자이므로 당연히 산란할 것이므로 확률은 1입니다'라고 생각할 수 있습니다. 우리는 그보다 더 구체적으로 설명하려고 합니다. 들어오는 상태는 들어오는 입자들이 어떤 것들인지뿐만 아니라 각 입자의 개별 운동량도 지정하고 있으며, 나가는 입자들에 대해서도 같습니다. 일반적으로 나가는 입자들은 다양한 방향으로 움직일 확률을 가지고 있으며, 우리는 이를 계산할 수 있습니다.

따라서 우리는 이 과정에 기여하는 모든 가능한 도형을 구성하고 각 도형의 수치적 기여도를 계산한 다음 모두 합산하고자 합니다.

이 과정에는 매우 명백한 기여도가 하나 있습니다. 즉 이미 살펴본 상호작용에 의해 전자와 양전자가 광자로 변환되고, 그 광자가 다시 전자/양전자 쌍으로 변환되는 과정이 바로 그것입니다. 그러나 우리가 생각할 수 있는 과정처럼 단순한 또 다른 과정도 존재합니다. 즉 전자가 양전자로 소멸하지 않고 단순히 양전자에게 광자를 전하는 과정입니다.

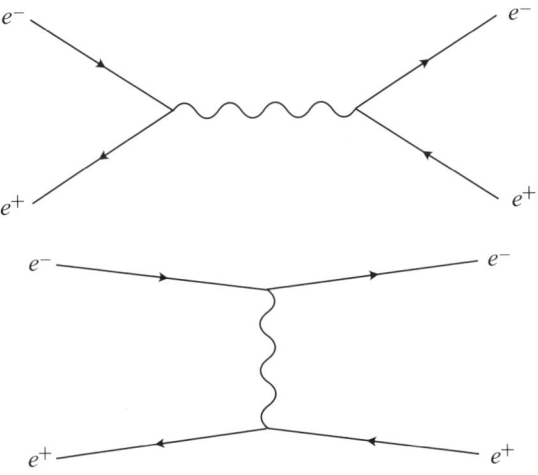

여러분은 광자가 전자에 의해 방출되어 양전자에 흡수되었는지, 아니면 그 반대의 경우인지 명확하지 않다고 걱정할 수 있습니다. 걱정하지 마십시오. 파인먼의 조리법은 일어날 수 있는 모든 것을 요약해

야 한다고 말하므로 이 도형은 두 가지 가능성을 모두 포함하고 있습니다. 광자는 그 자체로 반입자이기 때문에 우리는 다른 방향에 대해 별도의 도형을 그릴 필요가 없습니다.

사실, 이 도형들 자체를 마치 이것들이 이 궤적을 따라 움직이는 점과 같은 고전 입자를 표현한 것이라고 너무 문자 그대로 받아들이지 않아야 합니다. 파인먼 도형을 그릴 때 입자의 선은 공간에서의 특별한 위치를 나타내는 것이 아니라 명확한 운동량을 가진 입자 상태라는 것을 나타냅니다. 그리고 이러한 상태는 불확정성 원리에 따라 공간적으로는 완전히 비국소화되어 있습니다. 파인먼 도형은 양자장이론의 계산을 돕기 위한 장치일 뿐 물리적 과정을 사진으로 찍은 것이 아니기 때문입니다. 여러분은 이 도형을 입자들이 서로 바로 위에 있을 때 이 과정이 일어날 확률을 대표하는 것이라고 생각할 수 있으며, 어느 정도 떨어져서 지나가는 입자들을 설명하기 위해 우리는 나중에 언제든지 도형을 수정할 수 있습니다.

물론 우리가 기본 꼭짓점만을 고수하는 한, 우리는 더 복잡한 도형들을 추가할 수 있습니다. 그러므로, 예를 들어, 우리는 1개의 광자로 변환되는 2개의 전자나 단일 전자로 변환되는 전자/양전자 쌍은 절대 가질 수 없습니다. 그런 꼭짓점은 존재하지 않기 때문입니다. 그러나 무한히 많은 가능성이 존재하며, 우리의 임무는 이 모든 가능성을 더하는 것입니다.

여러분이 생각할 수 있는 모든 도형을 자유롭게 그려보십시오. 그런 도형은 끝이 없을 정도로 많습니다.

진폭 계산하기

파인먼 도형의 요점은 단순히 입자들이 상호작용할 때 어떤 일이 일어날 수 있는지를 시각적으로 암시하는 것이 아닙니다. 이 도형들은 산란 확률의 정확한 수치 예측을 위한 기초가 됩니다. 파인먼 도형은 수학식들이 복잡해지는 곳에 필요하며, 보통의 물리학과 대학원생은 이를 이해하는 데만 1년 정도의 시간을 할애해야 합니다. 중요한 기본 개념에 초점을 맞추는 이 책의 여정에서 그 과정의 본질을 제시하고자 교과서에 나오는 방정식을 간략하게 설명하려고 합니다.

그 요점은 다음과 같습니다. 각 상호작용 꼭짓점은 그 상호작용에 해당하는 **결합 상수**coupling constant와 연관되어 있습니다. 특정 도형의 기여도는 두 단계로 계산합니다.

1. 도형에 나타난 모든 상호작용 꼭짓점과 관련된 결합 상수를 곱합니다.
2. 도형의 내부에 나타난 입자들의 모든 가능한 에너지와 운동량의 기여도를 더합니다.

여기서 두 번째 단계에서 무한대 및 기타 개념적 문제가 등장합니다. 우리는 다음 장에서 이 부분을 적절히 고려할 것입니다. 지금은 첫 번째 단계에 대해서만 생각해봅시다.

양자전기역학에서 기본 꼭짓점과 연관된 결합 상수는 $\sqrt{\alpha}$이며, 여기서 α는 실험을 통해 측정하게 되는 무차원 수(즉, 길이와 시간 같은 단위를 갖지 않은 수)인 미세 구조 상수fine-structure constant로, 그 값은 아래와 같습니다.

$$\alpha \approx \frac{1}{137} \tag{5.1}$$

α가 아닌 α의 제곱근을 꼭짓점과 연관 짓는 관습을 선택한 이유는 전자/양전자 산란과 같은 실제 세계의 과정들이 일반적으로 도형 속에 2개 또는 그 이상의 꼭짓점을 가지고 있기 때문입니다. (전자/양전자 쌍이 에너지와 운동량 보존 법칙을 만족하려면 하나의 실제적인 광자로 소멸할 수 없습니다.) 따라서 이 산란 과정에 기여하는 가장 간단한 도형들은 α에 비례합니다.

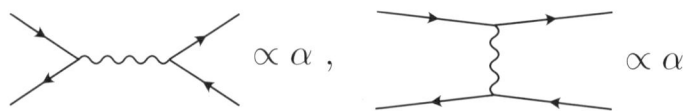

더 많은 꼭짓점을 가진 더 복잡한 도형들은 자연스럽게 더 높은 α의 거듭제곱에 비례합니다. 우리는 2π와 같은 수치 인자와 들어오는 입자의 운동량에 따라 달라지는 인자를 무시하기 때문에 '같다'가 아닌 '비례한다'라고 표현했습니다. 이러한 인자들은 모두 입자물리학자에게 매우 중요하지만, 여기서 우리는 물리적 기본 원리만을 분리해서 고려하고자 합니다.

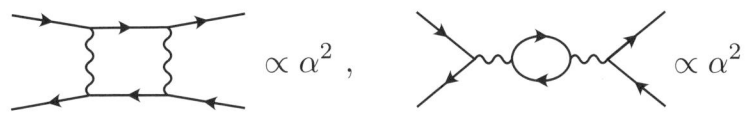

α에 대한 이러한 의존성은, 마침내 무한개 도형의 합이 적어도 우리에게 유한한 답을 줄 수 있다는 희망이 되는 이유를 설명합니다. 왜냐하면 더 복잡한 도형들은 궁극적으로 답에 훨씬 작은 기여를 하기 때문입니다. 이는 α가 1보다 훨씬 작은 수이기 때문에 가능합니다. 그것은 다음과 같은 무한 합을 고려하는 것과 같습니다.

$$\frac{1}{2}+\frac{1}{4}+\frac{1}{8}+\frac{1}{16}+\frac{1}{32}+\cdots=1 \qquad (5.2)$$

무한히 많은 숫자를 더한다고 해도 그 숫자가 수열을 따라 이동할수록 충분히 작아지는 한, 답은 유한하고 잘 정의될 수 있습니다. 답이 유한할지 무한할지 여부는 분명하지 않습니다. 더 복잡한 도형들의 기여도가 매우 작더라도 고려해야 할 도형들의 개수가 훨씬 더 많기 때문에 급수가 유한한 답으로 '수렴'할지 여부가 명확하지 않습니다. 실제로 많은 작업 끝에 양자전기역학의 파인먼 도형 급수가 거의 수렴하지만 완전히 수렴하지는 않는다는 것을 보여줄 수 있었습니다. 이것이 실제로 의미하는 바는 이런 식으로 정확한 답을 얻을 수는 없지만 처음 몇 항(a의 가장 낮은 거듭제곱들)은 사실상 실제 세계의 과정들에 대한 좋은 근사치를 제공한다는 것입니다.

양자전기역학을 위한 파인먼 도형 급수는 《공간, 시간, 운동》에서 언급한 **섭동이론**perturbation theory의 한 예입니다. 섭동이론은 어려운 문제(양자전기역학에서 상호작용하는 장)를 풀기 위해 먼저 쉬운 문제(상호작용하지 않는 자유장)를 풀어서 얻은 답을 작은 섭동의 거듭제곱 형태로 점차 수정하는 기법입니다. 양자전기역학에서는 미세 구조 상수가 매우 작기 때문에 섭동이론이 매우 강력한 수단이라는 것이 사실입니다. 때로 양성자 내부의 쿼크와 글루온의 상호작용에서처럼 관련 결합 상수가 전혀 작지 않은 경우, 우리는 다른 기술을 사용해야 합니다. 그러나 우리가 고려하는 계의 비상호작용 동역학에서 많은 상호작용을 작은 섭동으로 생각할 수 있다는 것은 우리 우주가 가진 다행스러운 특징이라 할 수 있습니다.

장의 라그랑지안

파인먼 도형은 양자장이론의 틀 안에서 입자 산란 사건들의 확률을 계산하는 우아한 방법을 제공합니다. 그러나 지금까지 우리는 기본 장이론을 크게 다루지 않고 파인먼 도형 자체에 관해서만 이야기했습니다. 장이론은 미세 구조 상수와 같은 정확한 수치가 도형에 첨부되는 방식에서 비롯합니다. 그리고 이는 장이론에 대한 라그랑주 접근법을 생각하면 가장 잘 이해할 수 있습니다. 이 연결은 아주 간단하고 우아한 것으로 밝혀질 것입니다. 즉 라그랑지안의 각 항은 움직이는 입자를 나타내는 선이나 입자가 만나는 상호작용 꼭짓점 등 도형의 일부와 직접적으로 연관이 됩니다.

《공간, 시간, 운동》에서 우리는 고전역학의 **라그랑지안**Lagrangian을 운동에너지에서 퍼텐셜에너지를 뺀 것, 즉 $L = K - V$로, 궤적의 **작용**action은 라그랑지안의 시간에 대한 적분, 즉 $S = \int L\,dt$로 정의했습니다. 어떤 시작점과 어떤 끝점 사이의 가능한 모든 궤적trajectory(또는 '역사history')을 고려할 때, 실제로 계가 따르는 궤적—고전물리학의 법칙에 따르는 궤적—은 모든 궤적 중 작용이 최소인 궤적입니다. 입자의 경우 그 궤적은 위치의 시간 함수인 $x(t)$이고, 장의 경우 전체 시공간 프로파일인 $\phi(x, t)$이지만, 아이디어의 본질은 두 경우 모두 동일합니다.

파인먼의 **경로 적분**path integral 또는 '역사들의 합sum over histories'에 기반한 양자 버전은 조금 다릅니다. 이제 최소 작용 S를 가진 하나의 특별한 경로가 아니라 모든 경로가 중요합니다. 최소 S를 가진 하나의 특별한 경로를 찾는 대신 우리는 모든 경로를 따라 복소수 e^{iS}를 계산한 다음 이를 모든 경로에 대해 적분하여 어떤 짜임새로부터 시작하여 다른 짜임새에서 끝나는 양자 진폭을 구합니다.

미적분학에서 배운 성질 때문에 그것이 가능합니다. 그 성질이란 함수의 최솟값에서 함수의 도함수 값이 0이라는 것입니다. 이것은 최솟값 근처에서 함숫값들이 거의 같다는 뜻입니다. 따라서 최소 작용 경

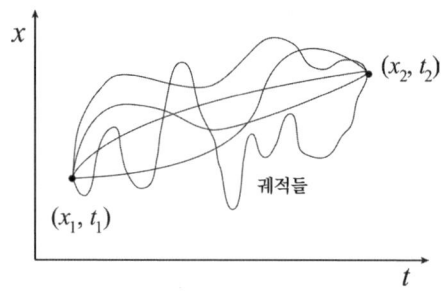

로 근처에서 e^{iS}의 값은 대략 동일하며, 모든 경로에 걸쳐 이 값을 적분할 때 값들이 서로 더해지고 강화되어 큰 확률을 제공합니다. 최소 작용 경로에서 멀리 떨어져 있는 경로의 경우 근처 경로들은 양, 음, 양의 허수, 음의 허수 등 매우 다른 값들을 제공하므로 이 값들은 서로 간섭하여 상쇄됩니다. 경로 적분의 관점에서 볼 때, 고전적으로 보이는 행동이 가능성이 높지만 필연적이지는 않은 이유가 바로 이것입니다.

이전 장에서 장의 에너지에 관해 이야기할 때, 우리는 국소성이 장의 에너지를 계산하는 특별한 방법을 암시한다고 언급했습니다. 즉 장과 그 미분으로 구성된 에너지 밀도 $\rho(x)$가 존재하고, 이를 공간에 대해 적분하여 전체 에너지 $E = \int \rho(x)\, dx$를 얻습니다. 라그랑지안에 대해서도 동일한 일을 하려고 합니다. 즉 우리는 **라그랑주 밀도** $\mathcal{L}(x)$을 구성한 다음 이를 공간에 대해 적분하여 실제 라그랑지안을 얻습니다,

$$L = \int \mathcal{L}(x)\, dx \qquad (5.3)$$

평소처럼 우리는 하나의 좌표 x를 쓰고 있지만, 여러분은 이 좌표가 3개의 공간 좌표 모두를 대신한다고 생각하면 됩니다. 작용은 여전

히 라그랑지안의 시간에 대한 적분이므로 라그랑주 밀도의 모든 시공간에 대한 적분이기도 합니다. 즉 $S = \int L\, dt = \int \mathcal{L}\, dx\, dt$입니다.

입자물리학자들은 특정 이론이나 모형에 관해 이야기할 때 보통 라그랑주 밀도를 가지고 정의하려고 합니다. 지난 반세기 동안 이론 입자물리학자들은 삶의 많은 시간을 라그랑주 밀도를 생각하는 데 썼습니다. 실제 라그랑지안을 구하기 위해 라그랑주 밀도를 공간에 대해 적분해야 한다는 것(그다음에는 작용을 구하기 위해 시간에 대해 적분을 해야 한다는 것)을 알 만큼 여러분이 충분히 배웠다고 가정하고, 물리학자들은 종종 귀찮아서 실제로는 '라그랑주 밀도'라고 해야 할 때도 보통 '라그랑지안'이라고 말하곤 합니다.

라그랑지안은 운동에너지에서 퍼텐셜에너지를 뺀 값입니다. 장의 경우 기울기에너지라는 새로운 항이 존재합니다. 다행히도 상대성이론(공간과 시간은 기본 시공간의 서로 다른 두 가지 측면)과 양립해야 한다는 요구 조건 때문에 운동(시간 미분) 에너지와 기울기(공간 미분) 에너지 사이에는 명확한 관계가 있어야 합니다. 결과적으로 기울기에너지는 운동에너지와 비교해 음의 부호를 가지게 됩니다. (이는 민코프스키 공간의 계량 텐서에 나타나는 음의 부호와 동일합니다). 이 시점에 우리는 다음 관계를 얻습니다.

$$\text{장 라그랑지안} = \begin{pmatrix} \text{운동} \\ \text{에너지} \end{pmatrix} - \begin{pmatrix} \text{기울기} \\ \text{에너지} \end{pmatrix} - \begin{pmatrix} \text{퍼텐셜} \\ \text{에너지} \end{pmatrix}$$

예를 들어 이전 장에서 논의한 자유 스칼라 장이론에서의 라그랑지안은 다음과 같이 주어집니다.

$$\mathcal{L} = \frac{1}{2}(\partial_t \phi)^2 - \frac{1}{2}(\partial_x \phi)^2 - \frac{1}{2}m_\phi^2 \phi^2 \tag{5.4}$$

자유장이론의 경우 우리는 모든 방정식을 정확히 풀 수 있었습니다. 명확한 파장을 가진 모드들은 단조화 진동자처럼 행동하며, 우리는 장의 들뜸을 자유로이 움직이는 입자들로 해석할 수 있었습니다. 자유장이 여러 개 있는 경우, 이 장들의 라그랑지안을 함께 더하면 됩니다. 결과는 여러 종류의 입자를 설명할 수 있지만 이들은 여전히 상호작용 없이 이동합니다.

이제 우리는 상호작용을 도입하고자 합니다. 여기서 모든 흥미로운 일이 벌어질 것입니다. 우리가 비상호작용 이론을 정확히 풀 수 있다고 가정한 다음 상호작용을 포함시키고 여기에 섭동이론을 적용함으로써 무한 개의 파인먼 도형을 만듭니다. 따라서 라그랑지안을 더 유용하게 분해할 수 있습니다.

$$\text{장 라그랑지안} = \begin{pmatrix} \text{자유} \\ \text{라그랑지안} \end{pmatrix} + \begin{pmatrix} \text{상호작용} \\ \text{라그랑지안} \end{pmatrix}$$

거의 항상—절대적으로 항상 그런 것은 아니지만 여기서는 예외를 걱정하지 않아도 될 정도로—상호작용은 운동/기울기에너지가 아닌 퍼텐셜에너지에 더하는 것으로 정의됩니다. 모든 자유장 에너지 밀도—운동에너지 $\frac{1}{2}(\partial_t \phi)^2$, 기울기에너지 $\frac{1}{2}(\partial_x \phi)^2$ 및 퍼텐셜에너지 $\frac{1}{2}m^2\phi^2$—가 장 변수 ϕ의 두 가지 모습을 보여주고 있다는 것에 주목합시다. 운동에너지는 장의 시간 미분의 제곱을 가지고 있고, 기울기에너지는 장의 공간 미분의 제곱을 가지고 있으며, 퍼텐셜에너지는

장 자체의 제곱을 가지고 있습니다. 상호작용은 3개 또는 그 이상의
장 변수를 함께 곱한 형태로 주어질 것입니다. 예를 들어, 다음은 상
호작용하는 2개의 스칼라 장 ϕ와 θ를 기술하는 라그랑지안입니다.

$$\begin{aligned}\mathcal{L} = &\frac{1}{2}(\partial_t \phi)^2 - \frac{1}{2}(\partial_x \phi)^2 - \frac{1}{2}m_\phi^2 \phi^2 \\ &+ \frac{1}{2}(\partial_t \theta)^2 - \frac{1}{2}(\partial_x \theta)^2 - \frac{1}{2}m_\theta^2 \theta^2 \\ &- A\phi^2\theta - B\phi^2\theta^2\end{aligned} \quad (5.5)$$

오른쪽 변의 처음 세 항(첫 번째 줄)은 ϕ에 대한 자유 라그랑지안을 나타내며, m_ϕ는 그 질량을 나타냅니다. 다음 세 항(두 번째 줄)은 θ에 대한 자유 라그랑지안으로, 그 질량을 나타내는 m_θ는 ϕ의 질량과 다를 수 있습니다. 이 모든 항은 장의 두 가지 모습을 포함하고 있습니다. 마지막 두 항(마지막 줄)은 상호작용 항으로, A와 B가 결합 상수의 역할을 합니다. A 항은 총 3개의 장(ϕ 두 번, θ 한 번)을 포함하고 있고 B 항은 총 4개의 장(ϕ 두 번, θ 두 번)을 포함하고 있습니다.

이제 우리는 이러한 상호작용이 도형에서 어떻게 꼭짓점으로 변하는지 보기만 하면 됩니다.

라그랑지안에서 도형으로

하나의 자유장 ϕ를 생각해봅시다. 그 파인먼 도형은 어떻게 생겼을

까요? 상호작용이 없으므로 꼭짓점이 없습니다. 입자는 방해받지 않고 이곳저곳으로 이동할 뿐입니다. 그러나 우리가 정말로 원한다면 우리는 이를 도형으로 표현할 수 있습니다. 그것은 이동하는 ϕ입자를 나타내는 하나의 직선이 될 것입니다.

이 도형은 사실 그다지 흥미롭지 않습니다. 전자와 광자를 포함한 더 복잡한 장의 경우, 이 **전파 인자**propagator는 실제로 자명하지 않은 수학적 형태를 가집니다. 어떤 식으로든 전파 인자는 단지 입자가 한 장소에서 다른 장소로 방해받지 않고 이동한다는 것을 의미합니다.

그러나 전파 인자 도형에서 한 가지 주목할 점이 있습니다. 자유장의 경우 라그랑지안의 모든 항은 두 가지 모양을 가집니다. 그리고 전파 인자는 2개의 끝을 가지고 있는데, 한 끝에서 안으로 들어가고 다른 한 끝에서는 밖으로 나오며, 둘 다 장의 표식을 붙입니다.

대담하게 일반화를 하나 해봅시다. 즉 상호작용 라그랑지안의 모든 항이 이 항에 나타나는 장에 대해 하나의 선을 가진 꼭짓점을 연관시키고, 이 꼭짓점에 결합 상수를 부여하는 것입니다. 예를 들어, 2개 장의 모형 (5.5)의 경우 $A\phi^2\theta$와 $B\phi^2\theta^2$의 2개의 상호작용 항이 있습니다. ϕ는 실선으로 표시하고, θ는 점선으로 표시합시다. 그러면 2개의 꼭짓점이 생깁니다:

이것이 이 작은 모형에 대한 파인먼 도형을 모두 그리기 위해 여러분이 기본적으로 알아야 할 내용입니다. 좀 더 복잡한 도형들도 자유

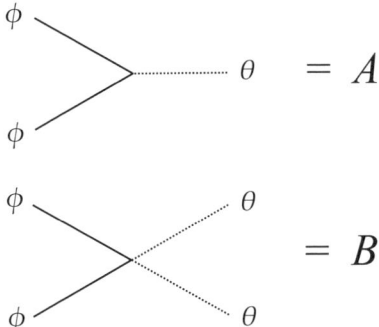

롭게 그려보십시오. 꼭짓점들이 여러분에게 허용하는 것만 여러분이 할 수 있다는 점에 유의하십시오. 예를 들어, 하나의 ϕ는 결코 자발적으로 하나의 θ로 바뀌지 않으며, 2개의 θ가 하나의 ϕ로 소멸하지도 않습니다. 그러나 다른 많은 상호작용이 가능합니다. (이 간단한 이론에서는 입자와 반입자를 구분하지 않는데, 입자들이 양수 또는 음수인 보존량을 가지고 있지 않기 때문입니다.)

양자전기역학과 같은 현실적인 이론은 장 자체가 단순한 숫자라기보다 복잡한 기하학적 물체이기 때문에 장의 수가 적더라도 복잡할 수 있습니다. 그러나 기본 아이디어는 동일합니다. 우리가 전자장을 e^-로, 양전자장을 e^+로, 그리고 전자기(광자)장을 γ로 표시하면, 양자전기역학 상호작용 라그랑지안은 본질적으로 다음과 같이 주어집니다.

$$\mathcal{L}_{QED} = -\sqrt{\alpha}\, e^- e^+ \gamma \tag{5.6}$$

이 항은 전자와 양전자가 광자로 변환되는(또는 그 변형인) 기본 양자전기역학 꼭짓점으로 해석할 수 있습니다.

여러분은 입자물리학자들이 라그랑지안에 대해 많은 시간을 할애하는 이유를 알 수 있을 것입니다. 라그랑지안은 개별 장의 동역학뿐만 아니라 다른 장들이 어떻게 상호작용하는지를 정의합니다. 여러분이 일단 라그랑지안을 알고 나면 나머지는 예측을 위해 조작만 하면 됩니다. 라그랑지안은 전파 인자와 꼭짓점을 의미하며, 이를 조합하여 도형을 만들고, 이를 합산하여 진폭을 계산하고, 이를 제곱하여 확률을 구합니다.

가상 입자

가상 입자virtual particle는 이전 단락이 암시하는 것처럼 간단하지 않지만 괜찮습니다. 파인먼 도형과 그 사용 방법에는 복잡한 점이 있습니다. 그 복잡한 점 중 일부는 간단하고 재미있지만, 일부는 도전적이고 심오합니다. 전자를 먼저 살펴보고 후자는 다음 장으로 미루겠습니다.

모든 파인먼 도형은 이야기를 담고 있습니다. 어떤 입자들이 들어와서 여러 다른 입자들을 교환함으로써 상호작용하고, 또 다른 입자들의 집합이 방출됩니다. 그러나 모든 입자가 동일하게 생성되는 것은 아닙니다. 들어오고 나가는 모든 선은 실제로 존재하는 '진짜' 입자들을 나타냅니다. 그러나 완전히 도형 내부에 있는 선—도형의 어떤 꼭짓점에서 시작하여 다른 꼭짓점에서 끝나기 때문에 외부 세계에 전혀 도달하지 않는—은 **가상 입자**를 나타냅니다. 가상 입자는 실제 입자가 아닙니다. 가상 입자는 실제 과정—양자장 집합의 상호작용 진동―을 대표하지만, 우리가 실험에서 관측할 수 있는 실제 세계의 진짜 입자는 아닙니다.

실제 입자와 가상 입자의 구분은 운동량 보존과 관련이 있습니다. 《공간, 시간, 운동》에서 우리는 상대성이론에서 에너지와 운동량이 하나의 '운동량 네-벡터 momentum four-vector'로 통합되며 에너지는 이 벡터의 0번째(시간꼴) 성분이 된다는 것을 배웠습니다. 그러나 실제 입자의 경우, 운동량 벡터의 성분들은 모두 독립적이지 않으며, 에너지 E는 공간 운동량 $\vec{p}$ 및 질량 m과 다음의 관계를 가집니다.

$$E^2 = \vec{p}^2 + m^2 \qquad (5.7)$$

파인먼 도형을 그릴 때 우리는 잘 정의된 운동량을 가진 입자 상태를 생각합니다. 그리고 **운동량의 모든 성분이 도형의 모든 꼭짓점에서 정확히 보존된다**는 규칙이 있습니다. 산란 동역학은 에너지와 운동량 보존을 위반하지 않습니다.

이는 몇 가지 즉각적인 결과를 가져옵니다. 예를 들어, 전자와 양전자가 하나의 광자로 변환되는, 우리가 고려했던 기본 양자전기역학 꼭짓점은 그 자체로 허용되는 파인먼 도형이 **아닙니다**. 왜냐하면 빛보다 느린 두 거대 입자(전자와 양전자)의 운동량을 합하여 질량이 없고 빛의 속도를 가진 입자(광자) 1개의 운동량과 같은 값을 얻을 수 없기 때문입니다. 이를 확인해봅시다. 전자의 공간 운동량이 양전자의 운동량과 크기는 같고 방향이 반대인 기준틀은 항상 존재하므로 이 기준틀에서 전자와 양전자의 전체 공간 운동량은 0이 됩니다. 그러나 광자는 빛의 속도로 움직이지 않고 가만히 정지해 있을 수 없으므로 어떤 기준틀에서도 광자의 공간 운동량은 0이 될 수 없습니다.

이는 전자와 양전자가 함께 모여 소멸할 때 하나가 아닌 2개의 광자를 생성해야 하는 이유를 설명합니다. 우리의 기본 양자전기역학 꼭짓점은 그 자체로 훌륭한 파인먼 도형은 아니지만, 더 큰 도형의 일부가 되는 데에는 아무런 문제가 없습니다.

전자와 양전자가 2개의 광자로 소멸하는 과정을 살펴봅시다. 이전 도형들과 달리 이 도형에는 에너지와 운동량의 흐름을 명시적으로 표시했습니다. 이렇게 하는 것은 온전히 우리 목적을 위해 선택한 것입니다. 들어오는 전자는 1, 들어오는 양전자는 2, 나가는 광자는 3과 4, 그 사이에 있는 가상 입자는 5입니다. 운동량 화살표는 입자의 흐름을 나타내는 선의 화살표와는 전혀 다른 개념이므로 아무 관련이 없습니다. 가상 입자가 전자인지 양전자인지 모호하다고 걱정할 수 있습니다. 좋은 소식은 가상 입자의 경우 궁극적으로 두 가지 가능성을 모두 포함하고 있기 때문에 입자 정체를 밝히는 것이 중요하지 않다는 것입니다.

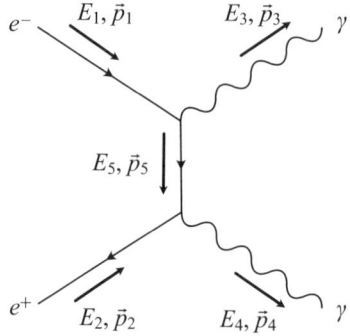

각 꼭짓점에서 에너지와 운동량이 모두 보존된다는 사실은 우리에게 다음과 같은 관계를 알려줍니다.

$$\begin{aligned} \vec{p}_1 &= \vec{p}_3 + \vec{p}_5 \\ E_1 &= E_3 + E_5 \\ \vec{p}_2 + \vec{p}_5 &= \vec{p}_4 \\ E_2 + E_5 &= E_4 \end{aligned} \quad (5.8)$$

이 도형의 운동량 화살표는 운동량을 합하는 방법을 알려줍니다. 즉 운동량 1이 운동량 3과 5로 나뉘고 운동량 2와 5가 합쳐져 운동량 4가 됩니다.

이 방정식들을 적절하게 조합하여 더하고 빼면 여러분은 가상 입자의 에너지 E_5와 운동량 $\vec{p}_5$이 들어오고 나가는 에너지와 운동량에 의해 완전히 결정되며, 다른 여지가 없음을 확신할 수 있습니다. 그러나 이 양들은 일반적으로 에너지, 운동량 및 질량 사이의 고전적인 관계를 만족시키지 **못합니다**.

$$E_5^2 \neq \vec{p}_5^{\,2} + m^2 \quad (5.9)$$

즉 실제로 에너지는 식 (5.8)의 관계를 만족시키기 위해 무엇이든 될 수 있으며 심지어 음수일 수도 있습니다. 이는, 예를 들어, 전자와 양전자가 광자를 한쪽에서 다른 쪽으로 '던져' 어떻게 서로를 끌어당기는지 설명하는 데 있어 중요합니다. 입자가 광자를 방출하면 밀려나지 않을까요? 광자가 음의 에너지를 가지고 있다면 그렇지 않습니다. 그러면 여러분은 실제로 광자를 방출한 방향과 같은 방향으로 당겨지게 됩니다.

그리고 이 입자는 실제가 아닌 가상 입자이므로 괜찮습니다. 가상 입자를 포획하여 음의 에너지 양동이를 만들 수는 없으며, 가상 입자는 파인먼 도형 안에서 수학적 도구로만 존재합니다. 그러나 가상 입자는 양자장이론에 등장하는 과정들에 대한 매우 편리한 사고방식을 제공하므로, 때로는 가상 입자가 진짜 입자가 아니라는 사실을 잊고 싶은 유혹을 느낍니다.

그리고 때로는 가상 입자에 대해 열심히 생각하다 보면 엉뚱한 곳에 도달하기도 합니다. 이것이 다음 장의 주제입니다.

CHAPTER 6

유효장이론

유효장이론에는 좋은 소식과 나쁜 소식이 공존합니다. 좋은 소식은 자외선에서 어떤 일이 일어나는지는 모르지만, 그것을 알 필요가 없다는 것입니다. 미지의 무거운 입자나 새로운 짧은 파장 현상의 존재 가능성은 작은 질량, 작은 운동량 입자의 적외선 세계에서 일어나는 일을 설명하는 데 방해가 되지 않습니다. 나쁜 소식은 자외선 영역에서 일어나는 일이 정확히는 우리가 적외선 영역에서 일어나는 일과 크게 상관이 없기 때문에, 자외선의 영향을 실험적으로 조사하기 어렵다는 것입니다.

✶ ✶ ✶

 물리학은 항상 무한대infinity와 편치 않은 관계를 맺어왔습니다. 한편으로 무한대는 종종 매우 유용한 방식으로 곳곳에 나타나기도 합니다. 뉴턴과 고트프리트 빌헬름 라이프니츠Gottfried Wilhelm Leibniz가 미적분을 개발했을 때, 그들이 직면한 과제에는 무한대를 체계적으로 다루는 것이 있었습니다. 무한대는 '무한히 큰' 것만을 의미하지 않습니다. 0과 1 사이에는 무한 개의 실수가 존재합니다. 실제로 시공간에서 힐베르트 공간에 이르기까지 매끄럽고 연속적인 모든 수학적 구조에는 무한 개의 원소가 존재합니다. 그리고 기초 물리학에 관한 현재 최고의 아이디어들은 모두 이러한 구조를 활용하고 있습니다. 그리고 우리는 실제로 알지 못하지만, 우리의 실제 우주는 공간이나 시간, 또는 두 가지 모두 무한히 멀리 뻗어 있을 수도 있습니다.

 반면에 우리는 우주의 유한한 부분(공간과 시간적으로)에 한정된 유한한 존재로서, 유한한 관측 및 경험 능력을 가지고 있다고 생각합니다. 따라서 우리가 어떤 이론을 적고 이 이론에서 어떤 물리량이 무한히 커진다고 예측하면 우리는 걱정을 하게 됩니다. 예를 들어, 일반상대성이론에 의하면 블랙홀 내부에 시공간 곡률이 무한대인 것처럼 보이는 특이점이 존재합니다. 대부분의 물리학자는 이를 고전 이론인 일반상대성이론이 결국 이러한 극단적인 상황에서 일어나는 일을 설명할 수 없다는 증거로 받아들입니다. 고전 통계역학에서 흑체복사에 대한 간단한 계산은 짧은 파장 복사량이 무한대―자외선 파국―가 된다고 예측하는 것처럼 보입니다. 이 문제를 해결하려고 하다가 우리는 양자역학의 길로 들어서게 되었습니다.

양자장이론의 선구자들이 직면한 도전과제 중 하나는 도형이 복잡해질수록 작아져야 하는 무한 급수의 파인먼 도형의 특정 항들이 실제로는 무한대의 답을 제공한다는 사실이었습니다. 이 문제를 해결하기 위해 **재규격화**renormalization 연구가 시작되었으며 양자장이론에 대한 우리의 생각이 크게 바뀌었습니다. 이런 노력은 **유효장이론**effective field theory(EFT)이라는 아이디어로 절정에 이르렀으며, 이 장에서는 그것이 무엇을 의미하는지 설명할 것입니다. 기본 아이디어를 간략히 요약하면 다음과 같습니다.

- 표준 양자장이론에서 높은 에너지를 가진 가상 입자의 기여도를 합할 때 특정 도형들은 물리적이지 않은 무한대라는 결과를 주기 때문에 어떻게든 이 도형들은 빼야 합니다.
- 유효장이론 패러다임에서는 높은 에너지를 가진 가상 입자의 기여도를 포함하지 않음으로써 이 문제를 해결할 수 있습니다. '자외선 차단 에너지ultraviolet cutoff energy' Λ를 도입하고 차단 에너지 이하의 에너

지를 가진 가상 입자들의 기여도만 포함합니다. 이를 통해 '적외선 이론'—차단 에너지 이하의 에너지를 가진 입자만 언급하는 이론—을 얻을 수 있습니다.

- 그 결과로 얻은 유효장이론은 유효 결합 상수들의 집합으로 정의됩니다. 이들 상수는 실제로 상수가 아닙니다. 즉 이 상수들은 차단 에너지 Λ의 값에 의존합니다. 그리고 이 상수들은 최종 물리적 예측이 우리가 선택한 차단 에너지에 의존하지 않도록 하는 방식으로 작동합니다.
- 우리가 차단 에너지 이하의 입자와 과정들에만 관심을 가지는 한, 결과로 얻은 유효장이론의 모든 것은 잘 작동하고 유한합니다.

자외선 차단 에너지를 가진 유효장이론의 개념은 현대물리학의 절대적인 핵심 개념입니다. 그것은 이 책에서 살펴볼 위대한 생각 중 하나입니다.

고리 도형

이러한 무한대가 어디에서 유래하는지 살펴봅시다. 이전 장의 마지막 부분에서 전자와 양전자가 2개의 광자로 소멸하는 간단한 파인먼 도형을 살펴봤습니다. 입자들에 대한 특정 세부 사항은 모두 잊어버리고, 입자 2개가 들어오고 입자 2개가 나가고 그 사이에 가상 입자 하나가 있다는 생각에만 집중합시다. 우리는 도형을 통해 운동량의 흐름을 추적할 수 있고 들어오는 입자와 나가는 입자들의 에너지와 운동량에 의해 가상 입자의 에너지와 운동량이 완전히 지정되는 것을 알 수 있습니다.

비슷한 상황이지만 이제 입자가 하나 이상 교환되는 상황을 살펴본다면 어떨까요? 편의상 에너지가 0번째 성분인 운동량 네-벡터를 다목적 표식 p로 표시하겠습니다. 물리학자들은 일상적으로 '운동량'과 '에너지'를 문맥상 본질적으로 교환 가능한 용어로 사용하곤 합니다. 중요한 것은 운동량 네-벡터입니다. 그리고 기본 원리는 운동량이 보존된다는 것입니다. 즉 각 꼭짓점에서 들어오는 운동량의 합은 나가는 운동량의 합과 같아야 합니다.

도형에서 출발함으로써 여러분은 무슨 일이 일어나고 있는지 파악할 수 있습니다. 도형의 왼쪽에서 오른쪽으로 읽으면, 들어오는 운동량 p_1과 p_2가 있고 나가는 운동량 p_3과 p_4가 있습니다. 각 꼭짓점에서 들어오는 운동량의 합은 나가는 운동량의 합과 같습니다. 우리는 임의로 운동량 화살표를 그릴 수 있으며, 우리가 운동량들을 더할 때 해당 운동량에 -1을 곱하면 운동량의 방향을 반전시킬 수 있습니다.

왼쪽 상단에 있는 첫 번째 꼭짓점에서 운동량 p_1이 상단 가상 입자가 가진 운동량 p^*와 수직 아래로 향하는 $p_1 - p^*$로 갈라집니다. 사각형의 오른쪽 상단을 따라 우리는 다음 식을 얻습니다.

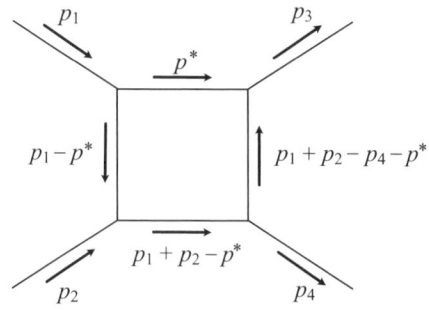

$$(p^*) + (p_1 + p_2 - p_4 - p^*) = p_3 \tag{6.1}$$

p^*가 서로 상쇄되고 p_4를 왼쪽 변에서 오른쪽 변으로 이동하면 다음 식을 얻을 수 있습니다.

$$p_1 + p_2 = p_3 + p_4 \tag{6.2}$$

이 식은 개별 운동량이 실제로 무엇이든 상관없이 자동으로 충족됩니다. 이 식은 산란 과정 전체에 대한 운동량 보존의 식으로, 들어오는 운동량의 합과 나가는 운동량의 합을 동일하게 합니다.

이것은 사각형의 윗부분을 지나는, 처음에는 지정되지 않았던 운동량 p^*가 어떤 값이든 가능하다는 것을 의미합니다. 이 운동량에는 제약이 전혀 없으며, 실제 산란 과정 전체, 그리고 모든 꼭짓점에서 전체 에너지-운동량 보존이 여전히 지켜지고 있다는 것을 의미합니다. 우리는 p^*를 도형의 '내부 운동량'으로 생각합니다. 여러분은 사각형의 각 선이 내부 운동량을 가지는 것을 볼 수 있습니다.

이제 우리는 무슨 일을 해야 할까요? 파인먼 절차는 우리가 그릴 수 있는 모든 도형의 기여도를 더하라고 지시합니다. 어떤 값의 p^*도 우리 도형에서는 가능하기 때문에, 모든 p^*값에 대한 기여도를 모두 더해야 합니다. 실제로 이것은 가능한 모든 내부 운동량에 대해 적분하는 것입니다. 적분은 매끄러운 변수에 대한 더하기이므로 내부 운동량에 대한 적분도 일반적인 적분과 동일합니다.

$$\square = \sum_{p^*} \square\ \overset{p^*}{\rightarrow} = \infty$$

우리가 즉시 직면하는 문제는 이 적분이 많은 이론에서 무한대가 된다는 것입니다. 그것은 안 좋습니다. 더 복잡한 도형들은 더 많은 꼭짓점을 포함하고 있으며, 따라서 더 많은 결합 상수를 포함하고 있기 때문에 더 작은 기여도를 제공해야 하지만, 이 도형(그리고 더 복잡한 많은 도형)의 기여도는 결국 무한히 커집니다.

걱정하지 마십시오. 이것은 해결할 수 있는 문제입니다. 그러나 문제가 어디서 발생하는지 명확히 알아봅시다. 이 문제는 도형의 위상학topology 문제입니다. 여러분이 어느 점에서 시작하여 도형을 따라가다 보면 필연적으로 다른 외부선에서 끝나는 도형을 만나게 됩니다. 이를 **나무 도형**tree diagram이라고 부릅니다. 그러나 어떤 도형은 하나 이상의 닫힌 고리를 갖고 있어 영원히 고리를 돌 수 있습니다. 이것을 **고리 도형**loop diagram이라고 부릅니다.

무한대를 만드는 것은 바로 고리 도형입니다. 모든 닫힌 고리의 경우, 모든 가능한 내부 운동량(또는 '고리 운동량') 값에 대해 적분해야 하며, 이러한 적분은 일반적으로 무한대가 됩니다. 이는 이론이 단순

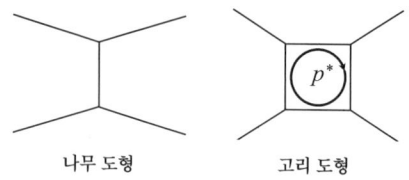

나무 도형   고리 도형

히 틀렸거나 무슨 일이 일어나고 있는지 더 신중하게 생각해야 한다는 신호입니다. (후자의 경우가 맞습니다.)

유효장이론

무한대의 퍼즐은 도모나가, 슈윙거, 파인먼, 다이슨 및 그들의 동료가 해결했으며, 처음 세 사람은 그 공로로 1965년 노벨 물리학상을 공동 수상했습니다. 사실 이들이 발명한 절차를 재규격화라고 부릅니다. 재규격화는 무한대를 없애 산란 계산의 최종 해를 물리적으로 측정 가능한 유한한 양으로 표현하는 특별한 방법입니다.

모든 사람이 이 절차를 완전히 만족스럽게 생각하지는 않았습니다. 폴 디랙Paul Dirac은 평생 회의적인 태도를 유지했습니다. 즉 "합리적인 수학은 양이 작을 때 무시하는 것입니다. 양이 무한히 커서, 또한 여러분이 그것을 원하지 않는다고 해서 그것을 무시해서는 안 됩니다!" 파인먼 자신도 이를 '멍청한 과정', '속임수'라고 부르며 "수학적으로 정당한 것이 아니다"라며 의심했습니다.*

다행히도 우리는 구식의 재규격화 이론의 수학적 정당성에 대해 고민하는 데 시간을 낭비할 필요가 없습니다. 왜냐하면 보다 현대적이고 잘 수식화된 접근 방식인 유효장이론을 사용할 수 있기 때문입

---

* 디랙의 말은 H. Kragh, *Dirac: A Scientific Biography* (Cambridge University Press, 1990), 184에서 인용한 것입니다. 파인먼의 인용문은 R. P. Feynman, *QED: The Strange Theory of Light and Matter* (Penguin, 1990), 128에 나와 있습니다.

니다. 1960년대와 1970년대에 물리학자 케네스 윌슨Kenneth G. Wilson과 다른 물리학자들이 개척한 유효장이론 패러다임은 우선 무한대를 얻고 난 후 이 무한대를 빼지 않고서도 관측 가능한 양을 계산할 수 있는 체계적인 방법을 제공합니다.

윌슨은 물리학자들에게 유용하게 쓰이기 시작한 새로운 장치인 디지털 컴퓨터에서 영감을 얻었습니다. 양자장이론의 수치 시뮬레이션을 해보려고 한다고 상상해보십시오. 유한한 용량을 가진 컴퓨터 메모리 안에서는 공간의 모든 위치에서 일어나는 일을 문자 그대로 계산할 수는 없습니다. 왜냐하면 공간에는 이러한 위치가 무한히 많이 존재하기 때문입니다. 대신 우리는 공간을 일정한 거리 떨어진 점들의 격자로 쪼개 대충 장을 따라갈 수 있습니다. 윌슨이 깨달은 것은 우리가 이 거리 간격을 점점 더 줄일 때 어떤 일이 일어나는지 체계적으로 연구할 수 있다는 것이었습니다. 그리고 이것은 단순히 거리가 0이 되는 극한을 취하는 미적분을 하는 것이 아닙니다. 오히려 고정된 격자 크기에서 우리는 우리가 원하는 만큼의 정확도를 가진 기존 이론의 '유효' 버전을 구축할 수 있습니다. 특히 거리가 정확히 0일 때 무슨 일이 일어날지 걱정하지 않으면서—또는 심지어 알 필요 없이—합리적인 물리적인 답을 얻을 수 있습니다.

유효장이론으로 나아가기 위한 첫걸음은 여러분이 아는 것에 대해 솔직해지는 것입니다. 애초에 우리가 무한대의 답들을 얻었던 이유를 정확히 생각해보십시오. 그것은 고리 운동량의 기여도를 무한대까지 더하고 있었기 때문입니다. 그러나 장이론에서 에너지/운동량과 공간/시간 사이에는 반비례 관계가 존재하므로, 어떤 특별한 운동량 p는

($\hbar = c = 1$인 단위계에서) 거리 λ와 다음 식으로 연관되어 있습니다.

$$p \sim \frac{1}{\lambda} \tag{6.3}$$

따라서 매우 큰 운동량은 매우 짧은 거리에 해당합니다. 무한대까지 포괄하는 고리 운동량들을 포함하면, 아주 짧은 거리에서 매우 높은 에너지를 가진 가상 입자의 기여도를 포함하게 됩니다. 우리가 그렇게 할 권리가 있을까요? 우리는 그러한 조건에서 물리학이 어떻게 작동하는지 알고 있다고 주장할 수 없습니다. 우리가 알지 못하는 온갖 종류의 새로운 입자와 힘이 존재할 수 있습니다. 거리가 엄청나게 짧아지면 시공간 자체가 더 이상 유용한 개념이 아닐 수도 있습니다. 우리는 우리의 무지에 더 솔직해져야 하며 그러한 가정에 의존하지 않는 답을 만들어야 합니다.

따라서 윌슨은 잔인할 정도로 솔직해지자고 제안했습니다. 고리 운동량을 무한히 큰 에너지까지 더하지 않지만 선택한 자외선 차단 에너지 Λ까지만 더하자고 제안했습니다. ('적외선' 또는 'IR'이 작은 에너지/장거리인 것처럼 '자외선' 또는 'UV'는 큰 에너지/단거리의 약어라는 점을 기억하십시오.) 즉 우리는 이론의 새로운 매개변수로 차단 에너지 Λ를 도입하고 입자 운동량의 공간을 자외선(Λ 위)과 적외선(Λ 아래)으로 나눕니다. 그런 다음 고리 운동량 적분을 할 때 자외선 기여도는 포함하지 않습니다. 에너지는 운동량 및 질량과 $E^2 = p^2 + m^2$의 관계를 가지기 때문에 자외선 입자는 큰 질량 또는 큰 운동량(또는 둘 다)을 가진 입자라는 점을 기억하십시오. 짧은 파장을 가진 가상 입자는 우리의 고려 대상에서 완전히 제외되며, 우리는 적외선 입자에 대해서만 이야기합니다.

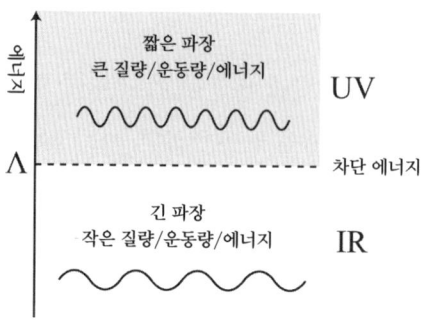

이 억지 절차가 무한대를 제거한다는 것을 이해하기는 그리 어렵지 않습니다. 우리는 (각 도형에 대해) 유한한 개수의 기여도를 합산하고 있으며, 각 기여도 자체도 유한하므로 우리는 유한한 답을 얻을 것입니다. 그러나 우리가 너무 많은 것을 생략했기 때문에, 이 이론이 말도 안 되는 결과를 낳지 않을까 걱정할 수도 있습니다. 놀랍게도, 적외선 입자의 동역학은 그 자체로, 또는 자외선 입자의 흔적을 제거한 형태로도 완벽하게 좋은 양자장이론이 될 수 있으며, 단지 우리가 시작했던 이론과 다른 결합 상수를 가진 이론이 됩니다. 이것이 이 이론을 '유효장이론'이라고 부르는 이유입니다. 물리학(또는 더 일반적으로 과학)에서 보통 이론의 특정 부분을 제거했을 때 합리적인 이론이 된다는 기대를 할 수 없기 때문에, 유효장이론은 놀랍습니다. 예를 들어 '고전역학에서 운동량을 무시한다'는 식으로 생각하는 것은 말이 되지 않습니다.

유효장이론에는 좋은 소식과 나쁜 소식이 공존합니다. 좋은 소식은 자외선에서 어떤 일이 일어나는지는 모르지만, 그것을 알 필요가 없다는 것입니다. 자외선에서 일어나는 일이 적외선에 영향을 미칠 수 있지만, 모든 자외선 효과는 적외선 항들로만 특정할 수 있는 소수의 매개변수로 묶을 수 있습니다. 입자의 질량이 $m > \Lambda$인 경우 또는 입자가 질량은 작지만 빠르게 움직이기 때문에 큰 운동량을 가지는 경우 이 입자는 자외선 입자로 간주됩니다. 따라서 미지의 무거운 입자나 새로운 짧은 파장 현상(새로운 힘, 어쩌면 시공간 자체의 붕괴)의 존재 가능성은 우리가 작은 질량, 작은 운동량 입자의 적외선 세계에서 일어나는 일을 설명하는 데 방해가 되지 않습니다.

나쁜 소식은 자외선 영역에서 일어나는 일이 정확히는 우리가 적외선 영역에서 일어나는 일과 크게 상관이 없기 때문에, 자외선의 영향을 실험적으로 조사하기 어렵다는 것입니다. 입자물리학자들이 새로운 입자를 찾기 위해 거대한 가속기를 건설해야 하는 이유가 바로 여기에 있습니다. 자외선에서 무슨 일이 일어나는지 알아내려면 말 그대로 고에너지 자외선 영역을 방문해야 합니다. 현재 가장 좋은 가속기는 1조 전자볼트(10TeV) 크기의 에너지로 입자들을 부숩니다. 더 높은 에너지에서 무슨 일이 일어날지 우리에게 알려줄 직접적인 실험 데이터를 얻기는 매우 어렵지만, 미래의 충돌기는 아마도 거기에 도달할 것입니다.

윌슨의 아이디어에 담긴 또 다른 놀라운 성질은 우리가 겉보기에 임의적인 자외선 차단 에너지 Λ를 도입해야 했다는 사실에도 불구하고 그 차단 에너지가 우리의 물리적 예측에서 완전히 사라진다는 점입니다. 적외선 이론은 자립적이며 우리가 사용하는 실제 차단 에너지와 무관합니다. 비밀은 이론을 정의하는 결합 상수가 Λ에 따라 달라지며, 모든 예측이 동일하게 유지되는 방식으로 결합 상수가 달라진다는 것입니다. 이것이 바로 '재규격화 군group'의 주제이므로 이에 대한 초석을 놓도록 합시다.

자연 단위

유효장이론은 사실이라고 하기에는 너무 좋아 보입니다. 이론의 특정 부분(높은 에너지의 가상 입자)이 문제를 일으키고 있다고요? 그냥 무시하고 작동하는 부분에만 집중하십시오. 농구 골대를 등지고 어깨 너머로 슛을 던졌는데 우연히 들어간 것처럼 운이 아주 좋아 보입니다.

유효장이론이 작동하는 이유는 차원 분석의 관점에서 이해할 수 있습니다. 모든 물리량은 특정한 단위계로 질량, 에너지, 거리, 시간 등을 측정한다는 점을 기억하십시오. 차원 분석은 어떤 방정식에서든 더하거나 같다고 놓는 두 수량의 단위(시공간에서의 방향과는 무관하지만 '차원'이라고 부르기도 합니다)가 일치해야 하는지를 확인하는 과정일 뿐입니다. 그램에 센티미터를 더할 수는 없습니다.

대부분의 물리 단위는 세 가지 기본 집합, 즉 거리[D], 시간[T], 질량[M]의 곱하기나 나누기를 통해 조합한 것으로 생각할 수 있습니다. 에너지를 생각해봅시다. 운동에너지에 대한 뉴턴의 공식은 $E = \frac{1}{2}mv^2$입니다. 순수한 숫자 $\frac{1}{2}$은 '무차원'입니다. 따라서 대괄호를 사용하여 '차원'을 표기하면 속도가 거리를 시간으로 나눈 단위를 갖기 때문에 에너지의 차원은 다음과 같이 됩니다.

$$[\text{에너지}] = [\text{질량}][\text{속도}]^2 = [M][D]^2/[T]^2 \qquad (6.4)$$

우리는 지금까지 입자물리학자들이 **자연 단위**natural units라고 부르는 것을 사용해왔습니다. 자연 단위에서는 아래와 같습니다.

$$\hbar = c = 1 \qquad (6.5)$$

이것은 즉각적으로 다른 기본 단위들 사이의 관계를 암시합니다. 광속의 경우 아래의 식을 얻습니다.

$$[c] = [D]/[T] = 1 \qquad (6.6)$$

결과적으로 $c=1$일 때 우리는 거리와 시간을 동일한 단위, $[D]=[T]$로 측정한다고 할 수 있습니다. 여러분이 원한다면 시간을 센티미터로 측정할 수 있습니다. 정상적인 단위로 환원하기 위해서는 여러분이 원하는 단위를 얻을 때까지 그냥 인자 c를 곱하거나 나누면 됩니다. 마찬가지로 환산 플랑크 상수 $\hbar = 1.05 \times 10^{-27}\,\text{g}\,\text{cm}^2\,\text{s}^{-1}$의 경우 아래와 같이 됩니다.

$$[\hbar] = [M][D]^2/[T] = 1 \qquad (6.7)$$

이것은 곧바로 활용하기는 조금 어렵지만 철학은 동일합니다.
$c=1$을 $\hbar=1$과 결합하면 세 가지 기본 단위인 질량/거리/시간이

모두 하나의 공통 단위로 축소되는 것을 발견합니다. 입자물리학자들은 '질량'과 '에너지'를 서로 교환하여 사용할 수 있지만, 보통 에너지를 사용합니다. 우리는 위에서 입자 질량을 에너지 단위인 전자볼트electron volt(eV)로 표현하면서 이미 이 관계를 활용했습니다. 일반적인 약어로 기가(10^9) 전자볼트의 경우 GeV, 메가(10^6) 전자볼트의 경우 MeV, 밀리(10^{-3}) 전자볼트의 경우 meV로 적습니다. 여러분은 또한 킬로(10^3) 전자볼트인 keV, 테라(10^{12}) 전자볼트인 TeV, 마이크로(10^{-6}) 전자볼트인 μeV를 만나게 될 것입니다.

식 (6.6)과 (6.7)을 적절히 적용하면 모든 기본 단위를 다음과 같이 에너지로 표현할 수 있습니다.

$$[M] = [E], \quad [D] = 1/[E], \quad [T] = 1/[E] \qquad (6.8)$$

따라서 모든 물리량의 단위는 에너지의 거듭제곱 형태로 표시할 수 있습니다. 거리와 시간은 단지 에너지의 역수이며, 이것은 물리적 관계식 (6.3)과 일치합니다. ($c = 1$일 때 운동량과 에너지는 동일한 단위를 가집니다.)

차원 분석

이제 우리는 모든 것의 차원을 에너지의 적절한 거듭제곱 형태로 표시할 수 있는 데서 시작해 라그랑지안의 차원 분석을 실제로 수행할 수 있습니다. 라그랑지안 L의 원래 정의는 운동에너지에서 퍼텐셜에너지를 뺀 것이므로 라그랑지안 자체는 분명히 [E]의 차원을 가집니다. 그러나 장이론에서는 라그랑지안보다 라그랑주 밀도를 사용하며, 라그랑주 밀도는 라그랑지안과 다음과 같은 관계를 가집니다.

$$L = \int \mathcal{L} \, d^3 x \tag{6.9}$$

(공간의 차원 수가 사물의 단위에 영향을 미치므로 이제 우리는 공간의 세 가지 차원을 모두 명시적으로 표기합니다.) 그리고 표기 d^3x는 공간의 무한히 작은 부피 요소로 길이 × 너비 × 높이를 나타냅니다. 따라서 부피 요소의 단위는 다음과 같습니다.

$$[d^3 x] = [\text{D}]^3 = 1/[\text{E}]^3 \tag{6.10}$$

적분 기호에는 차원이 없습니다. 따라서 라그랑지안의 단위가 [E]가 되기 위해서 우리는 라그랑주 밀도에 $1/[\text{E}]^3$의 단위를 가진 부피 요소를 곱한 것의 단위가 [E]가 되면 됩니다. 그러므로 라그랑주 밀도 자체는 다음과 같은 단위를 가져야 합니다.

$$[\mathcal{L}] = [\text{E}]^4 \tag{6.11}$$

운동에너지 밀도에서 기울기에너지 밀도와 퍼텐셜에너지 밀도를 뺀 식 (5.4)의 라그랑주 밀도를 가진 간단한 스칼라 장이론을 생각해봅시다. 우리는 장 ϕ의 단위를 알아내고자 합니다. 어떤 항을 택하든 그 항을 고려하면 답을 얻을 수 있으므로(이들 항은 서로 더해지므로 같은 단위를 가져야 합니다), 운동에너지 밀도 $\frac{1}{2}(\partial\phi/\partial t)^2$을 살펴봅시다. 시간에 대한 편미분은 $1/[T]=[E]$의 단위를 가지며(시간이 $\partial/\partial t$의 분모에 있기 때문) 우리는 전체 항의 단위가 라그랑주 밀도의 단위인 $[E]^4$를 갖기를 원합니다. 따라서 장은 에너지의 차원을 가져야 합니다.

$$[\phi]=[E] \qquad (6.12)$$

이는 기본적으로 모든 스칼라 장에 적용되지만, 다른 종류의 장은 다른 차원을 가질 수 있습니다. 예를 들어 전자나 다른 페르미온 장의 단위는 $[E]^{3/2}$입니다.

두 가지 기본 사실이 우리에게 필요합니다. 즉 스칼라 장의 단위는 $[E]$, 그리고 라그랑주 밀도의 단위는 $[E]^4$라는 사실입니다. 상호작용 항들을 적을 때 각 항에는 특정한 결합 상수가 함께 제공되며, 이는 파인먼 도형에서 해당 꼭짓점의 세기를 알려줍니다. 모든 결합 상수는 상호작용 항이 $[E]^4$의 차원을 갖게 하는 단위를 가져야 합니다. 왜냐하면 상호작용 항이 라그랑주 밀도의 항이기 때문입니다.

재규격화 가능성

왜 우리는 장과 라그랑지안 및 그 결합 상수의 단위에 그토록 많은 관심을 가질까요? 왜냐하면 유효장이론에서 이러한 결합 '상수'는 실제로 일정하지 않고 자외선 차단 에너지 Λ에 따라 달라지기 때문입니다. 그리고 그 의존성은 바로 어떤 차단 에너지를 우리가 선택하여 부여하더라도 우리의 유효장이론이 동일한 예측을 제공하도록 보장하기 위해 필요합니다. 더 좋게는, 우리가 상상하여 적을 수 있는 많은 상호작용이 정확한 예측을 하는 데는 궁극적으로 무의미하다는 사실입니다.

간단히 설명하기 위해, 상호작용 라그랑주 밀도가 세 가지 항으로 구성된 스칼라 장 ϕ의 이론을 생각해보겠습니다.

$$\mathcal{L}_{int} = c_3 \phi^3 + c_4 \phi^4 + c_5 \phi^5 \tag{6.13}$$

이것은 양자장이론가들이 많은 시간을 할애하는 작업입니다. 그들은 자유장이론으로 시작해 상호작용 라그랑지안을 적고 그 결과에 대해 생각합니다. 입자물리학의 사고방식으로 이해하기 위해 잠시 식 (6.13)을 바라보며 각 항이 물리적으로 무엇을 나타내는지, 또 그 항들이 어떤 재규격화의 영향을 받는지 생각해보겠습니다.

각 항은 물리적으로 상호작용하는 특정 개수의 입자라고 해석할 수 있으며, 전체 파인먼 도형을 만들기 위해 서로 붙일 수 있는 꼭짓점들로 나타납니다. 식 (6.13)의 간단한 항들은 장 자체가 나타날 때마다 입자 하나에 3개, 4개 또는 5개의 입자를 가진 꼭짓점으로 이어집니다. 각 항은 해당 항의 고유한 결합 상수와 연관되어 있습니다.

일반적인 스칼라 입자는 자신의 반입자와 구별되지 않으므로 스칼라 입자의 선을 들어오는 것으로 그리든 나가는 것으로 그리든 상관

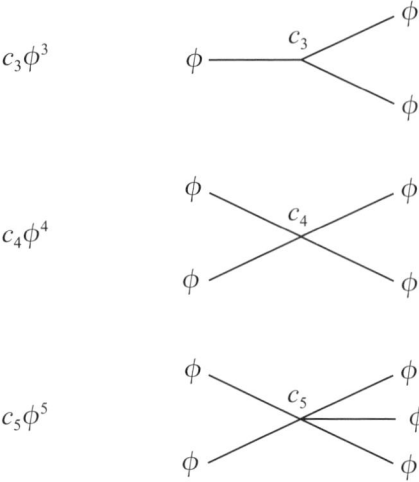

이 없고, 우리가 상상할 수 있는 모든 배열에 대해 해당 꼭짓점이 존재합니다.

우리는 이들 결합 상수와 연관된 단위에 대해서만 생각할 필요가 있으며, 이 결합 상수들은 자외선 차단 에너지 Λ의 선택으로 인해 얼마나 영향을 받는지 우리에게 알려줄 것입니다. ϕ는 $[E]$의 단위를 가지고 있으며 $\mathcal{L}_{int}$은 $[E]^4$의 단위를 가지기 때문에 우리는 즉시 결합 상수들의 단위를 알 수 있습니다.

$$[c_3] = [E], \quad [c_4] = 1, \quad [c_5] = 1/[E] \quad (6.14)$$

더 일반적으로 $c_n \phi^n$ 형태를 취하는 항의 경우, 결합 상수는 $[c_n] = [E]^{4-n}$의 단위를 가질 것입니다. 거듭제곱 안에 있는 4는 시공간의 차원입니다. 더 높은 차원의 가상 이론에서는 결합 상수들이 다른 단위를 가질 것입니다.

20세기 중반, 물리학자들이 양자장이론의 무한대와 씨름하던 시절, 그리고 유효장이론 접근법이 개발되기 전, 물리학자들은 양자전기역학에서 작동하는 재규격화 절차가 모든 이론에 적용되지 않는다는 것을 금방 깨달았습니다. 어떤 이론은 **재규격화가 가능**하지만 어떤 이론은 그렇지 않았습니다. 재규격화가 가능한 이론에서는 고리 도형에서 얻은 무한대를 소수의 매개변수로 상쇄할 수 있어 예측 가능한 멋진 이론을 만들 수 있습니다. QED가 이런 패러다임의 대표적인 예입니다.

대부분의 경우 재규격화 가능성을 판별하는 것은 간단합니다. 즉 재규격화가 가능한 이론에서 모든 결합 상수는 $[E]^a$의 단위를 가지며 $a \geq 0$입니다. 결합 상수의 차원은 음이 아닌 거듭제곱을 가진 에너지입니다. 간단한 스칼라 모형에서 c_3와 c_4는 허용되지만, 재규격화가 가능한 이론의 경우 $c_5 = 0$으로 설정해야 합니다.

대충 말하자면, 작은 개수의 장을 가진 라그랑지안 항은 재규격화가 가능하지만, 많은 개수의 장을 가진 라그랑지안 항은 재규격화가 불가능합니다. 그리고 작은 개수의 장들로 적을 수 있는 항은 그리 많지 않습니다. 따라서 이론이 재규격화가 가능해야 한다는 요구는 연구 중인 물리학자들에게는 실제로 도움이 되었습니다. 즉 매우 제한적인 종류의 가능한 이론들만이 자격을 갖추게 됩니다.

결합 상수가 에너지의 음의 거듭제곱 형태의 단위를 가진 상호작용 항을 포함한 이론은 재규격화가 불가능합니다. $c_5 \phi^5$항처럼 스칼라 장이 네 번 이상 나타나는 우리 예에서, 결합 상수의 단위가 에너지의 음의 거듭제곱 형태인 경우, 파인먼 도형의 결과 식은 운동량이 양의 거듭제곱 형태를 가져야 전체 차원이 올바르게 됩니다. 따라서 큰 운동량까지 적분하면 무한대가 되기 쉽습니다. 실제로 일반적으로 무한 개의 무한대가 존재하며, 각 무한대는 특별한 처리—각 무한대를 정확히 상쇄하기 위해 새로운 항을 도입—를 필요로 합니다. 이 모든 새로운 항의 특징을 정확히 파악하기 위해 우리는 무한개의 관측 가능한 물리량을 물리적으로 측정할 수는 없습니다. 따라서 재규격화가 불가능한 이론의 문제는 근본적으로 잘못되었거나 잘못 정의되어 있다는 것이 아니라, 실험적 예측을 하기 위해 무한 개의 입력이 필요하다는 것인데, 이는 불량한 물리학 이론처럼 보이게 합니다.

당시 물리학자들은 이러한 상황에 대응하기 위해 재규격화가 가능한 이론만 고려해야 한다고 주장했습니다. 라그랑지안에 넣을 수 있는 무한 개의 잠재적인 항들을 관리 가능한 몇 개의 항으로 좁혀주었기 때문에 재규격화는 엄청난 도움이 되었습니다. 1960년대에 힉스 보손에 대한 아이디어가 처음 제안되고 그것이 전자기력과 약한 핵력을 통합하는 데 도움이 될 것으로 추측했을 때, 대부분 물리학자들은 이 이론이 재규격화될 수 없다고 생각했기 때문에 세심한 주의를 기울이지 않았습니다. 그러던 1970년대 초, 헤라르뒤스 엇호프트Gerard 't Hooft와 마르티뉘스 펠트만Martinus Veltman은 전기약작용이론electroweak theory이 결국 재규격화가 가능하다는 것을 보여주었습니다. 갑자기 모든 사람이 흥분에 휩싸여 이 이론을 진지하게 받아들이기 시작했습니다. 결국 이 이론이 예측한 새로운 입자들이 모두 발견되었고, 엇호프트와 펠트만은 이 연구로 1999년 노벨 물리학상을 수상했습니다.

유효 라그랑지안

유효장이론 패러다임은 이러한 관점을 약간 변화시킵니다. 여러분이 식 (6.13)의 상호작용을 가진 스칼라 장이론에서 $c_5 = 0$로 설정하여 이 이론을 재규격화할 수 있다고 상상해봅시다. 기본 다섯-입자 꼭짓점이 없어도 (예를 들어) 들어오는 2개의 입자와 나가는 3개의 입자로 구성된 5개의 실제 입자와 관련된 과정들이 여전히 존재할 것입니다. 예를 들어, 그림처럼 전체적으로 5개의 외부 입자를 가진 하나의 고리 도형에 세-입자 꼭짓점들을 결합할 수 있습니다.

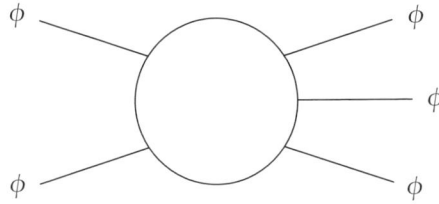

유효장이론 관점에서 볼 때, 이는 **유효** 다섯-입자 상호작용을 발생시킵니다. 게임의 규칙은 (재규격화가 가능한) 기본 라그랑지안에서 시작하여 고리 운동량을 끝까지 적분하고 무한대를 빼는 낡은 방식이 아닌, 결합 상수의 값들을 조정하여 이들에 의해 유도되는 모든 효과를 포함하는 전체 **유효 라그랑지안**을 만드는 것입니다. 따라서 단순히 큰 고리 운동량을 임의로 버리는 것은 정확하지 않습니다. 다만 우리는 이를 **모두 적분하여** 그 효과가 유효 결합 상수에 나타난다고 생각할 수 있습니다. 알려지지 않은 자외선 과정들을 간단한 적외선 매개변수 집합으로 묶는 것입니다.

유효 라그랑지안은 재규격화가 가능한 항들만 포함하고 있는 것이 아니라 우리가 생각할 수 있는 모든 항을 포함하고 있습니다. 따라서 유효 라그랑지안은 $c_5\phi^5$ 형식의 항을 가질 것이며, 실제로 더 높은 n의 항 $c_n\phi^n$도 가질 수 있으므로 재규격화 가능성은 불분명합니다. 그러나 이 라그랑지안을 사용하여 고리 운동량을 무한대까지 적분하지 않고 자외선 차단 에너지 Λ까지만 적분하면 항상 유한한 답을 얻을 수 있기 때문에 재규격화가 불가능해 보이는 것이 문제가 되지 않습니다.

이 절차는 한동안 여러분을 괴롭혔던 질문에 답하는 데 도움이 됩니다. 우리는 파인먼 도형에서 고리 적분을 할 때 자외선 차단 에너지 Λ를 도입한 다음 그 이상의 자외선 운동량은 포함하지 않는 유효장이론을 만들었습니다. 그러나 우리는 Λ가 얼마가 되어야 하는지 어떻게 선택해야 할까요? 그 선택이 도형들에서 우리가 어떤 기여도를 취해야 할지에 영향을 미친다면, 이는 우리 이론이 예측하는 것에 큰 영향을 미칠 수 있다는 것처럼 보입니다.

그런 가정은 잘못된 것입니다. Λ의 선택은 이론적 예측에 전혀 영향을 미치지 않습니다. 자외선 가상 입자는 영향을 미칠 수 있지만 모든 영향은 유효 라그랑지안의 결합 상수 값과 묶이게 됩니다. 이것이 바로 유효장이론에서 적외선 입자에 관해서만 이야기하면 되는 이유입니다.

좀 더 세부적으로 들어가 봅시다. 광자의 질량은 0이고 전자의 질량은 0.511메가전자볼트입니다. 자외선 차단 에너지를 전자 질량보다 훨씬 낮은 1킬로전자볼트로 설정한다고 가정해봅시다. 그러면 전자는 자외선 입자가 되어, 이 이론 안에는 광자만 있게 됩니다. 양자전기역학의 라그랑지안에는 광자와 다른 광자 사이의 직접적인 결합은 포함되지 않고, 광자와 전자/양전자 쌍 사이의 결합만 포함됩니다. 그러나 우리는 상호작용하는 광자를 포함하고 있는 1킬로전자볼트 차단 에너지를 가진 유효장이론를 적을 수 있으며, 이러한 재규격화가 불가능한 상호작용은 더 높은 에너지의 전자 고리에 의해 유도됩니다. (하이젠베르크와 그의 동료 한스 하인리히 오일러는 파인먼 도형이나 유효장이론의 도움 없이 1936년에 이 효과를 실제로 계산해냈습니다.). 이 효과적인 네-광자 상호작용은 유효장이론의 기본 꼭짓점이 되며, 우리가 명시적으로 계산하지 않은 모든 과정을 요약하고 있습니다.

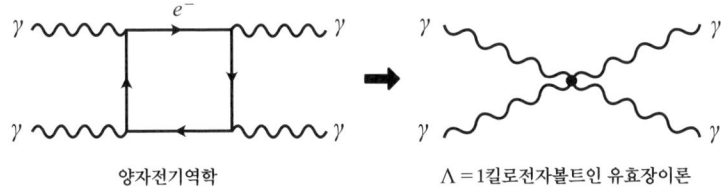

양자전기역학 Λ = 1킬로전자볼트인 유효장이론

재규격화군

이 모든 것이 작동하려면 우리는 유효장이론 라그랑지안에 나타나는 결합 '상수'가 실제로는 상수가 아니라는 것을 인식해야 합니다. 결합 상수는 Λ의 함수입니다. 그것은 말이 됩니다. 라그랑주 밀도에서 결합 상수는 단순히 해당 상호작용의 '세기'를 의미합니다. 예를 들어, 미세 구조 상수 α는 전자기 상호작용의 세기를 알려줍니다. 그리고

차단 에너지를 가진 유효장이론에서는 Λ보다 큰 에너지를 가진 가상 입자의 모든 영향을 유효 결합의 값으로 묶습니다. 따라서 당연히 유효 결합은 Λ의 값에 따라 달라지는데, 그 이유는 유효 결합이 우리가 묶고 있는 자외선 과정들이 무엇인지를 관장하기 때문입니다.

따라서 우리는 결합 상수들이 차단 에너지의 함수처럼 '흐른다 flow' 또는 '달린다run'고 이야기하며, 이 결합 상수들을 **주행 결합 상수**running coupling constant라고 합니다. 스칼라 장이론에서는 c_4를 단순히 ϕ^4의 계수로 적는 대신, 차단 에너지의 함수 $c_4(\Lambda)$로 적을 것입니다. 차단 에너지 값에 따라 결합 상수가 달라지는 방법을 **재규격화군** renormalization group이라고 부릅니다.

실제로 차원 분석을 통해 Λ를 변경할 때 결합 상수가 어떻게 변할지 우리는 어느 정도 짐작할 수 있습니다. 우리는 식 (6.14)에서 서로 다른 결합 상수가 서로 다른 단위를 갖는 것을 보았고 우리는 유효 결합 상수들이 Λ의 함수라는 것을 알고 있습니다. 따라서 매우 정확한 것으로 밝혀진 가장 간단한 아이디어는 결합 상수들이 Λ의 적절한 거듭제곱 형태에 비례한다는 것입니다.

$$c_3(\Lambda) \propto \Lambda, \quad c_4(\Lambda) \propto \Lambda^0, \quad c_5(\Lambda) \propto \frac{1}{\Lambda}, \ldots \qquad (6.15)$$

우리는 분명한 패턴을 봅니다. 상호작용 ϕ^n이 $n<4$인 경우, 그 결합 상수는 차단 에너지 Λ의 양의 거듭제곱에 비례합니다. Λ의 값이 커질수록 결합 상수도 커집니다. 장과 이들의 조합은 양자장이론의 힐베르트 공간에 대한 연산자로 생각할 수 있기 때문에 이러한 상호작용

항을 **관련 연산자**relevant operator라고 부릅니다. $n > 4$인 더 많은 장과 관련된 상호작용이 있을 때, 그 결합 상수는 Λ의 음의 거듭제곱이 되며, 우리는 이를 **비관련 연산자**irrelevant operator라고 부릅니다. 이들은 Λ가 커질수록 작아집니다.

$n=4$인 ϕ^n의 경우 결합 상수는 차원이 없으며, 이러한 항을 **한계 연산자**marginal operator라고 부릅니다. 한계 연산자는 Λ처럼 진화할 수 있지만, 우리가 관련 연산자와 비관련 연산자에 대해 얻은 단순한 거듭제곱 법칙보다 더 점진적으로—일반적으로 Λ의 로그 함수처럼—한계 연산자는 진화합니다. 차단 에너지가 증가함에 따라 한계 연산자가 커질지 줄어들지는 언뜻 보기에 명확하지 않으며, 이를 알아내려면 명시적인 계산을 수행해야 합니다. 양자전기역학에서 미세 구조 상수 α는 높은 에너지에서 커지는 무차원 결합 상수입니다. 실제로 소련의 물리학자 레프 란다우Lev Landau의 이름을 딴 **란다우 극**Landau pole으로 알려진 초고에너지에서 미세 구조 상수는 무한히 커집니다. 이것이 문제이며, 이것이 바로 많은 사람이 양자전기역학을 궁극적으로 더 잘 작동하는 통합 이론에 포함시켜야 한다고 생각하는 이유 중 하나입니다. 반면, 강한 핵력 이론인 양자색역학quantum chromodynamics(QCD)에서는 높은 에너지에서 결합이 감소합니다. 쿼크와 글루온은 에너지가 높아질수록 자유롭게(상호작용하지 않는 상태) 되기 때문에 이것을 **점근적 자유성**asymptotic freedom이라고 합니다. 양자색역학은 아주 높은 에너지까지 완벽하게 잘 작동하는 양자장이론인 것처럼 보입니다.

관련/한계/비관련 연산자 (라그랑지안의 내부 항들) 지정은 모두 의미가 있습니다. 자외선 차단 에너지를 선택하는 것은 우리에게 달려 있지만, 한 가지 규칙이 있습니다. 즉 차단 에너지가 현재 고려 중인 입자 질량이나 운동량보다 더 높은 에너지여야 한다는 것입니다. 즉 Λ가 문제에서 관심을 가지는 에너지 크기에 비해 커야 합니다. 우리가 점점 더 큰 값을 고려할수록 관련 연산자에 해당하는 결합 상수들은 커지고, 비관련 연산자에 해당하는 결합 상수들은 줄어들며, 한계 연산자에 해당하는 결합 상수들은 크게 달라지지 않습니다. 따라서 적어도 첫 단계에서는 비관련 연산자를 종종 무시하곤 합니다.

그래서 애초에 재규격화가 가능한 이론들이 특별한 관심을 끌 만한 가치가 있어 보였던 것입니다. 극미한 스케일과 높은 에너지에 이르지 않더라도, 우리는 모든 것의 궁극적인 이론이 무엇인지, 심지어 그것이 양자장이론인지 아닌지 확실히 알지 못합니다. 그러나 궁극적인 이론에서 파생된 유효장이론은 일반적으로, 적어도 근사적으로는, 충분히 재규격화할 수 있을 것처럼 **보입니다**. 자외선 고리 운동량의 효과는 재규격화가 가능한 (관련 및 한계) 항들은 크게 보이게 하고, 재규격화가 불가능한 (비관련) 항들은 작게 보이게 하는 경향이 있습니다. 아주 짧은 거리에서 온갖 이상한 일이 벌어지고 있어도 세상은 여전히 우리에게 멋지고 재규격화가 가능한 것처럼 보입니다.

아래 목록은 이 상황을 요약한 것입니다. (간단히 장의 수가 짝수인 항들만 포함하고 있습니다.) 구식 양자장이론에서는 재규격화가 가능한 항들로만 제한하고, 고리 운동량을 임의로 높은 스케일까지 적분한 다음 재규격화를 통해 결과로 나온 무한대를 빼줍니다. 현대 유효장이론에서는 적을 수 있는 모든 항을 허용하지만, 모든 항이 유한할 수 있도록 고리 운동량을 자외선 차단 에너지 Λ까지만 적분합니다. Λ와 무관한 물리적 예측이 되도록 결합 상수들은 Λ 의존성을 가집니다. 많은 장을 가진 항들은 일반적으로 Λ가 커짐에 따라 작아지는 비관련 결합 상수들을 가지므로 우리는 어찌 되었든 이 항들에 대해 크게 걱정할 필요가 없습니다.

- 재규격화가 가능한 스칼라 장이론

$$\mathcal{L} = \frac{1}{2}(\partial_t \phi)^2 - \frac{1}{2}(\partial_x \phi)^2 - \frac{1}{2}m^2\phi^2 + c_4\phi^4$$

- 가상 입자들은 어떠한 높은 에너지라도 가질 수 있습니다.
- 재규격화를 통해 무한대들을 빼줍니다.
- 유효 스칼라 장이론

$$\mathcal{L} = \frac{1}{2}(\partial_t \phi)^2 - \frac{1}{2}(\partial_x \phi)^2 - \frac{1}{2}m^2(\lambda)\phi^2 + c_4(\lambda)\phi^4 + c_6(\lambda)\phi^6 + \cdots$$

- 가상 입자들은 자외선 차단 에너지 Λ 이하의 에너지를 가집니다.
- 물리적 예측이 Λ에 의존하지 않기 위해 결합 상수들이 Λ에 의존합니다.

한 가지 성가신 세부 사항을 언급하겠습니다. 즉 입자 질량처럼 직접적이고 측정 가능한 물리량이 차단 에너지에 따라 달라질 수 있다는 것이 의아하게 느껴질 수 있습니다. 의아한 것이 당연합니다. 입자 질량과 라그랑지안에서 나타나는 매개변수 m이 같지 않다고 생각하는 것이 해결책입니다. 여전히 '물리적인' 입자 질량은 존재하며, 이 질량이 m과 같지는 않지만 $m(\Lambda)$와 $c_4(\Lambda)$ 등과 같은 고차 결합 상수들의 조합으로 입자 질량을 계산할 수 있습니다. 물리학자들은 어떤 사물들이 복잡하다는 사실에 동의합니다.

자연스러움의 신비

유효장이론 패러다임은 지적으로 설득력 있고 실용적입니다. 유효장이론은 현대 입자물리학에서 중심적인 역할을 하고 있으며, 우주론에서 구조의 성장과 나선형으로 흡입하는 블랙홀에 의한 중력파의 생성과 같은 다양한 주제로 확장되었습니다.

그러나 우려되는 부분도 있습니다. 이러한 우려는 입자물리학에서 매개변수의 **자연스러움**naturalness이라는 개념에 집중되어 있습니다. 자연스러움은 엄격하게 수식화된 원리는 아니지만 현대 입자이론의 많은 연구에 동기를 부여하고 있습니다. 자연스러움의 기본 개념은, 대칭성이 존재하거나 매개변수의 값이 1보다 아주 작아야 할 다른 정당한 이유가 없는 한, 유효 라그랑지안에서 매개변수의 값이 아주 작아서는 안 된다는 것입니다.

우리가 염두에 두어야 할 것은 파인먼 도형을 생각할 때, 우리가 측정하는 낮은 에너지 유효 매개변수가 실제로는 다양한 기여도의 합이라는 것입니다. 일부 기여도는 양수뿐만 아니라 음수일 수도 있습니다. 이러한 모든 기여도의 합이 개별 기여도와 같은 크기가 될 것이라고 기대하는 것은 당연합니다. 다시 말해, 10자리 숫자를 여러 개 (일부는 양수, 일부는 음수) 더했을 때 결과가 정확히 0이거나 심지어

−10에서 +10 사이로 나온다면 이상할 것입니다. 이런 일이 일어날 수도 있지만, 이것은 흔히 **미세 조정** fine-tuning이라고 부르는 일종의 비정상적인 우연으로 보일 것입니다. (이 미세 조정은 여러분이 우주론/신학 토론에서 들어봤을 생명체기 존재하기 위한 매개변수의 미세 조정과는 무관합니다.)

그러나 실제 세계에서는 유명한 두 가지 예에서 볼 수 있는 미세 조정이 실제로 일어나고 있습니다. 하나는 힉스 보손의 질량 $m_H = 125$기가전자볼트입니다. 이 값은 양성자 질량의 100배가 넘는 큰 수치입니다. 그러나 힉스 장에 H라는 표식을 붙이면 유효 라그랑지안에서 질량 항은 간단히 $\frac{1}{2} m_H^2 H^2$이 되고, 차원 분석에 따르면 결합 상수 m_H^2은 Λ^2에 비례할 것으로 예상됩니다. 자외선 차단 에너지 Λ는 자연의 실제 상수가 아니라 우리가 편의상 도입한 매개변수이기 때문에 이것이 약간 이상하다고 생각하는 것을 인정합니다. 그러나 이러한 맥락에서 이것은 단순히 고리 도형들이 힉스 질량의 유횻값을 최대한으로 높이는 역할을 한다는 것을 상기시켜줍니다. 새로운 물리학은 플랑크 스케일인 $M_P = 10^{18}$기가전자볼트와 같은 높은 에너지 스케일에서 나타나기 시작할 수 있습니다. 그러나 그러면 측정한 힉스 질량이 플랑크 스케일에 가까워질 것을 기대할 수 있지만, 실제로는 그렇지 않습니다. 이들 사이에는 꽤 큰 차이가 있습니다.

$$\frac{m_H}{M_P} \sim 10^{-16} \qquad (6.16)$$

이것은 정확히 자연스러움의 원리가 금지하고 있는 것처럼 보이는 소수의 예이지만, 이 차이가 실제로 존재합니다. 힉스 질량과 플랑크 스케일에 대한 기대와 현실 사이의 불일치 문제를 입자물리학에서는 **계층 문제**hierarchy problem라고 부릅니다. 예를 들어, 힉스 질량을 안정화시키기 위해 100기가전자볼트의 에너지 스케일 근처에서 새로운 물리적 효과가 존재한다면 이 문제는 해결될 수 있습니다. 한 가지 예가 서로 다른 고리의 기여도를 상쇄하는 역할을 할 수 있는 초대칭성―보손과 페르미온 사이의 가상 대칭성―입니다. 다른 제안도 있지만, 일반적으로 모든 제안이 100기가전자볼트 에너지 스케일 근처에서 새로운 입자들을 발견해야 한다고 예측합니다. 이러한 입자들을 찾는 것이 대형강입자충돌기 건설의 주요 동기가 되었지만, 이 글을 쓰던 때까지 그러한 입자들은 발견되지 않았습니다. 계층 문제는 여전히 해결되지 않았습니다. (물론 다른 입자들도 질량을 가지고 있지만, 힉스 입자를 제외한 모든 알려진 예의 경우 이들의 질량이 플랑크 스케일에 비해 매우 작은 이유를 설명하는 대칭성 또는 메커니즘이 존재합니다.)

비슷한 문제로 **우주 상수 문제**cosmological constant problem가 있습니다. 《공간, 시간, 운동》에서 간단히 언급했듯이 우주 상수는 아인슈타인이 일반상대성이론 방정식을 수정하면서 도입한 개념입니다. 장이론의 관점에서 볼 때, 우주 상수는 유효 라그랑지안이 가질 수 있는 가장 간단한 항으로 생각할 수 있습니다. 즉 우주 상수는 장을 전혀 곱하지 않은 순수한 상수 ρ_0입니다. 우리는 ρ_0를 빈 공간의 에너지 밀도―진공 에너지―를 나타내는 것으로 해석할 수 있습니다. 진공 에너지와 우주 상수는 정확히 동일한 것에 대한 서로 다른 두 가지 표식입니다. 누구도 여러분에게 진공 에너지와 우주 상수가 다르다는 말을 하지 못하도록 하십시오.

    차원 분석에 따르면, $[\rho_0] = [E]^4$입니다. 차단 에너지 Λ를 가진 유효장이론 관점에서 볼 때, 우리는 $\rho_0 \sim \Lambda^4$가 될 것으로 예상합니다. 고리 도형들의 기여도를 상쇄할 수 있는 새로운 물리적 과정이 없다면, 여기서 Λ에 대한 합리적인 값으로 플랑크 질량 M_P를 다시 한번 대입할 수 있을 것으로 예상할 수 있습니다. 이번에는 우리의 예상이 계층 문제의 경우에서보다 훨씬 더 크게 빗나갑니다. 관측에 의하면 아래의 식을 얻습니다.

$$\frac{\rho_0}{M_P^4} \sim 10^{-122} \qquad (6.17)$$

    이는 엄청난 차이인데, 이론물리학을 통틀어 예상과 관측 사이의 불일치 중 가장 큰 불일치로 유명합니다.

    계층 문제와 우주 상수 문제를 둘 다 액면 그대로 받아들인다면 유효장이론은 엄청난 실패라 할 수 있습니다. 현재까지 이 문제를 해결하는 방법에 대한 합의가 이루어지지 않고 있습니다. 많은 제안이 있었지만, 그중 어느 것도 실제로 채택된 것은 없습니다. 우리의 유효장이론 프로그램 전체를 버릴 필요는 없지만, 아마도 예상치 못한 방식으로 자외선 효과가 우리의 적외선 매개변수들을 조정하게 하는 복잡한 수단들이 존재할지 모릅니다. 아니면 그보다 더 극적인 일이 벌어지고 있을지도 모릅니다. 이론이 데이터와 일치하지 않을 때 과학은 더 흥미로워집니다.

CHAPTER 7
스케일

분자가 진동하는 방법이 많다는 것은 분자의 가장 낮은 에너지가 단순한 분자의 통상적인 회전 운동 에너지보다 훨씬 더 낮을 가능성이 높다는 것을 의미합니다. 길이가 길고 복잡한 분자는 상대적으로 긴 파장과 긴 시간 스케일의 진동을 할 수 있으며 이런 진동에 의한 에너지는 작은 에너지에 해당합니다. 이런 식으로 화학은 입자물리학에서 흔히 다루는 에너지보다 훨씬 낮은 에너지 스케일을 가진 풍부한 계층을 구축합니다.

✴ ✴ ✴

　우리를 생각하도록 만드는 찰스 임스Charles Ray Eames와 레이 임스Ray Eames의 영화 〈10의 거듭제곱Powers of 10〉(키스 뵈케 원작)은 1제곱미터—시카고 호숫가에서 소풍을 즐기는 한 커플—의 시야에서 시작하여 10초마다 10배씩 축소시켜 관객이 우주를 경험하도록 초대합니다. 우리는 점차 축소되는 도시, 지구, 태양계, 가까운 별, 은하수 은하, 그리고 은하단과 더 큰 우주 구조를 보게 됩니다. 그런 다음 이번에는 확대하여 피부 세포, 세포 소기관, 분자, 원자 및 소립자들을 보면서 더 미소 스케일을 향한 여행을 시작합니다.

　이 영화에는 암흑물질이나 배경 중성미자와 같이 우리가 직접 볼 수 없는 물질도 나옵니다. 우리가 볼 수 있는 것은 모두 원자이거나 또는 원자로 이루어진 것들입니다. 그리고 원자는 양성자, 중성자, 전자의 세 가지 구성원으로 이루어져 있습니다. 우리는 때때로 소립자에서 우주에 이르는 여정을 이루고 있는 거대한 스케일의 계층을 당연하게 여깁니다.

지난 몇 장에서는 심오한 이론적 아이디어를 다루었습니다. 이 장에서는 시각화하기 쉬운 주제를 고려함으로써 잠시 숨을 고르도록 하겠습니다. 즉 알려진 우주가 실제로 무엇으로 이루어져 있는지, 그리고 특히 우리 세계를 특징짓는 다양한 스케일의 질량과 에너지가 이 장에서 다룰 주제입니다.

단위 다시 살펴보기

우리는 지금까지 $\hbar = c = 1$인 '자연 단위'를 사용해왔습니다. 그러면 우리는 에너지, 질량, 거리와 시간의 차원 사이에 다음과 같은 관계식을 얻게 됩니다.

$$[E] = [M] = 1/[D] = 1/[T] \tag{7.1}$$

이 가운데서 우리가 사용할 기본 단위가 필요한데, 입자물리학자들은 대부분 에너지를 선택합니다. 물리학자들은 특히 전자가 1볼트의 전기 퍼텐셜 사이에서 가속할 때 얻는 운동에너지로 정의되는 **전자볼트**로 에너지를 측정합니다. 전문 입자물리학자를 포함한 대부분의 사람들은 전기 퍼텐셜이 개별 전자를 가속하는 것에 대한 물리적 직관이 별로 없습니다. 그리고 다른 에너지 단위들도 그다지 직관적이지 않습니다. 가정용 에너지 사용량은 킬로와트시(kWh) 또는 영국열단위British Thermal Unit(BTU)로 측정하는 경우가 많습니다. 음식에 저장된 에너지는 일반적으로 칼로리로 측정하지만, 식단 가이드나 영양표에서 볼 수 있는 수치는 사실 킬로칼로리(kcal)입니다. 미터 단위계에서는 줄($kg\,m^2/s^2$와 동일) 또는 에르그($g\,cm^2/s^2$)를 사용합니다. 다음 관계를 사용하면 에너지 단위를 변환할 수 있습니다.

$$1\,eV = 1.60 \times 10^{-19}\,J = 1.60 \times 10^{-12}\,erg = 4.45 \times 10^{-26}\,kWh$$
$$= 1.52 \times 10^{-22}\,BTU = 3.83 \times 10^{-23}\,kcal \qquad (7.2)$$

우리는 적어도 전자볼트의 편리한 특징 중 하나를 알 수 있습니다. 즉 전자볼트는 아주 작은 양의 에너지라는 점입니다. 입자가 아주 작기 때문에 이런 작은 크기의 에너지 단위는 의미가 있습니다.

입자물리학자처럼 생각하면 우리는 공통 단위를 전자볼트로 변환하거나 역으로 변환할 수 있습니다.

$$1\,eV \approx 10^{-33}\,grams$$
$$1\,eV^{-1} \approx 10^{-5}\,cm \qquad (7.3)$$
$$1\,eV^{-1} \approx 10^{-15}\,sec$$

이러한 관계를 거리의 양을 에너지의 양으로 물리적으로 변환할 수 있다는 것으로 해석해서는 안 됩니다. 이는 단순히 사물을 측정하기 위한 단위의 선택일 뿐입니다. 그러나 앞으로 살펴보겠지만, 이러한 관계는 일반적인 거리와 시간을 입자물리학 과정과 연관지을 수 있는 대략적인 경험 법칙을 제공합니다. 1전자볼트는 작은 양의 질량이며,

그 역은 적어도 인간의 기준으로는 짧은 거리와 짧은 시간입니다.

입자물리학의 스케일

전자의 질량을 그램 단위로 이야기하는 입자물리학자는 거의 없습니다. 그러나 그들은 거의 확실하게 전자의 질량을 다른 친숙한 입자들의 질량과 함께 전자볼트로 암기하고 있을 것입니다.

전자	5.11×10^5 eV	0.511 MeV
양성자	9.383×10^8 eV	0.9383 GeV
중성자	9.396×10^8 eV	0.9369 GeV
중성미자	$\leq 10^{-1}$ eV	$\leq$ 100 meV

1기가전자볼트는 대략 양성자나 중성자 1개의 질량과 같기 때문에 입자물리학에서 사용하는 편리한 단위입니다. 우리는 이 표에 중성미자를 포함했습니다. 앞서 언급했듯이 우리는 중성미자의 세부 사항에 관해서 이야기하지 않을 것입니다. 중성미자는 질량이 작고 중성이며 거의 눈에 보이지 않는 입자이지만 놀라울 정도로 복잡한 성질을 가진 것으로 밝혀졌습니다.

이해를 돕기 위해 이 입자들과 다른 입자물리학 스케일을 로그함수 눈금에 표시하는 것이 도움이 됩니다. 우리는 위에 있는 입자들의 질량뿐만 아니라 환산 플랑크 질량($\sqrt{\hbar c / 8\pi G}$, 여기서 G는 뉴턴의 중력 상수), 대형강입자충돌기의 일반적인 충돌 에너지, 힉스 보손의 질량,

원자핵 및 진공 에너지 스케일 E_{vac}도 포함시켰습니다. 후자를 정의하기 위해 진공 에너지 밀도 ρ_0가 $[E]^4$의 단위를 가진다는 점에 주목하여 $E_{vac} = \rho_0^{1/4}$로 정의했습니다. 마지막으로 우리는 강력, 약력 및 전자기력(중력은 제외)을 통합하는 시나리오인 **대통일**Grand Unification이라는 가상 에너지 스케일도 포함시켰습니다.

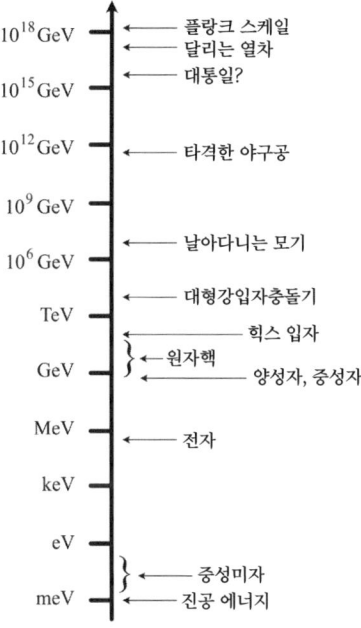

비교를 위해 날아다니는 모기, 타격한 야구공, 빠르게 달리는 기차와 같은 일상적인 현상의 운동에너지를 포함했습니다. (목록에 있는 입자들의 경우 운동에너지가 아닌 정지 에너지—질량—를 사용했습니다.) 이러한 일상적인 현상의 에너지는 일반적으로 대형강입자충돌기나 다른 고에너지 가속기의 에너지보다 높기 때문에 놀랍게 느껴질 수 있

습니다. 우리는 모기 한 마리의 에너지에도 미치지 못하는 에너지를 만드는 거대한 장치에 왜 그렇게 많은 돈을 써야 할까요? 물론 그 답은 대형강입자충돌기의 충돌 에너지가 단 2개의 양성자에 집중되어 있기 때문입니다. 모기와 다른 거시적 물체들은 더 큰 에너지를 가지고 있는데 거시적인 물체들은 많은 입자들로 구성되어 있기 때문입니다. 그러나 입자당 에너지는 상대적으로 낮습니다.

과학자들이 '많은 입자'라고 말할 때는 대략적인 크기의 정도를 염두에 두고 있습니다. 많은 입자 개수로 편리하게 선택할 수 있는 것은 **아보가드로의 수**Avogadro's number $N_A = 6.02 \times 10^{23}$입니다. 이는 대략 원자로 구성된 1그램의 물질에 포함된 **핵자**nucleon(양성자와 중성자)의 수를 나타냅니다. (원자의 경우 전자는 질량과 거의 무관합니다.) 아보가드로의 수보다 훨씬 작은 수의 물체가 고전적인 거시적 행동을 보일 수 있지만, 아보가드로의 수는 인간 스케일의 물체가 가진 원자 개수를 추정할 수 있는 좋은 출발점을 제공합니다. 1그램은 매우 작은 질량입니다. 종이 클립 1개의 질량 정도. 다음은 원자 개수의 비교를 위해 익숙한 몇 가지 다른 스케일이 주어져 있습니다.

- 박테리아 또는 인간의 DNA ~ 10^{12}핵자
- 사람 ~ 10^{28}핵자
- 지구 ~ 10^{51}핵자
- 태양 ~ 10^{57}핵자
- 은하수 은하 ~ 10^{70}핵자
- 관측 가능한 우주 ~ 10^{80}핵자

이 숫자들을 그 자체로 생각해보는 것은 흥미롭습니다. 엄청나게 다른 크기의 계층들이 일관된 구조를 가지고 있는 것이 우리 우주입니다. 이 장에서는 개별 원자의 크기에 대해 생각해 보는 것으로 만족하겠습니다.

양자 입자의 크기

다양한 크기의 정도를 염두에 두고 우리는 이런 크기를 양자역학과 양자장이론의 세계와 다시 연결하는 방법을 생각해볼 수 있습니다. 그러기 위한 우리의 방법은 중요한 개념을 통해 질량과 거리를 연관시키는 것입니다. 즉 입자의 **콤프턴 파장**Compton wavelength이라는 개념이 그것입니다. 콤프턴 파장은 단일 입자가 차지하는 최소 공간을 나타냅니다.

1924년 루이 드 브로이가 입자가 파동과 같은 성질을 가지고 있다고 처음 제안했을 때, 그는 운동량 p를 가진 입자를 염두에 두고 이 입자와 관련된 파장을 제안했는데, 이것이 바로 현재 우리가 드 브로이 파장이라고 부르는 것입니다.

$$\lambda_{dB} = 2\pi/p \qquad (7.4)$$

(이전에는 이것을 h/p로 썼지만, 이제는 $\hbar = h/2\pi = 1$로 설정되어 있어 위 식처럼 적습니다.) 이것은 거대 입자의 양자 파동함수의 파동성과 연관

된 길이 스케일입니다. 이중 슬릿 실험에서 간섭무늬 띠 사이의 거리를 계산하거나 원자 궤도가 파장의 정수배가 되어야 할 때 우리가 염두에 두고 있는 파장이 바로 이 드 브로이 파장입니다.

콤프턴 파장은 다른 역할을 합니다. 질량 m인 입자의 경우 콤프턴 파장은 다음과 같이 정의됩니다.

$$\lambda_C = 1/m \qquad (7.5)$$

(이것은 '환산' 콤프턴 파장으로, '정상' 콤프턴 파장은 여기에 2π를 곱합니다.) 드 브로이 파장과 달리 콤프턴 파장은 입자의 운동과는 아무런 관련이 없으며, 입자의 질량을 알면 콤프턴 파장은 고정 상수가 됩니다. 전자의 콤프턴 파장은 대략 2×10^{-10}센티미터이고 양성자의 콤프턴 파장은 대략 1×10^{-13}센티미터입니다. 이 개념은 1923년 아서 콤프턴Arthur Compton이 광자-전자 산란을 조사하면서 도입한 개념입니다. 그러나 입자의 공간적 크기를 확정하는 데 어려움을 겪는 양자장 이론에서 콤프턴 파장은 그 진가를 드러냅니다.

상대성이론에 따르면 에너지는 입자의 운동량 및 질량과 다음과 같은 관계를 가집니다.

$$E^2 = p^2 + m^2 \qquad (7.6)$$

따라서 $p = 0$인 정지 상태의 입자는 $E = m$이 되며, 우리가 $c = 1$로 설정한 것을 기억하면 이 식은 잘 알려진 유명한 식임을 알 수 있습니다. 그러나 우리는 입자 파동함수의 위치와 운동량 표현식의 퍼짐이 다음 관계를 만족해야 한다는 하이젠베르크 불확실성 원리도 알고 있습니다.

$$\Delta x \cdot \Delta p \geq 1 \qquad (7.7)$$

파동함수가 콤프턴 파장 크기의 지역에 공간적으로 몰려 있는 입자가 있다고 상상해봅시다. 그러면 아래와 같이 됩니다. ('~' 기호는 '그런 크기를 가진다'는 것을 의미하므로 이와 같은 관계에서 우리는 크기의 정도가 1—즉 0.1과 10 사이—인 숫자 인자는 무시합니다.)

$$\Delta x \sim 1/m \qquad (7.8)$$

그러면 우리는 그냥 운동량을 0으로 설정할 수 없습니다. 왜냐하면 운동량에 대한 불확정성의 크기가 아래 정도가 되어야 할 것이기 때문입니다.

$$\Delta p \sim m \qquad (7.9)$$

이러한 운동량의 불확정성 때문에 식 (7.6)에서 운동량의 평균값이 $p = 0$이더라도 에너지에 약간의 불확정성이 존재하게 됩니다.

$$\Delta E \sim \Delta p \sim m \qquad (7.10)$$

따라서 입자를 콤프턴 파장 이내로 국소화하면 에너지 불확정성은 $\Delta E \sim m$의 크기를 가지게 됩니다. 그러나 그것은 추가로 입자 전체를 만들기에 충분한 에너지이며, 이런 과정을 양자장이론은 기꺼이 수용합니다. 입자를 더 작은 영역에 국소화하면 이 입자의 에너지 불확정성은 더 커집니다.

양자장이론틀 내에서 이것은 입자를 $\lambda_C = 1/m$보다 작은 영역으로 압축하려고 하면 양자 상태가—단일 입자가 아닌—하나 또는 그 이상의 입자들의 중첩 상태가 된다는 것을 의미합니다. 콤프턴 파장은 계가 하나의 입자를 대표하는 것으로 생각할 수 있는 가장 작은 길이 스케일입니다. 실제로 이것은 양자장이론에 관한 한 콤프턴 파장을 입자의 '크기'로 생각할 수 있다는 것을 의미합니다. 그리고 질량이 증가함에 따라 콤프턴 파장이 감소한다는 것에 주목합시다. 양자장이론에서 더 무거운 입자는 더 좁은 공간을 차지합니다. 그러나 입자의 크기라는 재미있는 개념은 우리의 고전적인 직관과 완전히 일치하지는 않습니다. 입자의 파동함수는 콤프턴 파장보다 더 큰 거리로 쉽게 퍼질 수 있지만, 더 작게 압축할 수는 없습니다.

이 사실은 즉각적이고 슬픈 의미를 가지고 있습니다. 즉 임의로 작은 크기로 축소할 수 있는 슈퍼 히어로 '앤트맨'이 실제로는 불가능하다는 것입니다. 우리는 하나의 원자 안에 전체 유기체나 문명이 존재한다는 것을 상상할 수 없습니다. 아보가드로의 수의 입자들을 양성자 크기로 줄이려면 각 입자가 양성자 질량보다 더 무거워지거나—이 경우 대상이 훨씬 더 무거워질 것이기 때문에 우리가 알아차릴 수 있습니다—또는 입자 질량이 양성자 질량보다 더 가벼워져야 하는데

이럴 경우 그들의 콤프턴 파장이 커져 그런 작은 공간에 들어가지 못할 것입니다. 놀랍게도 미시적인 양자 영역은 비교적 매끄럽고 특징이 없습니다. 작은 흔들림조차 너무 많은 에너지가 필요합니다.

쿼크, 강입자, 중입자, 중간자

여러 입자를 원자 이하의 크기로 압축할 수 없다는 생각은 여러분도 들어보았을 또 다른 사실과 모순되는 것처럼 보일 수 있습니다. 즉 모든 양성자와 중성자는 3개의 **쿼크**quark로 구성되어 있다는 사실입니다. 1960년대에 머리 겔만Murray Gell-Mann, 그리고 (독립적으로) 조지 츠바이크George Zweig는 입자 가속기에서 발견된 강한 상호작용을 하는 입자, 즉 강입자들이 겔만이 제임스 조이스의 《피네간의 경야Finnegan's Wake》의 한 구절, "머스터 마크를 위한 3개의 쿼크!"에서 따온 쿼크라고 부르는 더 작은 구성원들로 이루어져 있다고 가정하면, 강입자의 수가 빠르게 늘어나는 것을 설명할 수 있다는 사실을 깨달았습니다. 이 이름은 양성자와 중성자, 그리고 그 사촌인 많은 강입자가 각각 3개의 쿼크를 포함하고 있다는 생각에서 영감을 얻었습니다. 아마도 쿼크는 그들이 결합하여 만든 양성자나 중성자보다 더 작은 질량을 가지기 때문에 더 긴 콤프턴 파장을 가질 것으로 추정됩니다. 그렇다면 이들이 어떻게 양성자나 중성자 내부에 압축되어 있을 수 있을까요? 지금이 바로 쿼크와 쿼크가 형성하는 **강입자**hardron라고 부르는 입자에 관해 이야기하기에 가장 좋은 시간입니다.

양성자와 중성자는 쿼크와 이들을 하나로 묶어주는 강한 핵력을 지닌 질량이 없는 보손, 즉 **글루온**gluon으로 이루어져 있습니다. 쿼크의 **맛깔**flavor은 여섯 가지―업up, 다운down, 참charm, 스트레인지strange, 탑top 및 바텀bottom―로 알려져 있으나, 이 가운데서 가장 가벼운 쿼크인 업 쿼크와 다운 쿼크만이 양성자와 중성자에 실질적으로 기여합니다. (더 무거운 쿼크들은 가상 입자로서 작은 역할을 담당합니다.) 업 쿼크는 전하 $+2/3$, 다운 쿼크는 전하 $-1/3$을 가지며 핵자는 3개의 쿼크로 구성되어 있습니다. 이러한 전하들을 조작하다 보면 양성자는 2개의 업 쿼크와 1개의 다운 쿼크로 구성되어야 하고, 중성자는 2개의 다운 쿼크와 1개의 업 쿼크로 구성되어야 한다는 것을 알 수 있습니다. 강한 상호작용을 느끼지 않는 페르미온은 **경입자**lepton로 알려져 있으며, 이 중 전하가 -1인 전자, 뮤온 및 타우 입자와 전하가 0인 전자 중성미자, 뮤온 중성미자 및 타우 중성미자의 여섯 가지 맛깔이 알려져 있습니다.

업 쿼크의 질량은 대략 2.2메가전자볼트이고 다운 쿼크의 질량은 대략 4.7메가전자볼트입니다. 우리는 즉시 두 가지 사실에 주목하게 됩니다. 첫째, 양성자 내의 쿼크들의 결합 질량이 양성자 질량(938.3메가전자볼트)보다 훨씬 작다는 것과 중성자(939.6메가전자볼트)의 경우에도 마찬가지라는 것입니다. 여분의 질량은 모두 어디에서 오는 것일까요? 둘째, 각 쿼크의 콤프턴 파장은 실제로 핵자 자체의 콤프턴 파장보다 훨씬 더 깁니다. 어떻게 쿼크들이 핵자 안에 있을 수 있을까요?

입자와 고전역학으로 훈련된 우리의 직관이 완전히 실패하는 곳이 바로 핵자 내부이기 때문에 이런 두 가지 의문이 생깁니다. 우리의 멋진 파인먼 도형 사고방식조차도 이 문제를 해결하지 못합니다. 쿼크와 글루온 사이의 상호작용은 약하지 않고 강합니다. 우리는 양자장이론이 (상호작용이 전혀 없는) 자유장이론을 먼저 살펴본 다음 섭동이론을 통해 입자 간의 상호작용을 고려함으로써 입자의 특성을 예측한다고 배웠습니다. 핵자 내부에는 섭동이론을 가능하게 하는 미세 구조 상수와 같은 작은 매개변수가 없기 때문에, 핵자가 약하게 상호작용하는 입자들의 집단이라고 가정해서는 실제로 어떤 일이 일어나는지 알 수 없습니다. 핵자는 철저하게 양자장이론을 적용해야 하는 대상이며, 이를 이해하려면 양자장이론을 진지하게 받아들여야 합니다.

강한 상호작용이 실제로 강하다는 사실은 우리의 질문에 답하는 데 도움이 되는 중요한 특징인 **가둠** confinement으로 이어집니다. 전하는 양수, 음수 또는 0이 될 수 있는 단일 변수입니다. 불필요하게 난해해 보일 위험이 있지만, 전하를 1차원 벡터 공간에서 값을 취하는 대상으로 생각하면 됩니다. **양자색역학** 이론에 따르면 쿼크는 추가로 **3차원** 벡터 공간에서 값을 취하는 **색전하** color charge를 가집니다. 물론 이것은 우리가 일반적으로 눈으로 인식하는 '색'과는 전혀 관련이 없는 단지 엉뚱한 이름일 뿐이지만* 유용한 역할을 합니다. 색전하 공간의 세 축을 '빨강', '초록', '파랑'으로 표시하면, 가둠의 원리는 무색('흰색')의 조합만이 관측 가능한 입자를 만들 수 있다고 말합니다. 쿼크는 개별적으로 빨강, 초록 또는 파랑의 색전하를 가질 수 있으며, 우리는 결코 쿼크가 단독으로 존재하는 것을 볼 수 없습니다. 우리가 보는 것은 각

---

* 미안하지만, 쿼크의 '맛깔' 역시 우리가 실제로 느낄 수 있는 맛이 아닙니다.

각 다른 기본 색을 가진 쿼크 3개가 합쳐져 무색의 양성자 또는 중성자를 이루는 조합뿐입니다.

이렇게 생각해봅시다. 수소 원자 하나에는 전자 하나와 양성자 하나가 들어 있습니다. 그러나 수소 원자의 질량은 이 두 입자의 질량의 합보다 대략 13.6전자볼트 정도 작습니다. 이는 전자와 양성자 모두 그 자체로 전기장으로 둘러싸여 있고 이 전기장이 에너지를 전달하기 때문입니다. 원자에서는 이러한 장이 (대부분) 서로 상쇄되어 에너지가 존재하지 않습니다. 결과적으로 전체 에너지(그리고 따라서 질량)가 조금 작아집니다. 13.6전자볼트는 수소에서의 전자의 **결합 에너지** binding energy입니다. 여러분이 수소 원자에서 전자와 양성자를 분리하려면 적어도 이 정도의 에너지를 투입해야 합니다.

이제 양성자 내부에 있는 쿼크가 아닌 개별 쿼크를 생각해봅시다. 개별 쿼크는 존재하지 않지만 있다고 상상해봅시다. 개별 쿼크는 전자기장이 광자를 생성하는 것과 같은 방식으로 글루온을 생성하는 장인 색역학 장에 둘러싸여 있을 것입니다. 그러나 전자기장은 거리의 역제곱으로 줄어드는 반면(쿨롱의 법칙), 색역학 장은 쿼크에서 멀어질수록 점점 더 커집니다. 따라서 글루온 장에는 무한한 양의 에너지가 존재해야 합니다. 그런데 3개의 쿼크가 무색 조합을 이루면 원자의 전기장이 그러하듯 글루온 장도 일정 거리를 넘어서는 경우 상쇄됩니다. 이 때문에 쿼크의 결합 에너지는 사실상 무한대이지만 3개 쿼크의 조합인 핵자는 유한한 에너지를 가지게 됩니다.

양성자와 중성자 외에도 다른 3개 쿼크의 무색 조합이 있습니다. 즉 서로 다른 쿼크 맛깔 또는 더 높은 에너지를 가진 세 쿼크 조합의 입자들이 그것입니다. 이러한 입자들을 통칭하여 **중입자**baryon라고 합니다. 현재까지 실험을 통해 밝혀진 바에 따르면, 모든 과정에서 전체 중입자 개수에서 전체 반중입자 개수를 뺀 값—알짜 **중입자 수**baryon number—은 보존됩니다. 여러분은 이것을 알짜 '쿼크 개수'의 보존으로 생각할 수 있지만, 중입자가 쿼크로 만들어졌다는 것을 알기 전에 우리는 중입자 수의 보존에 대해 알고 있었기 때문에 이런 명칭을 사용해왔습니다. 그러나 전 우주에 존재하는 전체 중입자 개수는 반중입자 개수보다 더 많습니다. 이 물질/반물질 비대칭성은 아직 기존의 물리학으로는 설명이 되지 않습니다. (경입자 개수에서 반경입자 개수를 뺀 **경입자 수**lepton number는 별도로 보존됩니다. 그러나 우주의 중성미자와 반중성미자의 전체 개수를 모르기 때문에 경입자가 반경입자보다 더 많은지 여부는 알 수 없습니다).

무색 조합을 만드는 방법이 한 가지 더 있습니다: 즉 쿼크 1개와 반쿼크 1개의 조합입니다. 반쿼크는 반빨강, 반파랑 또는 반녹색으로 파란색, 노란색, 자홍색으로 생각할 수 있습니다. 쿼크/반쿼크 조합을 **중간자**meson라고 부르며, 세 쿼크 조합의 중입자와는 대조됩니다. 여러분은 중간자가 일반적으로 매우 빠르게 붕괴할 것으로 예상할 수 있지만, 중간자는 어떤 종류의 쿼크로 만들어졌느냐에 따라 감지될 수 있을 만큼 오래 지속할 수도 있습니다.

이제 우리는 두 가지 질문에 답할 수 있는 위치에 있습니다. 양성자와 중성자가 구성원인 쿼크들보다 질량이 훨씬 더 큰 이유는 무엇이며, 작은 질량의 쿼크들이 어떻게 핵자의 콤프턴 파장 안에 들어살 수 있을까요? 해답은 핵자를 단순히 서로 공전운동을 하는 3개의 쿼크

입자로 생각하는 것이 매우 잘못된 생각이라는 사실로 귀결됩니다. 실제로 핵자는 쿼크와 글루온 장의 복잡한 양자 짜임새입니다. 정직하게 말해서 양성자는 중입자 수가 1인 가장 낮은 에너지 상태입니다. 핵자의 전체 질량은 쿼크 장보다 글루온 장에서 더 많이 나오며, 쿼크의 질량이 0이더라도 양성자와 중성자의 질량은 크게 다르지 않을 것입니다. 그리고 콤프턴 파장이 단일 입자 자체의 가장 작은 크기를 나타낸다고 하더라도 쿼크가 콤프턴 파장보다 작은 영역으로 압축될 수 있다는 것에 놀라지 말아야 합니다. 중입자 내부의 쿼크들은 그 자체로 존재하는 것이 **아니라** 다른 쿼크 장과 글루온 사이의 일정한 상호작용을 통해 특정 양자 상태에 머물게 됩니다.

여러분은 양성자 내부가 생겼다 없어졌다 하며 요동치는 글루온과 쿼크/반쿼크 쌍들이 존재하는 거친 장소라는 이야기를 때때로 들을 것입니다. 전문 물리학자들조차 그렇게 이야기합니다. 이제 우리는 양자장이론을 충분히 배웠기 때문에 더 잘 알고 있습니다. 이러한 묘사는 전자가 태양계의 작은 행성처럼 핵 주위를 돈다고 묘사하는 것만큼이나 오해의 소지가 있습니다. 양성자의 실재는 양자 파동함수입니다. 양성자 내부의 장의 파동함수는 쿼크와 글루온 장이 특정하게 고도로 얽혀 있는 조합입니다. "양성자에는 3개의 쿼크가 있다"고 이야기하는 것이 정확히 옳지는 않지만 그래도 용서할 수는 있습니다. 양성자의 중입자 수에 기여하는 3개의 쿼크—**원자가 쿼크**valence quark라고 알려져 있습니다—가 있지만 그 짜임새는 근본적으로 입자와 같지는 않습니다. 그리고 파인먼 도형의 가상 입자들처럼 다른 장들이 일어나는 일에 기여합니다.

핵자의 장 짜임새 역시 완전히 정적입니다. 파동함수는 시간에 따라 변하지 않습니다. 만약 우리가 어떻게든 핵자 내부의 쿼크나 글루온의 양자 상태를 측정할 수 있다면, 핵자는 특정 위치로 '붕괴'할 것이고, 측정을 반복하면 다른 위치로 붕괴되어 측정 위치가 '무작위적인 요동'을 한다는 인상을 줄 것입니다. 그러나 대부분의 경우 누구도 양성자 내부를 측정하고 있지 않기 때문에 요동하는 것은 전혀 없습니다. 이것은 중입자 수가 1인 표준모형에 대한 슈뢰딩거 방정식의 정적인 해입니다.

보어 반지름

이제 스케일을 한 단계 위로 올려 친근한 수소 원자의 가둠에 대해 살펴봅시다.

기본적인 수소 원자는 양성자와 전자로 구성되어 있습니다. 일상적인 단위에서 양성자와 전자는 다음과 같은 (환산) 콤프턴 파장을 갖습니다.

$$\lambda_p = 2.1 \times 10^{-14} \text{ cm}, \quad \lambda_e = 3.9 \times 10^{-11} \text{ cm} \qquad (7.11)$$

전자의 콤프턴 파장이 분명히 더 크기 때문에 원자 자체의 크기를 결정하는 것은 전자이며, 양성자는 중심에 국소화되어 있을 뿐입니다. 이것이 바로 화학과 생물학은 말할 것도 없고 원자물리학과 분자

물리학에서 전자가 모든 일을 담당하는 이유입니다.

이제 실제 수소 원자의 크기를 살펴봅시다. 우리는 명확한 경계를 가진 고체 물체가 아니라 부드러운 양자 파동함수에 관해 이야기하고 있기 때문에 이 크기는 완벽하게 정의된 수치는 아닙니다. 그러나 우리가 전자를 측정할 경우 전자가 양성자로부터 떨어져 있을 확률이 가장 큰 거리인 **보어 반지름**Bohr radius을 통해 대략적인 수치를 구할 수 있습니다. 보어 반지름은 다음과 같이 주어집니다.

$$a_0 = 5.3 \times 10^{-9} \text{ cm} \tag{7.12}$$

이는 전자의 콤프턴 파장과는 분명히 다르며, 100배 이상 큽니다. 무슨 일이 벌어지고 있는 것일까요?

콤프턴 파장은 단일 입자가 국소화될 수 있는 최소 크기이지만, 입자의 파동함수를 콤프턴 파장보다 더 먼 거리까지 퍼지게 할 수 있는 것이 분명합니다. 수소 원자의 경우, 전자를 묶어두는 양성자의 전기력을 고려해야 합니다. 우리는 이를 거리의 함수인 퍼텐셜에너지를 가지고 생각할 수 있습니다.

$$V(r) = -\frac{\alpha}{r} \tag{7.13}$$

여기서 $\alpha \approx 1/137$는 미세 구조 상수입니다. 전자기력의 세기를 말해 주는 것이 바로 미세 구조 상수입니다. 미세 구조 상수가 작긴 하지만 아주 작지 않다는 사실은 전기적 결합력이 약하지만 아주 약하지는 않다는 것을 가리킵니다.

그러고 나서 일어나는 일은 전자가 수소 원자 내에서 조금 퍼져 있게 된다는 것입니다. 왜냐하면 전자가 약하지만 아주 약하지는 않은 전자기 퍼텐셜에 의해 속박되어 있기 때문입니다. 이 값들을 대입하면 우리는 다음 식을 얻습니다.

$$a_0 = \frac{\lambda_e}{\alpha} \tag{7.14}$$

이 식은 스케일을 올바르게 다루었기 때문에 세상에서 가장 덜 놀라운 식이 되어야 합니다. 수소 원자에 있는 전자의 길이 스케일은 실제로 전자의 콤프턴 파장에 의해 '설정'되는데, 이는 길이 차원을 가진 전자와 관련된 매개변수이기 때문입니다. 그러나 전자의 콤프턴 파장은 전자기 상호작용의 세기를 특징짓는 무차원 매개변수 α에 의해 수정됩니다. 보어 반지름이 α에 반비례한다는 것은 당연합니다. 즉 우리가 $\alpha \to 0$을 취한다고 상상하고 전자기력을 약하게 만들면 전자는 양성자에 더 약하게 속박되어 결국 모든 공간으로 퍼져나갈 것이기 때문입니다. 반면 α를 더 크게 하면 전자는 양성자에 더 가깝게 끌릴 것입니다.

이것은 **스케일 논의** scaling argument의 간단한 예입니다. 즉 (전자의 콤프턴 파장과 같은) 기본 길이/시간/에너지 스케일로 시작하여 물리적 직관을 통해 이 스케일이 (미세 구조 상수와 같은) 다른 매개변수의 영향을 받는 방식을 파악하여 (보어 반지름과 같은) 관심을 가진 물리량을 추정하는 것입니다. 우리가 실제로 슈뢰딩거 방정식을 구체적으로 풀지 않고 스케일 논의와 차원 분석만으로 물리량을 알아낼 수 있었다는 점에 주목하십시오. 그렇기 때문에 물리학자들은 어려운 작업을 하기 전에 항상 이러한 종류의 논의를 먼저 생각하게 됩니다. (물리학자 존 휠러John Whiller가 충고한 것 같이 "답을 알기 전에는 절대로 계산을 하지 마십시오.")

여기서 조금 더 나아가면 수소 내 전자의 13.6전자볼트 결합 에너지의 기원도 이해할 수도 있습니다. 대략적인 고전적인 계산(여기서는 꽤 잘 들어맞습니다)에 따르면, 특정 거리에서 전자의 에너지는 식 (7.13)의 퍼텐셜에너지로 주어집니다. 그리고 전형적인 거리는 식 (7.14)의 보어 반지름입니다. 이 두 방정식을 결합하면 우리는 전자의 결합 에너지가 다음과 같아야 한다고 추측할 수 있습니다.

$$E_1 \approx \frac{\alpha^2}{\lambda_e} = \alpha^2 m_e = 27.2 \text{ eV} \quad (7.15)$$

오, 안타깝게도 우리는 잘못된 답을 얻었습니다! 걱정하지 마십시오. 자세히 보면 여러분은 정답의 두 배의 값을 얻었습니다. 그것은 실패가 아닙니다. 차원 분석과 약간의 손 흔들기hand-waving(말, 추론 또는 행동을 효과적인 것처럼 보이려고 시도하는 것—옮긴이)를 사용했다는 점을 고려하면 꽤 괜찮은 결과입니다. 이 기술은 정밀한 물리학을 수행하기에는 충분하지 않지만, 우리를 올바른 방향으로 나아갈 수 있게 하고 다른 물리량들이 서로 어떻게 의존하는지에 대한 직관을 제공합니다.

분자

양성자와 전자 사이의 질량비 $m_p/m_e \approx 1,800$은 설명이 필요한 계층 문제처럼 보일 수 있습니다. 그러나 이 질량비는 그렇게 큰 숫자가 아니며, 결국 어떤 입자는 가장 가벼운 입자여야 합니다. 마찬가지로 $\alpha = 1/137$는 작지만 엄청나게 작지는 않습니다. 어쩌면 그게 세상 이치일지도 모릅니다.

그러나 이 숫자를 알고 나면 소립자에서 일상 세계로 이어지는 일련의 에너지 스케일을 이해할 수 있습니다. 수소 내 전자의 결합 에너지는 대략 10^1전자볼트 정도로, 전자 질량보다 α^2배 작습니다. 더 무거운 원자에서 바깥쪽 전자는 일반적으로 핵에서 더 멀리 떨어져 있으므로 결합 에너지는 더 작습니다. 따라서 전형적인 값은 1에서 10전자볼트 사이입니다. 비슷한 이유로 이 값은 분자 내에서 원자들이 서로 결합(또는 해리)하는 에너지를 특징짓는 스케일이기도 합니다. 말하자면 화학 반응의 에너지입니다. 화학은 원자가 서로 전자를 공유하는 (또는 공유하지 않는) 데서 발생하며, 이 모든 것은 궁극적으로 전자의 질량과 미세 구조 상수의 적절한 거듭제곱으로 귀결됩니다.

분자 자체와 관련된 에너지도 있습니다. 분자는 그 안에 있는 2개의 원자핵이 함께 움직이거나 원자핵이 떨어져 있을 때는 진동할 수 있습니다. 설명만 봐도 여러분은 이런 운동에 대한 에너지 준위들이 있다는 것을 알고 놀라지 않을 것이며, 이런 운동은 우리 친구인 단조화 진동자로 잘 근사가 됩니다. 분자 진동의 전형적인 에너지 스케일은 10^{-2}전자볼트 정도입니다. 분자의 전체 모양이 뒤틀리거나 왜곡되는 더 복잡한 분자 운동도 있습니다. 이런 운동은 다소 온화하며 통상적으로 10^{-3} 전자볼트 정도의 에너지를 가집니다.

그리고 우리가 유기화학에서 볼 수 있는 복잡한 분자들의 운동과 관련된 에너지를 생각해봅시다. 분자가 진동하는 방법이 많다는 것은 분자의 가장 낮은 에너지가 단순한 분자의 통상적인 회전 운동에 의한 에너지보다 훨씬 더 낮을 가능성이 높다는 것을 의미합니다. 길이가 길고 복잡한 분자는 상대적으로 긴 파장과 긴 시간 스케일의 진동을 할 수 있으며 이런 진동에 의한 에너지는 작은 에너지에 해당합니다. 이런 식으로 화학은 입자물리학에서 흔히 다루는 에너지보다 훨씬 낮은 에너지 스케일을 가진 풍부한 계층을 구축합니다. 어떻게 일상 세계의 복잡성이 몇 가지 간단한 기본 구성원들로부터 만들어지는지 놀라움을 금치 못하게 됩니다.

CHAPTER 8

대칭성

대칭성은 고전역학, 특히 상대성이론에서 유용하며, 상대성이론에서 로런츠 변환을 할 때 물리법칙의 형태가 변하지 않는다는 사실은 대칭성이 작용한다는 강력한 예입니다. 그러나 대칭성이 '정말로 유용한' 개념에서 '절대 필수적인' 개념으로 격상된 것은 양자장이론에서입니다. 어떤 의미에서 자연의 힘은 '게이지 불변성'이라고 알려진 기본 장의 특별한 대칭성에서 직접적으로 발생합니다.

✴ ✴ ✴

《공간, 시간, 운동》의 첫 번째 장에서 '보존'이라는 개념을 다루었습니다. 우리가 언급한 것 중 하나는 뇌터의 정리Noether's theorem였습니다. 이 정리에 따르면 계의 모든 연속 대칭 변환은 보존량과 연관되어 있습니다. 그리고 대칭성이란 계의 본질적인 특징을 고정한 채 할 수 있는 변환이라고 이야기했습니다.

모두 사실입니다. 그리고 대칭성은 고전역학, 특히 상대성이론에서 유용하며, 상대성이론에서 로런츠 변환Lorentz transformation을 할 때 물리법칙의 형태가 변하지 않는다는 사실은 대칭성이 작용한다는 강력한 예입니다. 그러나 대칭성이 '정말로 유용한' 개념에서 '절대 필수적인' 개념으로 격상된 것은 양자장이론에서입니다. 어떤 의미에서 자연의 힘은 '게이지 불변성'이라고 알려진 기본 장의 특별한 대칭성에서 직접적으로 발생합니다. 여기서는 한 장 전체를 할애하여 이것을 설명할 것이지만, 먼저 대칭성에 대한 일반적인 개념을 이해할 필요가 있습니다.

그리고 그것은 우리가 대칭성을 분류하고 이용하기 위한 수학적 틀인 **군이론**group theory에 대해 생각해야 한다는 것을 의미합니다. 관련된 개념은 매우 간단하지만—미적분학이나 비유클리드 기하학, 또는 양자역학에 비하면 분명히 간단합니다—언어와 표기법이 추상적이고 낯설게 느껴질 수 있으므로 개념들을 천천히 살펴보는 것이 좋습니다. 이해를 돕기 위해 이 장에서 살펴볼 내용을 간략하게 정리해 보겠습니다.

- 대칭성은 우리가 사물—기하학적 도형이나 양자장의 집합—에 적용할 수 있는, 사물의 본질을 변하지 않은 채로 놓아두는 변환입니다.
- 삼각형이나 사각형과 같은 도형을 회전하거나 뒤집는 것을 대칭성의 간단한 예로 들 수 있습니다. 우리가 할 수 있는 변환의 불연속적인 집합이 존재하기 때문에 이러한 대칭성을 '불연속' 대칭성이라고 부릅니다.
- 대칭성의 집합을 수학적으로 '군'이라고 부릅니다. 일반적으로 군의 성질을 생각함으로써 물리학에서 대칭성이 어떻게 작용하는지에 대한 강력한 통찰을 얻을 수 있습니다.
- 대칭성에는 연속 대칭성뿐만 아니라 특정 차원에서의 회전의 집합과 같은 불연속 대칭성도 존재합니다. n-차원 공간에서의 회전을 직교군 $SO(n)$이라고 부릅니다.
- n개의 복잡한 차원으로 이루어진 공간도 있는데, 이 공간은 하전 입자를 설명할 때 유용합니다. 그리고 회전은 유니테리군unitary group $SU(n)$으로 설명됩니다. 유니테리군과 관련된 많은 수학적 세부 사항

이 있지만, 기본적인 아이디어는 단지 '복소수로 이루어진 벡터의 회전'이라는 것입니다.

입자물리학의 표준모형이 때로 "SU(3)×SU(2)×U(1)"으로 알려진 이유는 그것이 (우리가 아는 한) 현실 세계에서 나타나는 특정한 게이지 대칭성의 집합에 대한 표식이기 때문입니다. 이것이 무엇을 의미하는지 알아보도록 합시다.

불변성

인간은 세상을 인간의 관점에서 바라보는 경향이 있습니다. 예를 들어 대칭성에 대한 우리의 생각은 우리가 다른 사람을 바라보는 방식의 영향을 받습니다. 일부 인류학적 증거에 따르면, 우리는 일반적으로 대칭적인 얼굴을 더 매력적이라고 생각하는 경향이 있습니다. 이 경우 관련된 대칭성은 좌우bilateral 대칭성입니다. 즉 얼굴 가운데를 지나는 수직선을 중심으로 얼굴을 비춰본다고 상상하고 양쪽이 서로 거울 이미지에 더 가까우면 얼굴이 대칭이라고 판단합니다. (가운데 그어진 수평선을 기준으로 대칭인 얼굴은 흉측하게 보일 것입니다.) 또는 보통 대칭성을 사람이나 사물의 전체적인 균형이나 비율을 나타내는 것으로 생각하기도 합니다.

그러나 좌우 대칭성은 훨씬 더 일반적인 개념의 한 예일 뿐입니다. 물리학이나 수학에서 우리는 종종 물체의 **변환**transformation—물체를 본질적으로 또는 다른 세계와의 관계에서 어떤 방식으로 변화시키는 과정(수학적으로는 맵 또는 함수) ― 이라는 개념을 고려합니다. 물체를 집어 이동하는 것도 변환이지만, 물체의 공간적 짜임새를 왜곡하거나 어떤 평면에 대해 물체를 반사하는 것도 변환입니다. 우리는 어떤 특정한 변환을 수행했을 때 그 성질들이 어떻게 될지 알기 위해 물리적으로 변환을 수행할 필요는 없습니다.

변환을 해도 어떤 속성이 변하지 않는 경우, 우리는 그 성질이 변환에 대해 **불변**invariant이라고 말합니다. 그리고 이러한 불변성이 있을 때 해당 변환은 공식적으로 **대칭** 변환입니다. 우리는 궁극적으로 양자장을 다른 장으로 변환하여 얻은 대칭성에 관심을 가지게 될 것입니다. 예를 들어, 강한 상호작용은 세 가지 쿼크 색을 서로 회전시키는 SU(3) 대칭성을 기반으로 합니다. 그러나 기하학적 도형의 대칭성을 고려하면 더 구체적으로 대칭성을 공부할 수 있습니다.

다음의 2차원 도형들 ― 무정형 폐곡선, 정삼각형, 정사각형 및 원 ― 을 살펴봅시다.

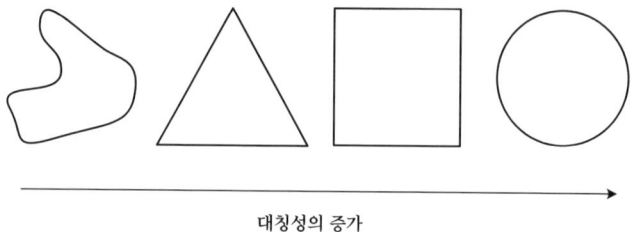

대칭성의 증가

도형은 대칭성이 증가하는 순서대로 배치되었습니다. 무정형 폐곡선의 대칭성이 가장 낮고 정삼각형, 정사각형, 원이 그 뒤를 따릅니다.

무정형 폐곡선의 경우 대칭성이 별로 없기 때문에 이 말의 의미를 완벽하게 이해할 수 있습니다. 마찬가지로 원이 가장 대칭적이라는 것은 아주 분명해 보입니다. 완벽한 원보다 더 대칭적이 되기는 어렵습니다.

정삼각형과 정사각형의 경우에는 상황이 덜 명확합니다. 둘 다 꽤 대칭적으로 보이기도 하고, 어쩌면 똑같은 대칭성을 가진 것처럼 보이기도 합니다. 그러나 엄밀히 말하면 정사각형이 정삼각형보다 더 많은 대칭성을 가지고 있습니다. 이를 확인하려면 대칭성을 수학적으로 어떻게 분류하는지 좀 더 정확하게 파악해야 합니다.

정삼각형 대칭성

정삼각형을 좀 더 자세히 살펴봅시다. 정삼각형이 얼마나 많은 대칭성을 가지고 있는지, 또 특정 상황에서 '대칭성이 얼마나 많은지'를 묻는다는 것은 무엇을 의미할까요?

대칭성은 물체를 불변으로 만드는 변환입니다. 따라서 우리가 고려하는 '대상'이 무엇인지, 어떤 종류의 변환에 관심이 있는지 매우 신중해야 합니다. 정삼각형의 경우, 모서리에 표식을 붙여 우리가 무엇을 하고 있는지 알 수 있도록 해봅시다. 즉 위쪽 모서리가 A이고, 시계 방향으로 이동하여 오른쪽 아래 모서리가 B, 왼쪽 아래 모서리가 C라고 합시다. '정삼각형'은 표식이 아닌 순수한 기하학적 도형 그 자체이며, 표식은 우리가 정삼각형을 어떻게 변환하고 있는지를 추적하는 데 도움이 될 뿐입니다.

정삼각형을 시계 방향으로 120도 회전(전체 회전의 3분의 1)하면 모서리 A는 B가 있던 위치로 이동하고, B는 C가 있던 위치로 이동하며, C는 A가 있던 위치로 이동합니다. 그 결과 모양은 처음에 출발했던 모양과 동일합니다. 따라서 R_+로 표시한 120도 시계 방향 **회전**은 변환이며, 이 변환은 실제로 대칭 변환입니다. (우리는 '시계 방향'을 + 기호를 사용해 표시합니다.) 시계 방향으로 90도 회전하는 것도 정삼각형에서 할 수 있는 변환 N_+이지만, 이 변환을 수행하면 정삼각형이 원래 모양과 다르기 때문에 이 변환은 분명히 대칭 변환이 아닙니다.

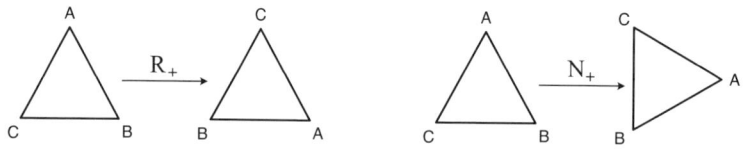

이제 우리는 정삼각형이 가진 **모든** 대칭성은 무엇인지 물을 수 있습니다. 분명히 우리는 시계 방향으로 120도 회전할 수 있습니다. 시계 방향으로 240도(전체 회전의 2/3) 회전할 수 있다는 것도 놀라운 일은 아닙니다. 또는 360도(전체 회전) 회전할 수도 있습니다. 또는 120도의 다른 정수 배로도 회전할 수 있습니다. 또한 다른 방향(반시계 방향)으로 120도 회전할 수도 있는데, 이 변환을 R_-이라고 부릅시다. 그리고 우리는 또한 반시계 방향으로 120도의 어떤 정수배로도 회전할 수 있습니다. 이러한 모든 변환은 원래 모양을 변하지 않게 하기 때문에 대칭 변환입니다.

전혀 회전과 무관한 정삼각형의 대칭성도 존재합니다. 위쪽 모서리에서 그린 정삼각형을 이등분하는 수직선을 중심으로 하는 반사를 생각해봅시다. F_1이라는 표식을 붙이는 이 **뒤집기**flip는 위쪽 모서리는 그대로 두고 아래쪽 두 모서리를 바꾸는 효과를 가져옵니다. (이것을 '반사 reflection'라고도 부를 수 있지만, 문자 R이 이미 회전 대칭성을 위해 예약되어 있어 뒤집기로 부릅니다.) 마찬가지로 오른쪽 아래 모서리에서 출발한 이등분선을 중심으로 뒤집는 F_2와 왼쪽 아래 모서리에서 출발한 이등분선을 중심으로 뒤집는 F_3도 생각해 볼 수 있습니다.

모서리 중 2개만 교환하는 뒤집기 변환 중 어느 것이든 정삼각형의 **패리티**parity 또는 '나선성handedness'를 변하게 합니다. A에서 시계 방향으로 이동하면 원래는 B에 도달한 다음 C에 도달하게 되며, 이 사실은 회전을 해도 변하지 않습니다. 그러나 뒤집기 변환 중 어느 하나를 수행할 경우, A에서 시계 방향으로 이동하면 C로 이동한 다음 B로 이동하게 됩니다. 이렇게 하면 어떤 회전 조합도 뒤집기와 동일하지 않다는 것을 알 수 있습니다. (어쨌든 2차원에 국한할 경우) 위쪽 중앙의 원래 정삼각형에서 시작하여 우리가 이야기했던 모든 변환이 그림에

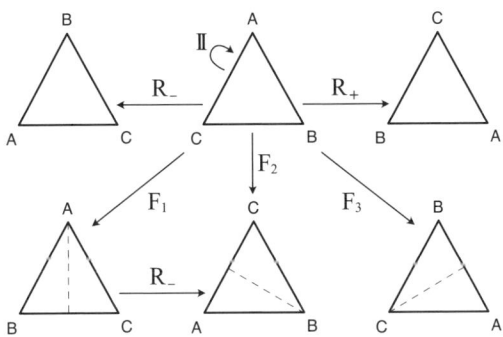

표시되어 있습니다.

여러분은 분명 이러한 변환이 서로 독립적이지 않다는 것을 눈치챘을 것입니다. 즉 하나의 변환이 다른 변환들의 조합과 동일할 수 있습니다. 예를 들어, R_+ 변환을 두 번(즉 시계 방향으로 240도 회전) 하는 것은 R_- 변환(반시계 방향으로 120도 회전)을 한 번 하는 것과 같습니다. 두 경우 모두 우리는 왼쪽 아래 모서리가 A, 위 모서리가 B, 오른쪽 아래 모서리가 C인 정삼각형을 얻게 됩니다. 정삼각형은 어느 방향으로 움직였는지 기억하거나 신경 쓰지 않습니다. 중요한 것은 변환한 후 도형의 최종 짜임새입니다. 따라서 어느 방향으로든 360도 회전하는 것은 아무것도 하지 않는 것과 같습니다. 우리는, 사소한— '아무것도 하지 않는'—변환 또는 **동일성 변환**identity transformation 또는 간단히 II라고 부르는 변환일지라도, 가능한 모든 대칭 변환을 추적해야 합니다. 그림에서 볼 수 있듯이 F_1 뒤집기를 한 다음 R_- 회전을 하는 것은 F_2 뒤집기를 하는 것과 같습니다.

대칭군

대칭 변환의 다른 조합들을 시도하면 어떤 결과가 나오는지 확인할 수 있습니다. 더 좋은 점은 우리가 어떤 대칭성도 놓치지 않았다고 스스로 확신할 수 있다는 것입니다. 정삼각형을 정확히 동일한 정사각형처럼 보이게 하는, 여러분이 이 정삼각형에 할 수 있는 모든 변환은 회전, 뒤집기 또는 동일성 변환(원래 정삼각형을 변화시키지 않는 것) 중 하나로 생각할 수 있습니다. 이 완전한 집합을 **대칭군**group of symmetries이라고 합니다. 정삼각형의 경우 이 대칭군은 '3도의 이면군 dihedral group of degree 3'으로 알려져 있는데, 이는 회전과 뒤집기 집단보다 훨씬 더 위협적으로 들립니다. 정삼각형의 대칭군은 D_3으로 적으며, 다음 여섯 가지 원소로 구성되어 있습니다.

$$D_3 = \{\mathbb{I}, R_+, R_-, F_1, F_2, F_3\} \qquad (8.1)$$

그냥 '정삼각형군'이라고 불러도 무방합니다.

이것을 '3도'의 이면군이라고 부르는 이유는 이 군의 작용에 따라 서로 교환되는 3개의 모서리를 가진 삼각형에서 유래했습니다. 정사각형의 대칭군은 D_4, 정팔각형의 대칭군은 D_8이라고 부릅니다. 모서리가 n개인 정다각형의 경우 대칭군 D_n은 n개의 회전(동일성 변환 포함)과 n개의 뒤집기, 도합 $2n$개의 원소를 가집니다. 이것이 정사각형($n = 4$)이 삼각형보다 더 많은 대칭성을 가지고 있다고 말하는 이유입니다. 즉 정삼각형은 단지 6개의 원소를 가진 데 비해, 정사각형은 8개의 원소를 가지고 있습니다. 여러분은 정사각형을 불변하게 하는 회전과 뒤집기를 시도하면서 이 원소들을 찾아낼 수 있습니다. (한쪽 모서리에서 반대쪽 모서리로 그은 직선 주위의 뒤집기와 한 변의 중앙에서 반대편 변의 중앙으로 그은 직선 주위의 뒤집기도 있습니다.)

정삼각형은 매우 단순한 도형입니다. 우리가 정삼각형을 뒤집거나 회전할 때 여러분은 머릿속에서 무슨 일이 벌어지는지 시각화할 수 있습니다. 말할 필요도 없이, 시각화가 불가능한 더 복잡하고 미묘한 대칭성이 있을 수 있습니다. 물리학이나 수학에서 복잡한 개념을 처음 접할 때 사람들은 흔히 "저걸 어떻게 시각화할 수 있나요?"라고 묻습니다. 짧게 대답하자면, "시각화할 수 없습니다." 더 길게 대답하면, "여러분은 우리가 말하는 것을 단순화한 낮은 차원의 유사체로 시각화할 수 있지만, 여러분이 염두에 두어야 할 것은 직접 시각화하는 것이 아니라 궁극적으로는 수학적 구조를 구성하고 방정식이 의미하는 바를 파악하려고 노력해야 합니다." (조금 더 일반적으로 양자역학이나 장이론의 경우에도 같은 이야기를 할 수 있습니다.) 좋은 소식은 여러분이 수학을 올바르게 사용한다면 수학이 꽤 신뢰할 만하다는 것입니다.

예를 들어 F_1 뒤집기에 이어 R_- 회전은 F_2 뒤집기를 하는 것과 동일하다는 것을 알려주기 위해 대칭성을 함께 결합하는 표기법이 있으면 좋을 것입니다. 여기 그런 사실을 적을 방법이 있습니다.

$$R_- \cdot F = F_2 \qquad (8.2)$$

여기서 몇 가지 일이 벌어지고 있습니다. 왼쪽 변은 우리가 R_-에 F_1을 곱하는 것처럼 보이며 실제로 수학자들도 때때로 그렇게 이야기합니다. 그러나 그것은 우리가 숫자를 곱할 때 염두에 두고 있는 일반적인 생각과는 정확히 같지 않습니다. '$R_- \cdot F_1$'은 '먼저 뒤집기 F_1을 한 다음 회전 R_-를 한다'는 뜻입니다. 이 표현은 오른쪽에서 왼쪽으로 거꾸로 읽습니다. 그러나 우리는 마음속으로 정삼각형에 어떤 변환들이 작용하는지 생각해야 합니다. 변환을 함수로 생각한다면 여러분은 식 (8.2)가 $R_-(F_1(\Delta)) = F_2(\Delta)$를 표현하는 것으로 이해할 수 있으며, 여기서 △는 변환 대상인 정삼각형을 나타냅니다.

가장 중요한 것은 이들 변환이 **교환**commute 법칙을 따르지 않는다는 것입니다. 이것은 우리가 변환을 적는 순서가 중요하다는 것을 의미합니다. 그림을 보면서 이 변환을 반대 순서로 하면, 즉 R_- 뒤에 F_1 순으로 수행하면 위쪽 모서리가 B, 오른쪽 아래 모서리가 A, 왼쪽 아래 모서리가 C인 정삼각형이 된다는 것을 알 수 있습니다. 이것은 원래 정삼각형에 F_2가 아닌 F_3을 수행한 것과 같습니다. 따라서 우리는 $F_1 \cdot R_- = F_3$으로 적어야 합니다. 모든 군의 원소를 다양한 방식으로 결합하면 우리는 군의 전체 구조를 요약해 보여주는 '곱셈표'(일반적인 곱셈표가 아닙니다)를 만들 수 있습니다.

여기에 D_3에 대한 군 곱셈표를 명시적으로 적었습니다. 군 연산에서 열을 나타내는 원소는 오른쪽에 적고(따라서 먼저 작용하고) 행을 나타내는 원소는 왼쪽에 적는 것이 규칙입니다. F_1열과 R_-행을 보면 예상대로 $R_- \cdot F_1 = F_2$를 얻습니다.

엘리트 수학자들은 군을 '사물에 대한 대칭 변환들의 집합'으로 생

D_3	$\mathbb{I}$	R_+	R_-	F_1	F_2	F_3
$\mathbb{I}$	$\mathbb{I}$	R_+	R_-	F_1	F_2	F_3
R_+	R_+	R_-	$\mathbb{I}$	F_3	F_1	F_2
R_-	R_-	$\mathbb{I}$	R_+	F_2	F_3	F_1
F_1	F_1	F_2	F_3	$\mathbb{I}$	R_+	R_-
F_2	F_2	F_3	F_1	R_-	$\mathbb{I}$	R_+
F_3	F_3	F_1	F_2	R_+	R_-	$\mathbb{I}$

각하지 않고 '집합의 다른 원소를 얻기 위해 지정된 순서로 함께 결합할 수 있는 사물들의 집합'으로 생각하는 경향이 있습니다. 이러한 집합이 군으로 인정받기 위해서는 몇 가지 제한 사항, 또는 **군 공리** group axiom — 한 고유 원소는 동일성 변환이어야 하고 모든 원소는 역 inverse 원소를 가져야 한다—를 지켜야 합니다. '동일성 원소 $\mathbb{I}$가 존재한다'는 말은 주어진 군 원소 g에 대해 $\mathbb{I}$를 오른쪽 또는 왼쪽에서 작용해도 해당 원소가 변하지 않는다는 의미입니다.

$$g \cdot \mathbb{I} = \mathbb{I} \cdot g = g \qquad (8.3)$$

그리고 '모든 원소가 역 원소를 가진다'는 의미는 g가 주어져 있을 때 g를 어느 쪽에서 곱하더라도 동일성 원소가 되는 원소 g^{-1}이 존재한다는 것입니다.

$$g \cdot g^{-1} = g^{-1} \cdot g = \mathbb{I} \qquad (8.4)$$

즉 모든 군에는 항상 물체를 변경하지 않는 변환이 있으며, 군에 속한 모든 변환은 다른 변환을 통해 변환을 되돌릴 수 있습니다.* 한 원소의 역원소는 원소 자신일 수 있습니다. 예를 들어, 정삼각형 군의 뒤집기의 경우 그 자체가 역원소입니다.

---

* 엄밀히 말하면 두 가지 군 공리가 더 있습니다. 첫째는 닫힘성closure입니다. 즉 2개의 군 원소들을 결합하면 또 다른 군 원소가 됩니다. 그리고 둘째는 결합성associativity입니다. 즉 3개의 군 원소 a,b,c에 대해 $(a \cdot b) \cdot c = a \cdot (b \cdot c)$가 성립합니다.

군이론

수학자의 눈에 군은 특별한 종류의 구조를 가진 집합입니다. 즉 기본적으로 동일성 원소와 역 원소를 가진 '곱셈 규칙'을 의미합니다. 대칭 변환들의 집합에는 실제로 항상 동일성 원소(아무것도 하지 않는 것)와 모든 변환에 대한 역 변환(원래 수행한 작업을 취소)이 존재하기 때문에 이 개념은 대칭 연구에서 특별한 역할을 담당합니다.

군이론을 처음 배울 때 장애가 되는 것 가운데 하나는 '곱하는 것'과 '역 원소를 가지는 것'이라는 개념이 보통 숫자를 다루는 방식과 유사하지만 무시할 수 없는 중요한 차이점이 있다는 것입니다. 실수 집합에 대해 일반적인 곱셈 규칙에 따라 $2 \times 3 = 6$과 같은 곱셈을 해 본다고 합시다. 실수 곱셈의 경우 모든 원소가 역 원소를 가져야 한다는 조건이 충족되지 않기 때문에, 즉 0은 역 원소를 가지고 있지 않기 때문에 이것이 군이 아니라는 것을 우리는 즉시 알 수 있습니다: 동일성 원소, 즉 1은 있지만 그것만으로는 충분하지 않습니다. 군이 되려면 예외 없이 모든 군 공리를 만족해야 합니다.

군일 가능성이 있다고 생각할 때는 군의 원소뿐만 아니라 염두에 두고 있는 특정 이항 '곱셈' 연산을 지정하는 것이 중요합니다. 일반적인 실수 곱셈은 군이 아닙니다. 하지만 $2 + 3 = 5$ 등의 **실수 덧셈**을 생각해봅시다. 실수 덧셈은 $\mathbb{R}$이라고 부르는 군으로, 우리는 때로 게을러서 '실수' 또는 단순히 '진짜 수 the reals'라고 부르기도 합니다. 실수 덧셈 군에서 x의 역 원소는 $-x$이고, 동일성 원소는 0입니다. 지금까지 여러분은 군의 '곱셈 규칙'을 실수의 덧셈 규칙으로 생각하며 자랐습니다. 이제 여러분은 군에 익숙해져야 합니다.

군이론에 관한 한, 우리는 이제 막 걸음을 떼기 시작한 셈입니다. 군을 정의하기 위해 우리가 정한 공리가 주어지면, 우리는 군의 작동 방식과 서로 다른 군이 어떻게 관련되는지에 대한 모든 종류의 질문을 할 수 있습니다. 예를 들어, 두 군의 정의가 서로 다른 것처럼 보이더라도 실제로 '동일한' 군이라면, 두 군이 서로 **같은 꼴** isomorphic 이라고 부를 수 있습니다. 두 군이 같은 꼴이라는 것은 두 집합의 원소 간에 일대일 대응 관계가 존재하며, 이 대응 관계에 의해 곱셈 규칙이 보존되는 성질을 가지고 있다는 것입니다. 즉, 한 군에서 원소들을 곱한 결과를 다른 군으로 매핑하면, 한 군에서 다른 군으로 원소를 매핑한 다음 거기에서 원소들을 곱한 결과와 동일한 결과를 얻습니다. 두 군 G와 H가 같은 꼴이라면 우리는 이를 $G \simeq H$로 표기합니다.

그리고 **부분군** subgroup 이라는 중요한 개념이 있습니다. 즉 부분군은 동일한 곱셈 규칙에 따라 그 자체로 군을 형성하는 군 원소들의 부분집합입니다. 실제로 이것은 닫힘성을 확인하는 것과 같습니다. 부분군에서 어떤 두 원소를 결합해도 결과가 더 큰 군으로 나가지 않고 여전히 부분군의 원소가 됩니다. 정삼각형 군에서 회전 집합 $\{\mathbb{I}, R_+, R_-\}$은 부분군입니다. 임의의 두 회전 변환의 조합은 여전히 회전 변환입니다. 그러나 $\{\mathbb{I}, R_+\}$의 경우 $R_+ \cdot R_+ = R_-$가 원소 목록에 들어 있지 않기 때문에 $\{\mathbb{I}, R_+\}$은 부분군이 아닙니다.

정수

$\mathbb{Z}$로 표시하는 **정수**integer는 명백한 실수 $\mathbb{R}$의 부분군입니다. 원소는 무한 집합 $\{\cdots -2, -1, 0, 1, 2, 3, \cdots\}$을 이루며, 덧셈은 다시 한번 적절한 이항 연산입니다. (따라서 실제로 우리는 이 군을 '정수 덧셈'이라고 불러야 하며 여러분은 군의 조건을 만족하는지 확인해야 합니다). 덧셈을 통해 원소들을 결합하는 실수나 정수 또는 다른 군의 경우, 통상적으로 이항 연산을 나타낼 때 가운뎃점·기호가 아닌 일반적인 + 기호를 사용합니다. 정삼각형 군을 논의할 때 군의 원소를 물체의 변환으로 생각하며 시작했음에 주목합시다. 이제 실수나 정수에서 우리는 군 원소를 물체 그 자체, 즉 친숙한 숫자로 생각합니다. 그래도 괜찮습니다. 군이론에 관한 한, 그것은 모두 우리가 이항 연산을 정의하는 어떤 집합의 원소일 뿐입니다.

생각해볼 질문이 하나 있습니다. 둘 다 원소의 개수가 무한대인 $\mathbb{Z}$와 $\mathbb{R}$은 서로 같은 꼴일까요? (힌트: 아니요, 그렇지 않습니다. 모든 무한대가 동일한 것은 아닙니다.)

부분군을 생각할 때 군이 특정한 이항 연산을 하는 원소들의 집합이라는 점을 기억하는 것이 중요합니다. 부분 **집합**을 가지고 있다는 것이 부분**군**을 가지고 있다는 것을 의미하지는 않습니다. 이 부분 집합이 군 연산에서 닫혀 있는지 확인해야 합니다. 예를 들어 전체 숫자—0 및 그 이상의 모든 정수—가 정수의 부분군에 적합한 후보라고 생각할 수 있지만, 그렇지 않습니다. 0은 덧셈에서 동일성 원소로 기능할 수 있지만, 음의 정수 전체가 존재하지 않기 때문에 역 원소가 존재하지 않습니다. 따라서 전체 숫자는 전혀 하나의 군이 아니고 부분군은 더더욱 아닙니다.

정수 모듈로integers modulo n, 줄여서 $\mathbb{Z}_n$이라고 부르는 유한한 크기의 군이 있습니다. 이 군은 n개의 원소 $\{0, 1, 2, \cdots n-1\}$을 가집니다. 군의 연산은 이전과 마찬가지로 덧셈이지만, 이제는 '모듈로 n' 또는 간단히 'mod n'의 덧셈입니다. 모듈로 6이란 p와 q가 $\mathbb{Z}_6$에 속할 경우 덧셈 $p+q$의 답이 6 또는 그 이상이면 답에서 6을 뺀다는 것을 의미합니다. 따라서 mod n의 덧셈 결과는 항상 0과 $n-1$ 사이가 됩니다. 이는 정수 전체에 대한 일반적인 덧셈 연산과는 미묘하게 다르므로 $\mathbb{Z}_n$은 $\mathbb{Z}$의 부분군이 아닙니다. $\mathbb{Z}_n$의 원소들은 원주상의 불연속인 점들로 생각할 수 있으며 이것은 우리가 $n-1$까지 수를 셌다가 다시 시작하기 위해 0으로 되돌아가는 것과 같습니다.

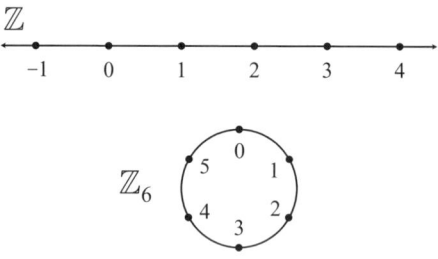

정수 모듈로 6인 $\mathbb{Z}_6$에 대해 생각해봅시다. 이것은 6개의 원소 $\{0, 1, 2, 3, 4, 5\}$를 가집니다. 이것은 정삼각형 대칭군 D_3과 원소 개수가 같습니다. $\mathbb{Z}_6$이 D_3과 같은 꼴인지 궁금해하는 것은 당연하지만 그렇지 않습니다. 곱셈표가 다르므로 같은 군이 아닙니다. 정삼각형 군의 변환이 교환 법칙을 따르지 않는다는 점을 기억하면 이 사실을 쉽게 알 수 있습니다. 예를 들어, 우리는 $R_- \cdot F_1 \neq F_1 \cdot R_-$에 주목했습니다. 그러나 전체 정수 $\mathbb{Z}$ 또는 $\mathbb{Z}_6$과 같은 군에서는 확실히 교환 법칙이 성립합니다. 즉 모든 p와 q에 대해 $p+q=q+p$이므로 $\mathbb{Z}_6$군 연산이 D_3에서와 같은 방식으로 작동할 수 없습니다.

연산이 항상 교환되는 군, 즉 모든 원소 a와 b에 대해 $a \cdot b = b \cdot a$인 군을 노르웨이 수학자 닐스 헨리크 아벨Niels Henrik Abel의 이름을 따서 **아벨 군**abelian group이라고 부릅니다. 때때로 연산이 교환되지 않는 군을 당연히 **비아벨 군**non-abelian group이라고 부릅니다. $\mathbb{R}$와 $\mathbb{Z}$와 $\mathbb{Z}_n$은 모두 아벨 군인 반면, D_3은 비아벨 군입니다. 물리학에는 두 종류의 군의 중요한 예가 있지만, 비아벨 군이 분명히 더 복잡하고, 따라서 더 재미있습니다.

다음과 같은 아이디어를 내면화하는 것이 중요합니다. (1) 군이란 원소들의 집합과 그 집합에 정의된 이항 연산에 의해 정의되며, (2) 서로 달라 보이는 두 군이 같은 꼴이라면 두 군은 실제로는 '동일'합니다. 정수 모듈로 2인 $\mathbb{Z}_2$를 생각해봅시다. 앞서 정의했듯이 $\mathbb{Z}_2$의 원소는 {0, 1}이고, 연산은 덧셈 모듈로 2이며 0은 동일성 원소입니다. 그러나 우리는 원소가 {+1, −1}이고 연산이 곱셈으로 주어지는, 따라서 동일성 원소가 +1인 '차수 2의 곱셈 군'이라는 것도 고려할 수 있습니다. 이 군이 $\mathbb{Z}_2$군과 같은 꼴이며, 대부분 물리학자는 (까다로운 수학자들이 실망할 정도로) 이 군을 그냥 '$\mathbb{Z}_2$'라고 부릅니다. 이런 같은 꼴 군을 염두에 두고 있다면 '$1+1=0$'과 '$-1 \times (-1) = +1$'은 모두 참이며 실제로 동일한 아이디어를 표현한다고 말하는 것이 합리적입니다.

전자는 군을 단지 덧셈 모듈로 2의 언어로 표현한 것이고 후자는 군을 곱셈의 언어로 표현한 것일 뿐입니다.

우리는 종종 무언가의 거울 이미지를 취하거나 입자를 반입자와 교환하는 것 같은 일들을 취소하는 변환을 하기 때문에 $\mathbb{Z}_2$는 물리적 상황에서 늘 나타납니다. 예를 들어 정삼각형 군은 동일성 변환과 {$\mathbb{I}$, F_1}과 같은 뒤집기 변환 중 하나로 구성된 부분군을 가집니다. 이러한 모든 부분군은 $\mathbb{Z}_2$와 같은 꼴이며, 물리학자 대부분은 이를 $\mathbb{Z}_2$ 또는 '$\mathbb{Z}_2$의 부분군'이라고 부르곤 합니다. ($\mathbb{Z}_2$가 정수의 부분군은 아니지만, D_3의 부분군입니다. 왜냐하면 후자의 경우 제곱을 할 때 동일성을 주는 원소가 있기 때문입니다.)

원 대칭성

우리는 정삼각형의 모든 대칭 변환을 완전히 분류하여 6-원소 군 D_3으로 요약하는 작업을 잘 수행했습니다. 정사각형의 8-원소 대칭군 D_4에 대해서도 비슷한 분석을 하는 것은 그리 어렵지 않습니다. 원의 경우는 어떨까요?

원을 보면 원이라는 것을 우리는 쉽게 알 수 있지만 이제 좀 더 정확하게 원을 정의할 필요가 있습니다. 원을 정의하는 가장 쉬운 방법은 평평한 2차원 평면에서 시작하여 그 위에 서로 직교하는 x 및 y 좌표를 설정한 다음, 이 좌표의 원점으로부터 거리 1만큼 떨어진 모든 점의 집합을 생각하는 것입니다. 그 결과 만들어진 점들의 집합은 반

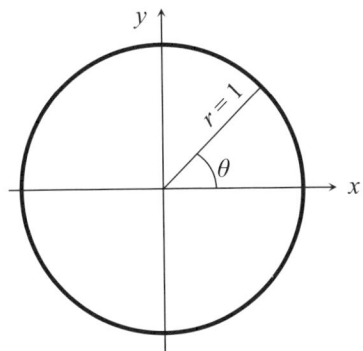

지름 1인 원을 형성합니다. 중심점이 원점인지, 반지름이 정확히 1인지는 중요하지 않지만, 이러한 선택은 우리에게 명확한 시작점을 제공합니다.

원은 '$(n+1)$차원 유클리드 공간의 원점에서 고정된 거리 떨어져 있는 모든 점의 집합'으로 정의되는 n-차원 구 S^n이라는 보다 일반적인 개념의 특수한 경우이기 때문에 때로 원은 S^1라고 불립니다. 농구공의 표면과 같은 구의 일반적인 개념은 S^2입니다. 우리가 염두에 두고 있는 것은 구의 2차원 표면일 뿐이고, 구의 3차원 내부를 공ball이라고 부른다는 점에 주목합시다. 심지어 1차원 선상에서 원점으로부터 일정 거리 떨어진 점들의 집합인 0-차원 구인 S^0도 있습니다. 즉, 반지름 r에 대해 r과 $-r$의 두 점만 있는 것이 0-차원 구입니다. 이것은 수학자들이 좋아하는 직관을 넘어서는 일종의 일반화입니다. 0-차원 구는 두 점의 집합에 불과합니다.

원의 대칭성은 정삼각형의 대칭성과 크게 다르지 않습니다. 즉 회전과 뒤집기가 있습니다. 차이점은 원소의 개수가 무한히 많다는 것입니다. 우리는 원을 0에서 2π 사이의 임의의 각도 θ만큼 회전할 수 있으며,

마찬가지로 원점을 지나는 직선에 대해 원을 뒤집기 할 수도 있습니다. (우리는 각도를 라디안 단위로 표현하며, 2π 라디안은 360도와 같습니다.) θ만큼 회전하는 것을 R(θ)로, 각도 φ의 직선 축에 대한 뒤집기를 F_ϕ로 표기합시다. 그러면 원의 대칭 군은 다음과 같은 원소들을 가집니다.

$$O(2) = \{R(\theta), F_\phi\} \tag{8.5}$$

2차원의 **직교군**orthogonal group은 O(2)로 표기하는데, 이 표기법은 원 그 자체보다 원이 포함된 공간을 생각한 데서 비롯했습니다. 여기서 말하는 2개의 차원은 2차원 평면의 x축과 y축입니다. 이 두 축은 서로 직교(수직)하며, 원이 있든 없든 원점을 고정시킨 상태에서 평면을 회전하거나 뒤집어도 직교성이 유지됩니다. '축을 수직으로 유지하고 원점을 고정한 평면에 대한 변환들의 집합'은 '원의 대칭 변환들의 집합'과 정확히 같으며, 2차원 이상에서도 유사한 진술이 계속 성립합니다. 따라서 이러한 군을 '구군'이 아니라 '직교군'이라고 부르지만, 구군이라고 불러도 무방합니다.

O(2)의 원소를 회전과 뒤집기로 나눌 수 있다는 사실은 중요하지만 다소 어색하기도 합니다. 종종 O(2)에서 회전에 관계된 부분군에만 집중하는 것이 편리합니다. 이 부분군은 2차원에서의 **특수 직교군** special orthogonal group, SO(2)라고 알려져 있으며, 다음과 같은 원소들을 가집니다.

$$SO(2) = \{R(\theta)\} \tag{8.6}$$

SO(2)에 대해 생각해 보면 이 군 자체가 원입니다—0과 2π 사이의 모든 각도 θ의 회전은 위상학적으로 시작점인 R(2π) = R(0)로 되돌아가는 물체들의 1차원 집합을 기술합니다. 그러나 일반적으로 n차원에서의 회전들의 집합이 ($n-1$)-차원 구를 형성한다는 것은 사실이 아닙니다—이 주장은 $n = 2$일 때만 성립하는 우연의 일치에 불과합니다.

이것은 중요한 점을 떠오르게 합니다. 《공간, 시간, 운동》에서 일반 상대성이론에 대해 논의할 때 **다양체**manifold라는 개념을 소개했는데, 다양체는 충분히 가까이서 보면 일반적으로 매끄러운 n-차원 공간처럼 보이지만, 멀리서 보면 복잡한 기하학이나 위상학을 가지는 일종의 공간입니다. 연속적으로 변화하는 무한히 많은 수의 원소를 포함하고 있는 군 O(2)와 SO(2)는 그 자체로 군일뿐만 아니라 다양체이기도 합니다. 이러한 군을 노르웨이 수학자 소푸스 리Sophus Lie의 이름을 따서 **리 군**Lie group이라고 부릅니다. (19세기 노르웨이는 군이론의 온상이었다고 해도 과언이 아닙니다.) 리 군은 D_3 또는 $\mathbb{Z}$와 같은 불연속 군과 대조를 이룹니다. 연속군과 불연속군 모두 물리학에서 중요하지만, 리 군과 함께하면서부터 상황이 실제로 복잡해지기 시작합니다.

직교군과 벡터 공간

앞서 언급했듯이 원의 대칭 군 O(2)를 '직교군'이라고 부르는 이유는 '원점이 고정되어 있고 축이 서로 직교하는 2차원 평면이 가진 대칭성'으로 생각할 수 있기 때문입니다. 2차원 평면은 벡터 공간의 한 예입니다. 실제 물리학의 응용에서는 원의 대칭성이라는 직관적인 개념보다 벡터 공간의 대칭성이라는 관점에서 생각하는 것이 훨씬 더 적절합니다. 그러면 다양한 차원의 벡터 공간을 정의하는 양자장 집합을 갖게 됩니다. 예를 들어 쿼크 장은 {빨강, 초록, 파랑}으로 표시된 축을 가진 3차원 '색' 벡터 공간에서 살고 있습니다. 그리고 이러한 장의 값 중 상당수는 실수가 아닌 복소수로 기술됩니다. 그러므로 벡터 공간에 대해 좀 더 체계적으로 생각해봅시다.

우리는 앞서 **벡터 공간**vector space을 만나보았습니다. 즉 서로 더할 수 있고 숫자로 크기를 조정할 수 있는 벡터라고 부르는 원소들의 집합이 벡터 공간입니다. 모든 벡터 공간은 원점, 즉 0 벡터를 가지고 있습니다. 0 벡터는 벡터를 더할 때 동일성 원소로 작용합니다. 따라서 모든 벡터 공간은 그 자체로 군입니다—그러나 여기서 우리가 관심을 가지는 것은 벡터 공간을 변환하는 군이며 벡터 자체를 군의 원소로 생각하지는 않습니다.

《공간, 시간, 운동》에서 우리는 일반적으로 (물리적으로 존재한다는 의미가 아닌 실수 대 복소수라는 의미에서) 실수 벡터 공간을 다루었습니다. 우리가 기저 벡터가 $\{\vec{e}_1, \vec{e}_2, \vec{e}_3\}$인 3차원 벡터 공간을 다루고 있다면, 일반적인 벡터는 $\vec{v} = v_1\vec{e}_1 + v_2\vec{e}_2 + v_3\vec{e}_3$로 쓸 수 있으며, 여기서 v_1, v_2, 및 v_3는 모두 적절한 방향에 대한 벡터 성분이라고 부르는 실수입니다. 다른 차원에서 우리는 더 많은(또는 더 적은) 기저 벡터와 성분을 가집니다. 즉 벡터 공간의 각각의 차원마다 하나의 기저 벡터와 성분을 가집니다. 우리가 벡터는 '숫자를 더하고 숫자로 크기를 조절할 수 있는 것'이라고 이야기할 때, 실제 벡터 공간에서 우리가 조절할 수 있는 숫자는 실수입니다. 만약 $\vec{v}$와 $\vec{w}$가 임의의 두 벡터이고, a와 b가 실수라면, $a\vec{v} + b\vec{w}$ 조합 역시 벡터입니다.

많은 공간은 벡터 공간이 아닙니다. 구는 벡터 공간이 아니며, 일반상대성이론에 등장하는 곡면 다양체들도 벡터 공간이 아닙니다. 두 경우 모두 두 점을 더하는 덧셈 규칙도 존재하지 않고 '원점'이라고 불리는 특별한 점도 없습니다. 벡터 공간은 평면 기하학에서 원점으로부터 무한히 멀리 확장되는 점들의 연속적인 집합으로, 선과 평면을 일반화한 것입니다.

2개의 벡터 $\vec{v}$와 $\vec{w}$가 있을 때, (반드시 전부일 필요는 없지만 일부는 어떤 벡터 공간에서 정의되는) 또 다른 종류의 연산이 **내적**inner product(또는 '점곱dot product')이며, 다음과 같이 주어집니다.

$$\vec{v} \cdot \vec{w} = v_1 w_1 + v_2 w_2 + v_3 w_3 \tag{8.7}$$

두 벡터 사이의 각도가 θ면, 식 (8.7)이 다음 식과 동등하다는 것이 밝혀졌습니다.

$$\vec{v} \cdot \vec{w} = |v||w|\cos\theta \tag{8.8}$$

여기서 $|v|$와 $|w|$는 각 벡터의 길이입니다. 두 벡터가 서로 수직인 경우, 둘 사이의 각도는 $90° = \pi/2$ 라디안이고 이 삭노의 코사인 값은 0입니다. 따라서 두 직교 벡터 사이의 내적은 항상 0이 됩니다.

직교군 O(n)을 생각하는 한 가지 방법은 직교군이 두 벡터 사이의 내적을 보존하는 n-차원 벡터 공간에서의 변환이라는 것입니다. 이는 우리가 원점을 이동하면 두 벡터의 길이가 변하기 때문에 '원점을 고정한다'는 것을 의미합니다. 따라서 직교 변환은 n-차원 벡터의 강체 회전(모든 부분이 동일한 각도로 회전하는 것을 의미함—옮긴이)과 반사로 생각할 수 있습니다.

예를 들어, O(3)군은 우리가 3차원에서 할 수 있는 내적 (8.6)을 보존하는 변환들—달리 말해, 원점을 고정하고 축의 직교성을 유지하는 변환들—의 집합입니다. 마찬가지로 O(3)군은 2-차원 구 S^2의 대칭 군입니다. 이 군은 또한 회전—3차원 공간에서 세 축 중 어느 한 축 주위로 하는 독립적인 회전—과 반사로 구성됩니다. 여기에는 순수 회전 부분군인 특수 직교군 SO(3), 그리고 또다시 공간의 방향을 반전시키는 $\mathbb{Z}_2$ 군의 집합이 있습니다.

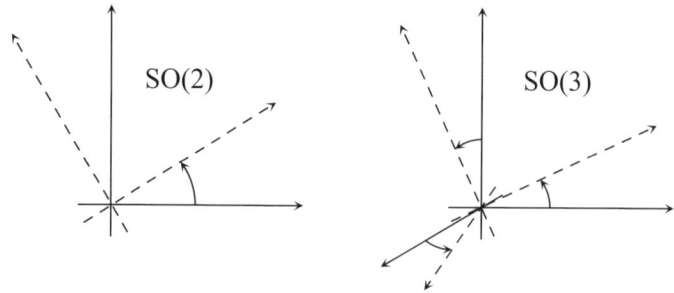

일반적으로 O(n)과 SO(n)은 모두 차원이 $\frac{1}{2}n(n-1)$인 리 군이므로 SO(3)은 3차원입니다.*

---

* 이동할 축과 이 축을 회전할 또 다른 축을 지정합니다. 즉 시작할 축은 n개, 회전할 축은 $n-1$

2차원에서의 회전인 SO(2)는 아벨 군입니다. 먼저 각도 θ_1만큼 회전한 다음 각도 θ_2로 회전하든, 또는 그 반대로 회전하든 상관없이 전체 결과는 $\theta_1+\theta_2$만큼 회전하는 것이 됩니다. 그러나 $n>2$인 다른 모든 SO(n)은 비아벨 군입니다. 3차원에서 먼저 x축 주위로 회전한 다음 y축 주위로 회전할지, 또는 그 반대 순서로 회전할지가 문제가 **됩니다**. 이것이 바로 물리학에서 비아벨 군이 그렇게 중요한 이유입니다. 즉 우리는 종종 2개 이상의 축 사이에서 회전과 유사한 일을 하기 때문입니다.

여담: 우리는 SO(n)의 원소들을 이들이 하는 일, 즉 n차원에서 사물을 회전시키는 것으로 생각해왔습니다. 물리학자들은 종종 이러한 회전을 좀 더 구체적으로 표현하는 것을 좋아합니다. 이러한 회전을 구현하는 $n\times n$ 행렬을 벡터에 작용하여 회전한 결과를 얻습니다. 예를 들어, 2차원 벡터를 각도 θ만큼 회전시키는 SO(2)의 원소는 다음과 같이 쓸 수 있습니다.

$$R(\theta)=\begin{pmatrix} \cos\theta & -\sin\theta \\ \sin\theta & \cos\theta \end{pmatrix} \qquad (8.9)$$

이러한 사고방식에서 SO(n)은 '직교성 조건' $M^TM=\mathbb{I}$를 만족하는 모든 $n\times n$ 행렬 M의 집합으로, 여기서 위첨자 T는 행렬의 자리바꿈

개가 됩니다. 따라서 $n(n-1)$개의 회전 방법이 있는 것처럼 보이지만, 같은 축을 반대 순서로 선택하는 것은 별도의 회전으로 간주하지 않으므로 2로 나눠야 합니다. 좌표축 중 하나가 아니라 원점을 지나는 모든 직선 주위로 회전할 수 있습니다. 그러나 이 축들 주위의 적절한 회전의 조합으로 임의의 회전을 구성할 수 있습니다. 따라서 그 축들만으로 군의 차원을 정의할 수 있습니다.

(행과 열의 교환)을 나타냅니다. 마찬가지로, 아래에서 고려할 유니테리 군unitary group의 원소들은 첫 번째 행렬의 복소 공액을 취한다는 점을 제외하면 직교성 조건과 동일한 '유니테리티 조건unitarity condition'을 만족하는 행렬이 됩니다. 다행히도 우리는 변환의 명시적인 행렬 형태에 대해서는 걱정할 필요가 없습니다. 우리에게 SO(n)의 원소들은 단순히 'n 차원에서의 회전'에 불과합니다.

복소수 다시 돌아보기

복소수는 물리학의 모든 곳에 존재하며 양자장이론도 예외는 아닙니다. 따라서 군이론 여정의 다음 단계는 n 차원에서의 회전을 나타내는 직교군 SO(n)을 n 복소 차원에서의 회전을 나타내는 유니테리 군SU(n)으로 업그레이드하는 것입니다. 이것은 우리가 '복소 차원'이 무엇인지 알 필요가 있다는 것을 의미합니다. 이는 우리에게 잠시 숨을 고르며 복소수에 대한 몇 가지 사실을 기억해내는 기회를 제공합니다.

복소수는 1장과 2장에서 설명한 것처럼 실수와 허수의 조합입니다. 허수 단위를 $i = \sqrt{-1}$로 정의하면, 우리는 실수에 i를 곱한 값인 허수의 전체 집합을 갖게 됩니다. 그러면 복소수는 실수와 허수의 합이 됩니다.

$$z = a + ib \tag{8.10}$$

여기서 a와 b 자체는 실수이며 복소수 z의 실수부와 허수부라고 불립니다. 우리가 복소수를 더할 때는 실수부와 허수부를 따로 더합니다. 즉 $(a+ib)+(c+id)=(a+c)+i(b+d)$입니다.

복소수는 숫자입니다. 즉 여러분은 복소수의 더하기, 곱하기, 나누기 등을 할 수 있습니다. 여러분은 복소수를 실수와 허수의 합으로 분해하지 않고 그 자체로 생각하여 그 성질들을 연구할 수 있습니다. 가장 큰 차이점은 z^*로 표기하는 새로운 연산인 **복소수 켤레짓기**complex conjugation가 있다는 것이고, 이것은 자신의 역수입니다. 즉 $(z^*)^*=z$. 실수부와 허수부의 관점에서 복소수 켤레짓기는 허수부 앞에 음의 부호를 붙이는 것입니다. 즉 $z^*=a-ib$. 실수는 변하지 않지만, 허수 $i^*=-i$가 됩니다.

복소수를 시각화하는 좋은 방법은 1장에서 잠깐 살펴본 것처럼 **복소평면**complex plane을 이용하는 것입니다. 복소평면은 가로축이 복소수의 실수부를 나타내고 세로축이 허수부를 나타내는 일반적인 2차원 평면입니다. 이 그림에서 복소수 켤레짓기는 실수축 주위의 반사, 즉 $b \to -b$에 불과합니다. 복소평면에서 0과 z 사이의 거리인 모듈러스 $|z|$는 다음 조건을 만족하는 실수입니다.

$$|z|^2 = z^*z = a^2+b^2 \qquad (8.11)$$

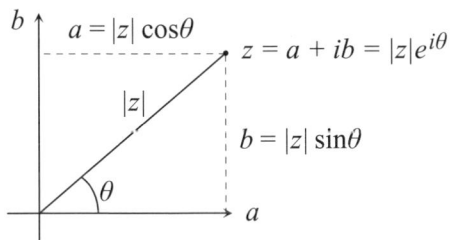

복소수를 실수부와 허수부로 지정하는 대신 우리는 다음과 같이 '극좌표'를 사용해 복소수를 모듈러스 $|z|$와 **위상**phase θ로 표현할 수 있습니다.

$$z = |z|e^{i\theta} \tag{8.12}$$

위상은 복소평면에서 수평(실수) 축과 원점에서 z까지 뻗은 직선 사이의 각도에 지나지 않습니다. 오일러의 공식을 상기하면 위상을 알아낼 수 있습니다,

$$e^{i\theta} = \cos\theta + i\sin\theta \tag{8.13}$$

복소평면의 그림을 보고 사인과 코사인이 선분의 길이를 수평 및 수직 성분과 연관시키는 데 어떻게 사용되는지 기억해 낸다면, 식 (8.13)이 극좌표 (8.12)를 올바르게 표현하는 데 필요한 식임을 알 수 있을 것입니다.

마지막으로 복소 차원을 살펴봅시다. **복소 벡터 공간**은 이제 성분이 복소수라는 점을 제외하면 실수 벡터 공간과 완전히 동일하며, 마찬가지로 벡터의 크기를 복소수로 조절할 수 있습니다. $\vec{\phi}$가 3차원 복소 벡터 공간의 벡터라면, 이 벡터를 성분과 단위 벡터를 가지고 다음과 같이 쓸 수 있습니다.

$$\vec{\phi} = \phi_1 \vec{e}_1 + \phi_2 \vec{e}_2 + \phi_3 \vec{e}_3, \tag{8.14}$$

여기서 ϕ_1, ϕ_2와 ϕ_3는 복소수입니다. (여기서 3차원은 우리가 살고 있는 실수 3차원 공간이 아닌 어떤 추상적인 복소 벡터 공간을 의미합니다.) 마찬가지로 임의의 복소수 α와 β 및 복소 벡터 $\vec{\phi}$와 $\vec{\omega}$에 대해 조합 $\alpha\vec{\phi}+\beta\vec{\omega}$는 또 다른 복소 벡터입니다. 실제 벡터 공간에서와 마찬가지로 복소 내적을 정의할 수 있지만 한 가지 다른 점이 있습니다. 즉 실수 벡터의 내적의 경우 각 방향의 성분들을 곱한 다음 그 결과를 더하는 대신, 복소 벡터의 내적의 경우 먼저 첫 번째 벡터 성분들의 켤레 복소수를 취합니다. 따라서 두 복소 벡터의 내적은 다음과 같이 쓸 수 있습니다.

$$\langle \phi, \omega \rangle = \phi_1^* \omega_1 + \phi_2^* \omega_2 + \phi_3^* \omega_3 \tag{8.15}$$

다른 참고문헌들은 왼쪽 변에 있는 괄호 대신 다른 표기 기호를 사용하기도 합니다. 중요한 것은 어떤 벡터가 복소 켤레짓기가 되는지를 명확히 해야 한다는 것으로 그 순서가 중요합니다.

물론 우리는 이미 한 가지 중요한 복소 벡터 공간을 만났습니다. 즉 힐베르트 공간Hilbert space입니다. 파동함수는 복소 벡터입니다. 우리는 일반적으로 파동함수에 대해 2장에서 소개한 '켓ket' 표기법 $|\Psi\rangle$과 같은 특별한 표기법을 사용하는데, 이는 우리에게 복소 벡터의 특별한 특징을 계속 상기시키기 위함입니다.

그러나 파동함수는 지금 우리의 주된 관심사가 아닙니다. 지금 우리가 신경을 쓰고 있는 대칭성은 양자 파동함수를 구성하는 장들 사이의 대칭성입니다. 우리는 주로 실수 스칼라 장인 $\phi(x,t)$에 대해 이야기해왔지만, 입자물리학에서 우리가 알고 있는 많은 장은 실수 장이 아니라 복소 장입니다. 이제 우리는 복소 장의 대칭성에 대해 이야기할 수 있는 위치에 와 있습니다.

유니테리 군

실수들의 집합은 1차원 벡터 공간입니다. 각 숫자는 벡터이며, 이것을 다른 실수와 더하거나 어떤 실수와 곱할 수 있습니다. 그러나 단일 실수 차원의 '회전'은 존재하지 않습니다. 단일 실수 차원은 그냥 선일 뿐이며, 따라서 회전시킬 어떤 것이 존재하기나 할까요? 뒤집기는 존재합니다. 즉 여러분은 어떤 실수 x를 $-x$로 보낼 수 있습니다. 뒤집기는 그 자체로 역인 단일 불연속 변환입니다. 따라서 1차원의 직교군이 존재하기는 하지만 너무 단순합니다. 즉 $O(1) \cong \mathbb{Z}_2$ 입니다.

단일 복소 차원은 또 다른 이야기입니다. 복소수는 선이 아닌 평면에 존재합니다. 그리고 우리는 평면에서 회전할 수 있습니다. 유니테리 군 $U(n)$은 원점 주위로 벡터 공간을 회전시키는 n-차원 복소 벡터 공간에서의 변환들의 집합입니다. 조금 더 엄밀히 말하자면, 내적 (8.15)이 불변하는 변환들의 집합입니다. 기본적으로 이런 변환들은 복소 벡터 공간에서의 강체 회전입니다. 우리가 축을 모두 동시에 회전해도 내적은 변하지 않습니다.*

---

* 기술적으로 중요한 점: 복소수 켤레짓기 $z \to z^*$는 복소 차원을 뒤집는 것과 유사하므로 유니

따라서 반사에 불과한 O(1)과 달리 U(1)은 복소평면에서의 회전들의 집합입니다. 실제로 실수 2차원 평면에서의 회전 군인 U(1)과 SO(2)는 같은 꼴입니다. 즉 U(1)≅SO(2)입니다. 그러나 U(1)은 복소수에 작용하고 SO(2)는 2차원 벡터에 작용하기 때문에 실제로는 달라 보입니다. 둘 다 '2차원 평면에서의 회전'이지만, U(1)의 경우 2개의 실수 차원을 하나의 복소 차원으로 생각합니다. U(1)은 1차원 아벨 리 군이며, SO(2)도 그렇기 때문에 그것이 참이어야 한다는 것을 우리는 알고 있습니다.

U(1)이 복소수에 어떤 일을 하는지 명확하게 설명하는 것은 어렵지 않습니다. 즉 복소평면의 이미지를 다시 살펴보면, U(1)의 원소는 단지 복소수의 위상을 각도 ω만큼 회전시킵니다. 이는 $e^{i\omega}$를 곱함으로써 이루어집니다. 우리가 시작하는 복소수가 $z=|z|e^{i\theta}$라면 변환된 복소수는 $e^{i\omega}z=|z|e^{i(\theta+\omega)}$가 됩니다.

그리고 n 복소 차원에서의 회전인 **특수 유니테리 군** SU(n)도 있습니다. 특수 유니테리 군은 (n^2-1) 차원의 비아벨 리 군입니다. 가장 간단한 특수 유니테리 군인 SU(2)의 일반적인 원소는 행렬 형식으로 다음과 같이 쓸 수 있습니다.

$$M = \begin{pmatrix} a & b \\ -b^* & a^* \end{pmatrix}, \tag{8.16}$$

테리 변환으로 간주해야 한다고 생각할 수도 있습니다. 하지만 그렇지 않습니다. 이를 확인하기 위해서는 내적 (8.15)에 대해 생각하면 됩니다. 내적은 복소수이며, 일반적으로 두 벡터 모두 복소수 켤레짓기를 하면 내적 역시 켤레 복소수가 됩니다. 그러나 유니테리 변환은 내적을 불변하게 하는 것으로 정의되므로 복소수 켤레짓기는 중요하지 않습니다.

여기서 a와 b는 $|a|^2+|b|^2=1$을 만족하는 복소수입니다. SU(2)는 3차원이어야 하기 때문에 실제로 SU(2)는 이런 행렬을 지정하기 위해 3개의 실수를 필요로 합니다. 즉 복소수 a와 b는 각각 2개의 실수에 대응되며 이들의 제곱의 합에 대한 제약 조건이 하나 존재합니다. 따라서 전체적으로 3개의 독립 매개변수가 필요합니다. 2차원 복소 벡터 공간에서 벡터를 회전시키는데 이 행렬을 사용할 수 있습니다.

직교군을 다뤘던 것처럼 우리는 U(n)에 대해 먼저 논의한 다음 순수 회전인 SU(n)로 특화해야 한다고 생각할 수도 있지만, 꼭 그럴 필요는 없습니다. U(n) 변환을 하고 싶을 때는 언제든지 별도의 U(1) 변환과 함께 SU(n) 변환으로 U(n) 변환을 구현할 수 있습니다. 실제로 물리학자들은 일반적으로 SU(n) 대칭과 U(1) 대칭을 따로 분석합니다.

여기까지입니다! 긴 여정이었지만 이제 여러분은 입자물리학에 등장하는 대칭 군에 대한 기본 지식을 얻게 되었습니다. 우리가 선호하는 군은 SO(n), SU(n) 및 U(1) SO(2)가 될 것입니다. 'n (실수 또는 복소수) 차원에서의 회전'이라는 아이디어에 익숙해지기 위해서는 많은 수학적 주의가 필요합니다. 그러나 노력할 만한 가치가 있습니다. 이런 군들만 가지고도 여러분은 전문 물리학자처럼 많은 것을 이해할 수 있습니다.

CHAPTER 9

게이지이론

게이지이론은 특별한 유형의 대칭성—시공간의 모든 점에서 독립적으로 수행할 수 있는 변환—을 가진 특별한 장이론입니다. 이 간단한 아이디어는 엄청난 결과를 가져올 것입니다. 이 포괄적인 대칭성이 작동 가능하려면 추가적인 장을 도입해야 하며, 이러한 장은 결국 입자물리학의 힘 전달 장—광자, 글루온, W 및 Z 보손, 그리고 중력자—이 될 것입니다. 게이지 대칭성은 자연의 힘을 뒷받침하는 강력한 원리입니다.

✳ ✳ ✳

우리는 이 책에서 지금까지 양자역학과 양자장이론에 대한 인상적인 기술적 지식의 레퍼토리를 쌓았습니다. 우리는 파동함수, 장이 양자화하면서 입자를 만드는 이유, 그리고 입자가 서로 상호작용하는 방식, 또 대칭성에 관해 이야기하는 방법을 배웠습니다. 이 장과 다음 두 장에서 우리는 현대 기초 물리학의 두 기둥인 게이지이론과 페르미온/보손 구별법을 다룰 것입니다. 이로써 우리의 지식 쌓기가 절정에 이르게 됩니다. 마지막 장에서 우리는 우리 주변에서 볼 수 있는 세계의 근본적인 특징을 설명하기 위해 입자물리학의 표준모형의 구성 요소들에 대해 배우고, 몇 가지 간단한 아이디어(보존 법칙, 무거운 입자가 가벼운 입자로 붕괴하는 현상)를 사용함으로써 많은 보상을 받게 될 것입니다.

이 장과 다음 장에서는 **게이지이론**gauge theory에 대해 다룰 것인데, 게이지이론은 특별한 유형의 대칭성—시공간의 모든 점에서 독립적으로 수행할 수 있는 변환—을 가진 특별한 장이론입니다. 이 간단한 아이디어는 엄청난 결과를 가져올 것입니다. 이 포괄적인 대칭성이 작동 가능하려면 추가적인 장을 도입해야 하며, 이러한 장은 결국 입자물리학의 힘 전달 장—광자, 글루온, W 및 Z 보손, 그리고 중력자—이 될 것입니다. 게이지 대칭성은 자연의 힘을 뒷받침하는 강력한 원리입니다.

상호작용 라그랑지안에 속한 항들을 알려주는 파인먼 도형 꼭짓점들을 가지고 상호작용을 설명하는 방법에 대해 처음 이야기했을 때, 그 과정이 다소 느슨하게 느껴졌을 수도 있습니다. 여러분이 어떤 장을 가질지, 또는 이 장들이 어떻게 상호작용하는지는 누가 결정할까요? 게이지이론을 사용하면 자의성이 훨씬 줄어듭니다. 여러분이 하나의 장을 가지고 있고 게이지 대칭성 아래서 이 장이 불변하기를 원한다면 또 다른 특정한 장들이 존재해야 하며, 그 장들이 상호작용하는 방식은 주로 대칭성에 의해 결정됩니다. 이것은 물리학 이론을 구축하기 위한 든든한 토대가 됩니다.

이 책의 나머지 부분에 비해 이 두 장에는 수학적 표기법이 많이 등장합니다. 한 가지 이유가 있습니다. 즉 여러분은 이제 왜 게이지 불변성이 광자의 질량이 0인 것, 반입자의 존재, 전하 보존과 같은 중요한 성질을 암시하는지 이해할 수 있을 만큼 기본 원리를 충분히 알고 있습니다. 여기까지 와서 비공식적인 제스처로 만족하는 것은 부끄러운 일입니다. 사고의 모자를 쓰고 자연의 가장 심오한 비밀을 정직하게 이해하는 것이 더 재미있을 것입니다.

쿼크와 색

무슨 의미인지 빠르게 설명하기 위해 실제 사례를 들어봅시다. 7장에서 설명한 것처럼 **쿼크**는 양성자, 중성자 및 기타 강한 상호작용을 하는 입자 내부에 존재하는 입자입니다. 쿼크를 하나로 묶어주는 힘은 양자색역학으로 설명되는데, 여기서 '색'이라는 새로운 양은 '전하'의 역할을 담당합니다.

흔히 쿼크는 빨강, 초록, 파랑의 세 가지 색 중 하나를 가진다고 알려져 있습니다. 이 표현은 정확하지 않습니다. 실제로 각 쿼크 장 q는 시공간의 각 점에서 3차원 복소 벡터 공간—**색 공간**color space—에 존재하는 벡터로 설명되며, 그 공간의 세 축은 빨강(R), 초록(G), 파랑(B)으로 표시되어 있습니다. 색 공간은 **내부 벡터 공간입니다**—색 공간은 속도나 운동량 또는 통상적인 공간이나 시공간에서 익숙한 다른 벡터들과는 아무런 관련이 없습니다. 이 벡터 공간은 단순히 모든 점에 존재하는 공간이며, 각 쿼크 장(업 쿼크, 다운 쿼크 등)은 이 공간 내에서 특정 벡터를 정의합니다. 다시 말해, 쿼크 장에는 세 가지 기본 색상(R, G, B)이 있으며, '(x,t)에 있는 업 쿼크 장'과 같은 것은 각 방향에 다른 성분을 가진 세 가지 벡터 모두의 조합입니다. 색 벡터는 실제 공간이 아닌 색 공간에서 방향을 가집니다.

여러분은 이 3차원 복소 공간에 SU(3) 대칭성이 작용한다는 사실에 놀라지 않을 것입니다. 쿼크 장의 길이는 그대로 둔 채로 쿼크 장을 SU(3) 변환으로 '회전'시켜 장의 R, G, B 성분의 상대적인 양을 바꿀 수 있습니다. "회전"은 문자 그대로 공간에서 회전하는 것이 아니라 내부 색 공간에서 일어나는 세 방향 사이의 변환이기 때문에 큰따옴표(" ")를 사용했습니다.

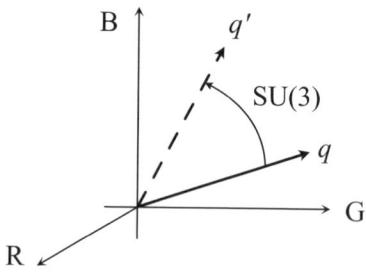

그러나 자연은 우리가 쿼크 벡터를 어떻게 성분으로 표현하는지 또는 축의 방향이 무엇인지 전혀 신경을 쓰지 않습니다―그것은 우리의 편의를 위해 선택한 것일 뿐 우주의 근본적인 특징이 아닙니다. 그렇기 때문에 대칭성이 존재하는 것입니다. 우리가 장 벡터를 축에 대해 어떤 방향으로 잡을지는 물리학과는 무관하며, 대칭성은 종종 동일한 물리적 상황을 표현하는 여러 가지 동등한 방법이 있다는 사실을 의미합니다. 단일 쿼크 장의 경우 중요한 것은 벡터의 길이입니다. 우리가 서로 다른 장 또는 시공간에서 서로 다른 점에 있는 단일 장을 비교하기 시작하면 색 벡터들 사이의 상대적인 각도가 중요해지기 시작합니다. 이러한 속성들―개별 벡터의 길이, 벡터들 사이의 각도―이 정확히 SU(3) 변환에서 불변합니다.

게이지 변환

그러나 이것은 아직 흥미로운 부분이 아닙니다. SU(3) 색 대칭성의 중요한 점은 **전역 대칭성**global symmetry이 아니라 **국소 대칭성**local symmetry이라고도 알려진 **게이지 대칭성**gauge symmetry이라는 점입니다. 이 지점에서 마법이 일어납니다.

전역 대칭 변환은 시공간 내 모든 점에서 정확히 동일한 방식으로 장이 변환되는 변환입니다. 이러한 이유로 때로는 '강체rigid' 대칭 변환이라고도 부릅니다. 특별한 색 회전을 특정 SU(3) 군 원소 G로 표기해봅시다. 이 쿼크 장의 변환은 다음과 같이 쓸 수 있습니다.

$$G: q(x,t) \rightarrow q'(x,t) = G \cdot q(x,t) \tag{9.1}$$

오른쪽 변의 표기는 장 q에 변환 G를 작용한다'는 의미입니다.

이와 대조적으로 게이지 대칭성은 모든 점에서 독립적으로 일어나는 변환을 포함합니다. 우리는 고정된 군 원소 G가 아니라 시공간에 따른 변환 $G(x,t)$를 고려합니다. 규칙은 여전히 식 (9.1)과 같아 보이지만, q에서 q'으로의 변환이 각 점에서 다를 수 있습니다.

$$G(x,t): q(x,t) \rightarrow q'(x,t) = G(x,t) \cdot q(x,t) \tag{9.2}$$

이것이 **게이지 변환**—여러분이 있는 공간과 시간에 따라 달라지는 대칭 변환—입니다.

이것이 그리 큰 문제가 아닌 것처럼 보일 수도 있습니다. 'RGB 축의 방향은 물리적으로 서로 무관하다'는 기본 개념을 고려할 때 시공간의 모든 점에서 축 방향이 개별적으로 무관해야 하는 것은 당연합니다.

그리고 실제로도 그렇습니다. 그러나 새로운 문제가 발생합니다. 장이 색 공간의 어느 한 점에서 가리키는 방향은 관습의 문제이지만, 장이 공간의 서로 다른 두 점에서 가리키는 **상대적인** 방향은 확실히 중요할 수 있습니다. 우리는 서로 다른 두 점에서 쿼크 장이 같은 일을 하고 있는지 아니면 다른 일을 하고 있는지 알고자 합니다. (예를 들어, 양성자 내부의 모든 쿼크의 들뜸 상태의 전체 색이 0인지 알고자 합니다.)

그러나 각 점에서 축을 개별적으로 자유롭게 회전할 수 있다면, 공간의 서로 다른 두 점에서 장이 무엇을 하고 있는지 어떻게 비교할 수 있을까요? 두 점의 위치가 주어지면, 우리는 쿼크 장이 두 위치 모두에서 '파랑'을 가리키도록 하거나, 한 점에서는 빨강, 다른 점에서는 초록을 가리키도록 항상 식 (9.2)에서처럼 게이지 변환을 할 수 있습니다. 우리는 서로 다른 점에서 장들을 실제로 비교할 수 있는 방법—우리가 어떤 게이지 변환을 선택하든 영향을 받지 않는 방법—이 필요합니다.

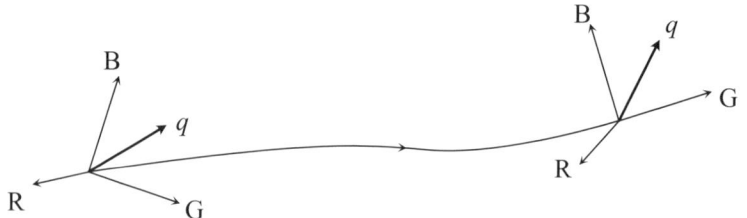

연결

우리는 일반상대성이론의 휘어진 시공간에서도 다소 비슷한 문제에 직면했지만, 거기서는 색 공간의 내부 벡터가 아니라 시공간에서의 방향을 가리키는 오래된 벡터를 생각했습니다. 평평한 시공간에서, 적어도 여러분이 직교 (데카르트) 좌표계를 사용하는 합리적인 선택을 한다면, 여러분은 한 위치에 1개의 벡터를, 다른 위치에는 또 다른 벡터를 놓을 수 있고, 단순히 서로를 비교할 수 있습니다. 그러나 시공간이 휘면 직교 좌표계가 모든 곳에 존재하지 않습니다. 주어진 경로를 따라 한 점에서 다른 점으로 벡터를 이동하여 두 벡터를 같은 위치로 가져와 서로를 비교할 수 있는 방법에 대해 더 깊이 생각해야 합니다.

《공간, 시간, 운동》을 열심히 읽었다면 우리가 실제로 그렇게 할 수 있으며 그 답은 다른 종류의 장과 관련되어 있다는 것을 기억할 것입니다. 벡터(또는 텐서)를 우리가 원하는 경로를 따라 이동하면서 가능한 한 일정하게 유지하게 해주는 **평행 이동 방정식**equation of parallel transport이 있습니다. 그러나 이 과정에서 벡터의 성분들이 어떻게 적절하게 변화하는지를 알려주는 수학적 정보가 필요합니다. 이 정보는 **연결**connection이라는 형태로 제공되는데, 연결 자체가 일종의 장입니다. 일반상대성이론에서는 공교롭게도 연결이 계량 텐서 장에서 도출될 수 있기 때문에 연결을 별도로 지정할 필요가 없습니다. 일반상대성이론은 1956년 료유 우티야마內山龍雄에 의해 처음 논의된 것처럼 로런츠 군Lorentz group SO(3,1)인 게이지 군을 가진 게이지이론으로 생각할 수 있습니다. (이 군은 3개의 공간과 유사한 차원과 하나의 시간 차원을 가진 시공간에서의 '회전들'입니다.)

여기 도움이 될 만한 비유가 있습니다. 레스토랑에서 음료가 담긴 잔이 가득한 쟁반을 나르는 일을 하는 로봇을 만든다고 상상해보십시오. 여러분은 로봇이 음료를 한 방울도 흘리지 않도록 유리잔의 방향을 정확히 수직이 되게 하고 싶을 것입니다. 그러나 레스토랑은 언덕이 많은 야외에 있기 때문에 쟁반이 수평을 유지하도록 지속해서 조정해야 합니다. 그리고 (나를 보지 마십시오. 나는 단지 비유를 지어낸 것뿐입니다) 로봇에는 로봇이 서 있는 지면의 높이와 각도를 판단할 수 있는 센서를 비롯한 여러 장치가 부착되어 있지 않습니다. 대신 여러분은 로봇에게 미리 이런 정보를 제공하려고 합니다. 즉 로봇이 이동하는 지역의 정확한 지형 정보를 미리 제공하여 로봇이 음료가 쏟아지지 않도록 쟁반을 지속적으로 조정하는 방법을 알게 합니다. 여러분이 로봇에게 제공하는 정보가 본질적으로 연결입니다. 즉 그것은 로봇이 이동하면서 '쟁반을 정확히 수평으로 유지하여 음료 잔을 정확히 수직으로 유지한다'는 아이디어를 구현할 수 있게 해주는 장(공간의 모든 점에서 일어나는 일에 대한 정보)입니다. 연결 장은 정확히 한 점을 다른 점에서 일어나는 일과 '연결'하는 데이터입니다.

내부 벡터 공간을 가진 게이지이론에도 같은 이야기가 적용됩니다. 서로 다른 위치에서의 쿼크 장 값들을 비교하기 위해서는 **벡터 퍼텐셜** vector potential이라고도 부르는 **게이지 장** gauge field을 도입해야 하는데, 이를 통해 게이지를 불변하게 하는 방식으로 장을 이동할 수 있습니다. '벡터 퍼텐셜'은 그것이 일반적으로 $A_\mu(x,t)$로 적는 벡터 장이라는 사실에서 유래했습니다. 따라서 고독한 쿼크 장 대신 이 게이지이론에서 우리는 2개의 장이 필요합니다.

$$q(x,t), A_\mu(x,t)$$

이런 두 종류의 서로 다른 장—쿼크나 경입자와 같은 물질 장 및 글루온이나 광자와 같은 게이지 장—사이의 밀고 당기는 힘은 핵, 원자, 분자 … 그리고 여러분과 나까지 모든 것을 만들어냅니다.

수학적으로 말하면, 게이지 장은 일반상대성이론에서 평행 이동을 할 때 사용했던 것과 매우 유사한 연결입니다. 예를 들어 '쿼크 장은 이 경로를 따라 일정하다'라고 말할 때 필요한 정보를 제공하며, 게이지 변환을 사용하면 빨강/초록/파랑 축의 방향을 점과 점 사이에서 여러분이 원하는 대로 변경할 수 있습니다.

우리가 U(1)과 같은 아벨 게이지 대칭성이 아닌 SU(3)과 같은 비아벨 게이지 대칭성을 가지고 있을 때 중요하고 재미있는 복잡성이 존재합니다. 이 경우 게이지 장 A_μ는 단순한 벡터가 아닙니다—그것은 실제로 행렬값 벡터로, 색 공간이나 우리가 고려 중인 다른 내부 벡터 공간에서 회전을 수행하는 추가적인 지표index들을 가지고 있습니다. 간단히 말해 우리는 이러한 지표들을 적지 않고 대신 현재 우리가 이야기하고자 하는 모든 게이지 장에 대해 A_μ를 사용하려고 합니다. 기본적인 아이디어는 동일합니다.

이 모든 것이 다소 난해하게 느껴진다면 이 요점만 기억하십시오. 즉 게이지 불변성을 가지려면 새로운 장, 즉 게이지 장이 필요합니다. 여러분이 평행 이동과 연결과 내부 벡터 공간에 대해 고민하고 싶지 않다면, 게이지 대칭성 아래서 모든 것이 정말로 불변하는지 확인해야 한다는 점만 기억하십시오.

게이지 장 또는 연결 장의 필요성을 인식했다면, 새로운 장 그 자체에 대해 생각할 이유가 충분히 있습니다. 그 장의 동역학은 무엇일까요? 우리가 그 장을 양자화할 때 어떤 종류의 입자가 생겨날까요? 그 입자들은 다른 장의 입자들과 어떻게 상호작용할까요?

모든 게이지 대칭성에는 고유한 연결 장이 존재하며, 이러한 장과 그 상호작용이 자연의 알려진 힘을 발생시킵니다. 이러한 장들과 관련된 입자를 **게이지 보손**gauge boson이라고 부릅니다. 색 SU(3)의 경우, 게이지 보손은 글루온입니다. 전자기장의 경우, 게이지 보손은 광자입니다. 약한 상호작용의 경우에는 W와 Z 입자입니다—그러나 여러분이 알고 있듯이, 힉스 보손과 힉스 보손의 속임수로 인해 거기에 새로운 복잡성이 나타납니다. 입자물리학이 깔끔할 거라고는 그 누구도 말하지 않습니다.

대칭성은 단순히 양자장의 편리한 단순화나 매력적이고 미적인 특징이 아닙니다. 대칭성을 일관되게 구현하면 물질 입자들 사이의 힘과 직접적으로 연결됩니다. 이 아이디어가 입자물리학 표준모형의 핵심입니다.

게이지 불변성

복잡한 양자색역학에서 한 발짝 물러나 더 간단한 예를 살펴보는 것이 도움이 될 것입니다. 전자, 양전자 및 광자에 관한 이론인 양자전기역학이 그것입니다. 양자색역학에서와 마찬가지로, 서로 다른 점에서 장들을 비교하는 데 도움이 되는 게이지 장 A_μ가 있습니다. 이 사실은 이 장이 어떤 성질을 가지며 어떻게 상호작용하는지에 큰 영향을 미칩니다.

이제 심호흡을 하고 게이지 변환을 할 때 이 장이 어떻게 행동해야 하는지 생각해봅시다. 간단히 말해, A_μ의 역할은 모든 것이 게이지 불변성을 유지하도록 하는 것이며, 이러한 요구 사항에 따라 A_μ 자체가 변환되는 방식이 결정됩니다. 그리고 이러한 변환 특성은 물리적으로 관련된 특징('게이지 불변성')이 실제로 A_μ의 미분이며, 이 미분이 예전의 전기장과 자기장(또는 이 장들을 다른 힘으로 일반화한 것)으로 판명된다는 것을 암시합니다.

전자와 같이 전하를 띤 장을 취합시다. 우리는 이 장을 $\psi_e(x,t)$로 표기할 것입니다. 왜냐하면 문자 e는 이미 오일러 상수에 사용되었고 우리가 앞으로도 많이 사용할 것이기 때문입니다. (그러나 여기서 ψ_e는 파동함수가 아니라 장입니다.) 이것은 실수가 아닌 복소수 값을 가진 장입니다. 전자는 스핀-½의 입자이기 때문에 스칼라 장이 아니라 **스피너** spinor라고 불립니다—이것이 온갖 종류의 복잡한 문제를 발생시키지만, 우리는 기꺼이 스피너라는 사실을 무시할 것입니다.

우리에게 중요한 것은 ψ_e가 복잡한 장이라는 것입니다. 이 때문에 U(1) 게이지 대칭성을 가질 수 있으며, 실제로 그렇습니다.

$$\text{U(1)}: \psi_e(x,t) \to \psi'_e(x,t) = e^{i\theta(x,t)}\psi_e(x,t). \qquad (9.3)$$

우리가 하는 일은 복소 장에 시공간에 의존하는 위상 인자를 곱하고 그 장 값을 복소평면에서 각도 $\theta(x,t)$만큼 회전시키는 것입니다. 우리는 이론 전체가 이러한 종류의 대칭 변환에서 불변한다고 주장하고 싶습니다. 따라서 우리는 게이지 장 $A_\mu(x,t)$를 도입할 필요가 있습니다. 이것은 전기장과 자기장의 '퍼텐셜' 역할을 할 것이고, 이를 양자화하면 광자가 생기므로 우리는 이것을 **광자장**photon field이라고 부를 수 있습니다.

게이지 장 A_μ는 복소 장이 아니라 실수 장입니다. 그럼에도 불구하고 게이지 장이 제 역할(전자장을 이곳저곳으로 평행 이동시키는 방법을 우리에게 알려주는 일)을 하려면 우리가 게이지 변환을 할 때 게이지 장도 바뀌어야 합니다. 게이지 대칭성이 아니었다면 '전자장이 모든 곳에서 일정하다'는 간단한 아이디어를 ($\partial/\partial x^\mu = \partial_\mu$ 표기법을 사용하여) 좌표에 대한 게이지 장의 편미분을 0으로 설정하여 구현했을 것입니다. 즉 다음과 같이 쓸 수 있습니다.

$$\partial_\mu \psi_e = 0 \tag{9.4}$$

이 식은 아주 간단하지만 게이지 변환을 할 때 즉각적으로 문제가 발생합니다. $\psi_e \to e^{i\theta}\psi_e$로 변환한 다음 편미분을 하면($\psi_e$의 편미분 자체는 0으로 유지)* 우리는 다음 식을 얻게 됩니다.

---

* 곱 함수의 미분 규칙 $\partial_\mu(fg) = (\partial_\mu f)g + f(\partial_\mu g)$을 기억하십시오.

$$\partial_\mu \psi_e \to \partial_\mu \left(e^{i\theta} \psi_e \right) = \left(\partial_\mu e^{i\theta} \right) \psi_e + e^{i\theta} \left(\partial_\mu \psi_e \right) = i \left(\partial_\mu \theta \right) e^{i\theta} \psi_e \quad (9.5)$$

전자장을 게이지 변환한 결과가 0이 아니라 θ의 편미분에 비례한다는 것을 알 수 있습니다. 따라서 θ 자체가 시공간에서 일정하다면 그 편미분이 사라지겠지만($\partial_\mu \theta = 0$), 이 경우 시공간에 의존하는 게이지 변환이 아닌 강체 전역 변환이 됩니다. 변환에 따라 물리량이 전혀 변하지 않는 경우에만 진정한 대칭성을 갖게 됩니다. θ가 장소에 따라 바뀌어도 대칭성을 유지하려면 무엇을 고쳐야 할까요?

게이지이론에서 간단한 방정식 (9.4)는 '장을 일정하게 유지'하는 것을 의미하지 않습니다. 앞서 말했듯이, 우리는 ψ_e 값을 다른 위치에서 비교해야 할 필요가 있기 때문에 이 진술을 이해하려면 게이지 장을 사용할 필요가 있습니다. 이를 위한 방법은 식 (9.4)를 다음과 같이 대체하는 것입니다.

$$\partial_\mu \psi_e - iA_\mu \psi_e = 0 \quad (9.6)$$

이것은 항상 참이어야 하는 방정식이 아니라 조건 $\partial_\mu \psi_e$를 게이지 이론으로 일반화한 것일 뿐입니다. 장의 편미분을 0으로 설정하는 대신 이 편미분을 장에 벡터 퍼텐셜을 곱한 값으로 보정할 필요가 있습니다. 왼쪽 변의 표현이 앞으로의 과정에서 결정적으로 중요한 역할을 하게 됩니다. 그것을 때로는 ψ_e의 **게이지-공변 미분**gauge-covariant derivative이라고 부르기도 하지만, 연결에 의해 편미분을 보정한다는 기본 아이디어에 비하면 그다지 중요하지 않은 명명법입니다. (장을 일정하게 유지하는 것은 '쟁반을 수평으로 유지하는 것'으로, 두 번째 항은 '지면이 기울어져 있다는 사실을 보정하는 방법'으로 생각하면 됩니다.)

식 (9.4)에 비해 식 (9.6)의 장점은 게이지 변환에 의해 변경되지 않는다는 것입니다. 이를 위해서는 A_μ 자체에 대한 특별한 변환 규칙이 필요합니다. 즉 다음과 같습니다.

$$\text{U(1):}\ A_\mu(x,t) \rightarrow A'_\mu(x,t) = A_\mu(x,t) + \partial_\mu \theta. \quad (9.7)$$

따라서 전자장에는 $e^{i\theta}$이 곱해지는 반면, 광자장은 시공간 좌표에 대한 θ의 편미분인 $\partial_\mu \theta$만큼 이동합니다. 이것은 앞으로 중요한 결과를 가져오게 됩니다. 그리고 이는 어느 정도 합리적인 결과입니다. A_μ의 역할은 시공간에 의존하는 게이지 변환을 보정하는 것입니다. 그러나 θ가 상수일 경우, 이는 장소에 따라 변하지 않는 전역 회전입니다. 이 경우 편미분은 사라지고 A_μ는 변하지 않습니다. 따라서 A_μ가 어떤 변화를 겪든 그 변화는 $\partial_\mu \theta$에 따라 달라지며 올바른 변화는 단순히 $\partial_\mu \theta$를 더하는 것으로 밝혀집니다.

이제 식 (9.6)을 다시 살펴봅시다. 우리가 U(1) 게이지 변환을 할 때 전자장에는 식 (9.3)에서와 같이 $e^{i\theta}$가 곱해지므로 그 미분은 식 (9.5)처럼 됩니다. 그러나 광자장 역시 변환되어 식 (9.7)에 따라 $\partial_\mu \theta$만큼 이동합니다. 게이지 변환 후 결과는 식 (9.6)에 전체 위상 $e^{i\theta}$를 곱한 것이 됩니다. 따라서 이 양이 0에서 시작했다면 값은 0으로 유지됩니다.

제임스 클러크 맥스웰이 1800년대에 고전 전자기학 방정식을 적을 때(물론 거인들의 어깨 위에 서서), 맥스웰은 일반적인 3차원 벡터인 전기장 $\vec{E}$와 자기장 $\vec{B}$을 사용하여 방정식을 표현했습니다. 전기장과 자기장은 우리가 말하는 게이지 장과 어떤 관련이 있을까요? 답은 전자기장이 매우 특정한 방식을 적용한 게이지 장의 미분이라는 것입니다. 우리가 《공간, 시간, 운동》에서 이야기한 텐서 언어에 대해 잠시 다시 설명하는 것을 허락한다면, **장 세기 텐서** field-strength tensor $F_{\mu\nu}$는 다음과 같이 주어지는 2개 지표를 가진 텐서입니다.

$$F_{\mu\nu} = \partial_\mu A_\nu - \partial_\nu A_\mu \tag{9.8}$$

여기서 지표 μ와 ν가 두 항에서 서로 교환되는 것에 주목하세요—그렇지 않다면 우리는 그냥 0을 얻게 됩니다. 따라서 대칭인 계량 텐서($g_{\mu\nu} = g_{\nu\mu}$)와 달리 장 세기 텐서는 **반대칭** antisymmetric이어야 합니다. 즉 $F_{\mu\nu} = -F_{\nu\mu}$.

더 중요한 것은 장 세기 텐서가 **게이지 불변**이라는 것입니다—우리가 게이지 변환을 할 때 $F_{\mu\nu}$는 전혀 변하지 않습니다. 우리가 식 (9.7)처럼 A_μ의 게이지 변환을 취하고 이것을 식 (9.8)의 장 세기 텐서에 대입하면 다음 관계를 얻을 수 있어 이 사실을 확인할 수 있습니다.

$$\partial_\mu \partial_\nu \theta - \partial_\nu \partial_\mu \theta = 0 \tag{9.9}$$

편미분은 항상 서로 교환이 가능하기 때문에 이것은 자동으로 0이 됩니다. 즉 어떤 순서로 계산을 해도 동일한 답을 얻게 됩니다. 게이지이론을 다룰 때 가장 중요한 부분은 물리적으로 관련된 양이 게이지 불변인지 확인하는 것입니다. 장 세기 텐서 $F_{\mu\nu}$가 대표적인 예입니다. 즉 식 (9.9)는 우리가 식 (9.7)을 A_μ에 적용할 때 A_μ가 변하지 않는다는 것을 보여줍니다. 게이지 장 자체는 게이지 불변이 아니지만 그에 대응하는 장 세기 텐서는 게이지 불변입니다.

전기장 $\vec{E}$, 자기장 $\vec{B}$와 $F_{\mu\nu}$ 사이의 관계는 이들이 동일한 것이라는 것입니다. 더 구체적으로, 우리가 $F_{\mu\nu}$를 4×4 행렬이라고 생각하면, 전기장과 자기장은 이 행렬의 성분이 됩니다.

$$F_{\mu\nu} = \begin{pmatrix} 0 & E_x & E_y & E_z \\ -E_x & 0 & -B_z & B_y \\ -E_y & B_z & 0 & -B_x \\ -E_z & -B_y & B_x & 0 \end{pmatrix} \quad (9.10)$$

따라서 $F_{01} = E_x, F_{23} = B_x$ 등이 됩니다. 이것이 때때로 A_μ를 '벡터 퍼텐셜'이라고 부르는 이유입니다—뉴턴 역학에서 중력을 중력 퍼텐셜 장의 도함수로 생각할 수 있는 것처럼 (직접 힘을 유발하는) 전기장과 자기장을 A_μ의 적절한 도함수로 생각할 수 있습니다. 장 세기 텐서는 직접적으로 일반상대성이론의 리만 텐서에 비유할 수 있습니다—두 텐서 모두 기본 퍼텐셜의 '곡률'에 관한 불변 척도입니다.

여러분은 때때로 맥스웰 자신이 직접 전기장과 자기장만을 가지고 연구했기 때문에 게이지 불변성에 대해 몰랐을 것이라는 이야기를 들을 것입니다. 그것은 전혀 사실이 아닙니다—맥스웰은 벡터 퍼텐셜을 정의하고 이 퍼텐셜로부터 전기장과 자기장을 유도할 수 있으며, 이 퍼텐셜이 $\vec{E}$나 $\vec{B}$를 변하게 하지 않으면서 (그가 그렇게 부르지는 않았지만) 게이지 변환될 수 있다는 것을 알고 있었습니다. 물론 맥스웰은 특수상대성이론에 대해 몰랐기 때문에 그는 전자기장을 시공간 텐서로 정리할 수 없었습니다. 맥스웰은 전자장에 대해서도 몰랐고 심지어 전자에 대해서도 알지 못했습니다. 게이지 장 A_μ와 그 성질이 실제로 필수적이 된 것은 양자장이론이 등장하면서부터입니다.

전자와 양전자

지금까지 이야기한 것들을 종합해봅시다.

5장 '상호작용'을 기억한다면, 여러분은 '물리학을 한다'는 것이 '라그랑지안을 적고 라그랑지안으로부터 상호작용을 표현하는 파인먼 도형을 구성한다'는 의미임을 알 것입니다. 우리가 하려는 게임은 이전의 스칼라 장에 대한 라그랑지안과 유사한 것을 만들지만, 지금은 이론이 게이지 대칭성에 대해 불변해야 한다는 추가적인 요구사항을 덧붙여야 합니다.

작용은 전체 시공간에 대한 라그랑주 밀도의 적분, $S = \int \mathcal{L} \, dt \, d^3x$ 입니다. 그리고 라그랑주 밀도―보통 줄여서 '라그랑지안'이라고 부릅니다―는 장과 장의 도함수로부터 만듭니다. 장의 라그랑지안은 서로 다른 항들을 더한 것입니다. 이 항들 가운데는 공간과 시간에 대한 장의 도함수를 가진 운동 항 및 기울기 항이 있는데, 공간과 시간이 상

대성이론에서 통합되어 있기 때문에 보통 이들을 '운동 항kinetic term'
으로 통합합니다. 또한 (장)² 형태의 질량 항과 장의 거듭제곱이 2 이
상인 상호작용 항들도 있습니다.

$$\mathcal{L} = (운동\ 항) + (질량\ 항) + (상호작용\ 항) \qquad (9.11)$$

라그랑지안 전체가 게이지 불변인지 확인해봅시다. 다른 항들의 변
화가 서로 보상이 되는 방식으로 변환되는 경우 개별 항이 반드시 게
이지 불변일 필요가 없습니다.

먼저 전자장에 대해 생각해봅시다. 전자장은 폴 디랙이 처음으로
제안한 운동 항을 가지고 있지만, 지금은 운동 항에 대해 걱정하지 맙
시다. 전자가 스핀-½ 입자라는 사실에서 비롯한 여러 가지 수학적인
복잡성이 있으며, 이 때문에 디랙은 그 유명한 '디랙 행렬'을 가정하게
되었지만, 우리는 이 행렬을 다루지 않으려 합니다.

질량 항에 대해 생각해봅시다. 여러분은 전자장이 ψ_e라면 질량 항
은 간단히 $(\psi_e)^2$이라고 추측할 수 있습니다. 그러나 그것은 옳지 않습
니다. 식 (9.3)과 같은 게이지 변환을 했을 때 어떤 일이 생기는지 살
펴봅시다.

$$(\psi_e)^2 \rightarrow (e^{i\theta}\psi_e)^2 = e^{2i\theta}\psi_e^2 \qquad (9.12)$$

그것은 불변하지 않고 위상 인자 $e^{2i\theta}$가 붙습니다. 이것은 전자가
결국 질량을 가질 수 없다는 것을 의미할까요?

전자는 질량(0.511메가전자볼트)을 가지고 있기 때문에 분명 그렇지 않습니다. 우리는 게이지 불변인 질량 항을 만드는 방법에 대해 좀 더 신중하게 생각해야 합니다. 다행히도 우리 화살통에는 또 하나의 화살이 있습니다. 즉 전자장은 복합 장이기 때문에 우리는 켤레 복소 장 ψ_e^*을 활용할 수 있습니다. 우리는 켤레 복소 장을 게이지 변환할 때 무슨 일이 일어날지 알고 있습니다. 왜냐하면 우리는 ψ_e 자체에 어떤 일이 일어나는지, 또 복소 켤레짓기는 모든 i를 $-i$로 바꾼다는 것을 알고 있기 때문입니다.

$$\psi_e^* \rightarrow \left(e^{i\theta}\psi_e\right)^* = e^{-i\theta}\psi_e^* \qquad (9.13)$$

이것은 우리가 게이지 불변인 것, 즉 $\psi_e^*\psi_e$를 얻게 해줍니다. 사실 우리는 이것이 게이지 불변임을 즉시 알 수 있습니다. 그 이유는 그것이 단순히 모듈러스 제곱 $|\psi_e|^2$이며 U(1) 회전의 모든 점은 복소 장의 위상이 이동하는 동안 모듈러스가 불변하도록 하기 때문입니다. 그러나 확실하게 하기 위해 다음과 같은 계산을 해볼 수 있습니다.

$$\psi_e^*\psi_e \rightarrow \left(e^{-i\theta}\psi_e^*\right)\left(e^{i\theta}\psi_e\right) = e^{-i\theta+i\theta}\psi_e^*\psi_e = \psi_e^*\psi_e \qquad (9.14)$$

U(1) 게이지 변환은 이 조합을 완전히 불변하도록 합니다. 이것이 바로 우리가 라그랑지안에서 찾고 있던 것입니다.

질량 항을 만들기 위해 원래 장의 복소 켤레를 사용해도 정말 괜찮을까요? 대답은 '그렇다'이지만, 물리학자들이 그 이유를 알아내는 데는 시간이 좀 걸렸습니다. 비결은 ψ_e^*를 ψ_e에서 유도된 것이 아니라 그 자체로 하나의 장이라고 생각하는 것입니다. 만약 이것이 사실이라면, 우리가 입자로 볼 수 있는 ψ_e^*의 양자가 존재할 것입니다.

실제로 그 입자는 전자의 반입자인 **양전자**positron입니다. 지금까지 우리가 살펴본 추론은 1928년 디랙이 전자에 대한 디랙 방정식을 도출한 방법을 단순화한 장난감 버전입니다. 디랙 방정식은 전자와 질량은 같지만 반대 전하를 띠는 또 다른 입자가 반드시 존재한다는 것을 암시하는 듯 보였습니다. 여러분은 이 예측이 전자의 스핀을 이해하는 것과 관련이 있다는 이야기를 들어보셨을 것이고, 역사적으로 이것이 역할을 했습니다. 그러나 사실 모든 하전 입자―U(1) 게이지 대칭성을 가진 입자―는 스핀과 관계없이 반입자를 갖게 됩니다.

전자의 질량을 정하는 라그랑지안의 질량 항은 양전자에도 동일하게 적용되므로 이들은 같은 질량을 가질 수밖에 없습니다. 물리학자들은 양전하를 띤 전자와 유사한 새로운 입자에 대한 예측을 받아들이기를 꺼렸지만―왜 물리학자들은 그때까지 이 입자를 발견하지 못했을까요?―1932년 칼 앤더슨Carl Anderson에 의해 결국 양전자가 발견되었습니다.

여러분은 힉스 보손 장이 입자들이 질량을 얻는 데 관여한다는 이야기를 들어보셨을 겁니다. 그렇다면 왜 우리는 힉스 보손에 대해 이야기하지 않고 전자의 질량 항을 적을 수 있었을까요? 그 이유는 입자물리학의 표준모형에서 힉스 보손의 필요성이 매우 특별하기 때문입니다. 그것은 약한 상호작용이 패리티를 위반한다는 사실과 관련이 있습니다―물리학자들은 왼손 스핀 입자를 오른손 스핀 입자와 다른 것으로 취급합니다. 디랙은 패리티나 약한 상호작용에 대해 생각하지 않았기 때문에, 그의 이론은 전자의 질량 항을 포함하여 이론을 전개하는 데 아무런 문제가 없었습니다.

한편 게이지 불변의 대칭성은 또 다른 유명한 입자인 광자가 질량을 갖는 것을 금지하기에 충분합니다.

장거리 힘

광자장 A_μ의 라그랑지안에 대해 생각해봅시다. 또다시 게이지 불변성이 주요한 역할을 담당합니다. 운동 항의 경우 우리는 이미 게이지 불변 텐서, 즉 식 (9.8)에서 정의한 장 세기 텐서 $F_{\mu\nu}$를 만드는 쉬운 방법을 알고 있습니다. 그러나 이 라그랑지안은 2개의 지표를 가진 텐서가 아닌 (지표가 없는) 스칼라여야 합니다.

장의 세기는 일반상대성이론의 곡률 텐서와 유사하다는 것을 기억하십시오. 이 경우 라그랑지안을 만드는 데 사용할 수 있는 스칼라 R을 만들 수 있었지만, 그 방법이 전자기학에서는 작동하지 않습니다. 우리가 할 수 있는 것은 장의 세기 텐서 자체를 곱하여 $(F_{\mu\nu})^2$를 만드는 것입니다. 그리고 실제로 이것이 전자기학에 대한 올바른 운동 항이 됩니다. 게이지 불변성은 우리의 삶을 더 편하게 합니다.

간단한 절차적 참고 사항입니다. 우리가 텐서를 서로 곱할 때마다 스칼라 양을 만들기 위해서는 가능한 지표값을 합하여 '지표를 흡수'해야 합니다. 계량 텐서 $g_{\mu\nu}$와 역계량 텐서 $g^{\mu\nu}$을 적절한 인자로 축약

함으로써 이 일을 수행할 수 있었습니다. 즉 한 지표는 올리고 다른 지표는 내릴 때 반복되는 지표들을 합하면서 계량과 역계량 텐서의 지표를 올리고 내리면 됩니다. 이 책에서 우리는 이런 복잡함은 완전히 무시합니다. 우리가 $(A_\mu)^2$으로 쓸 때 실제 의미는 $A_\mu A^\mu$이며, 마찬가지로 $(F_{\mu\nu})^2$는 $F_{\mu\nu}F^{\mu\nu}$를 의미합니다. 앞으로 이런 것들을 볼 때마다 지표를 올리고 내리며 지표들을 적절히 더해야 한다는 것을 알고 있어야 합니다.

그러면 광자의 질량 항은 어떻게 될까요? 상상할 수 있는 간단한 답은 $(A_\mu)^2$과 같은 것이 될 것입니다. 그러나 그것은 전혀 게이지 불변이 아니며, 이는 식 (9.7)을 대입하여 확인할 수 있습니다.

$$\mathrm{U}(1): (A_\mu)^2 \to (A_\mu + \partial_\mu \theta)^2 = (A_\mu)^2 + 2A_\mu(\partial_\mu \theta) + (\partial_\mu \theta)^2 \quad (9.15)$$

우리가 게이지 변환을 할 때(적어도 $\partial_\mu \theta$이 0이 아닌 한) 이 항은 분명히 변합니다. 따라서 이 항은 게이지 불변이 아닙니다. 전자의 경우 우리는 복소 켤레 장을 호출함으로써 이 문제를 해결할 수 있었습니다. 그러나 A_μ는 실수 값의 벡터 장이므로 별도의 복소 켤레를 가지고 있지 않습니다. 그럼 우리는 어떻게 해야 할까요?

답은 포기하는 것입니다. 전자기학의 물리학을 근본적으로 변화시킬 (힉스 장에 비유되는) 전적인 새로운 장을 도입하지 않고서는 게이지 불변의 방식으로 광자에 질량을 주는 방법은 없습니다. 따라서 우리는 게이지 불변성의 또 다른 결정적인 물리적 의미를 알 수 있습니다. 즉 힘 운반 입자들은 당연히 질량을 가질 수 없다는 것입니다.

유사한 추론을 일반상대성이론으로 기술되는 중력에도 적용할 수 있습니다. 두 경우 모두에서 우리는 질량이 없는 입자들이 운반하는 장거리 힘을 얻게 되는데, 이유는 이들 입자가 질량이 얻는 것을 금지하고 역제곱 힘의 법칙(전자기학에 대한 쿨롱의 법칙, 중력에 대한 뉴턴의 법칙)을 따르게 하는 대칭성이 존재하기 때문입니다. 우리의 거시적인, 인간 스케일의 삶에서 가장 명확히 드러나는 힘이 전자기력과 중력인 이유가 이것입니다. 단일 입자의 에너지는 운동량 및 질량과 $E^2 = p^2 + m^2$의 관계를 가지므로 입자가 가질 수 있는 최소 에너지는 (즉 $p=0$일 때) $E=m$입니다. 질량을 가진 입자를 생성하려면 특정한 최소 에너지가 필요하며, 이 입자가 전달하는 힘의 측면에서 볼 때 이 힘은 거리가 멀어질수록 급격히 감소한다는 것을 의미합니다. 반면 질량이 없는 입자는 우리가 원하는 만큼 에너지를 낮출 수 있습니다. 에너지가 낮은 가상 광자나 중력자가 광활한 공간을 가로질러 이동하는 데는 노력이 필요하지 않으므로 장거리 힘이 가능합니다.

양자전기역학 상호작용

그러므로 우리는 양자전기역학의 기본 구성 요소, 즉 복소 전자장, 이것의 복소 켤레 양전자장 및 우리에게 전자기학과 광자들을 주는 게이지 연결 장을 가지고 있습니다. 이 이론을 조립하는 마지막 단계는 광자와 전자/양전자가 서로 어떻게 상호작용하는지를 구체화하는 것입니다. 식 (5.6)에서 우리는 이를 3개의 장(전자, 양전자 및 광자)의 단순 곱으로 적었습니다. 그러나 단순했던 당시에는 게이지 불변성이나 양전자장이 전자장의 복소 켤레라는 사실을 몰랐습니다. 기본적으로 우리는 올바른 방향으로 가고 있었지만, 이제는 조금 더 조심해야 합니다.

우리는 전자 (9.3)과 광자 (9.7)의 변환 성질을 염두에 두고 상호작용이 게이지 불변이기를 원합니다. 우리는 항상 전자장 ψ_e을 양전자장 ψ_e^*과의 곱셈 조합으로 사용함으로써 전자장에서 $e^{i\theta}$를 소거할 수 있었습니다. 그러나 광자가 문제를 일으키는 것 같습니다. 게이지 변환은 A_μ에 $\partial_\mu \theta$를 더하며, 이것이 무엇을 상쇄할 수 있는지 명확하지 않습니다.

잠깐만, 무엇을 상쇄할지 명확할 수 있습니다. 식 (9.6), 즉 '전자장을 일정하게 유지하는' 게이지 불변 버전을 기억합니까? 게이지 변환을 할 때 왼쪽 변의 표현은 단지 전체 위상 $e^{i\theta}$를 골라내는 것이었습니다. 두 항 중 하나에만 개별적으로 나타날 보기 흉한 추가 요소들이 존재하지만, 이들 요소를 더하면 모두 상쇄됩니다. 아마도 우리는 그것을 활용할 수 있을 것입니다.

표기법을 단순화하고 물리학 본질만을 염두에 두기 위하여 일부 지표를 감추고 ∂_μ는 ∂로, 또 A_μ는 A로 적도록 합시다. 그러면 식 (9.6)의 왼쪽 변은 $\partial \psi_e - iA\psi_e$가 됩니다. 이것을 실제로 0으로 설정하는 것이 아닙니다—게이지 변환을 할 때 이것에 일어나는 유일한 일이 전체 위상 $e^{i\theta}$를 골라내는 것뿐이라는 사실을 이용하고 있습니다. 그 위상조차도 제거하는 명확한 방법이 있습니다. 즉 $\psi_e^* \to e^{-i\theta}\psi_e^*$처럼 반대 위상으로 변환되는 복소 켤레 (양전자) 장과 곱하는 것입니다. 따라서 우리는 라그랑지안에 나타날 수 있는 완전한 게이지 불변 조합을 만들 수 있습니다.

$$\psi_e^*(\partial \psi_e - iA\psi_e) = \psi_e^* \partial \psi_e - i\psi_e^* \psi_e A \qquad (9.16)$$

아주 흥미롭습니다! 두 번째 항은 기본적으로 5장에 나왔던 상호작용—조금 다른 표기법을 사용한 전자장, 양전자장 및 광자장의 곱—과 비슷해 보입니다. 그러나 양전자장과 전자장의 도함수만을 가진 첫 번째 항은 무엇일까요? 쉽습니다. 그것은 운동 항입니다. 스칼라장이나 광자장과 달리 전자(및 기타 스핀-½ 입자들)의 운동 항은 2개의 도함수가 아닌 단 하나의 도함수만을 필요로 합니다.

이로써 또 다른 비밀이 밝혀집니다. 즉 양자전기역학에서 광자와 전자/양전자 사이의 상호작용의 형태는 운동 항으로 시작하여 운동 항의 게이지 불변성을 요구하고, 연결 항, 일명 게이지 장을 포함하는 적절한 방식으로 보정해야 한다는 것을 깨달아 얻게 된 결과로 생각할 수 있다는 것입니다. 이 결과는 식 (5.6)과 전체 수치 인자만 다른데, 이는 우리가 전체 수치 인자를 아주 대수롭지 않게 생각했기 때문입니다. 식 (9.16)의 두 번째 항은 실제로 게이지 불변성에 의해 완전히 결정되는 양자전기역학 상호작용 라그랑지안입니다. 이 멋진 특징은 양자전기역학뿐만 아니라 모든 게이지이론에 적용됩니다.

우리는 이 결과의 이면에 뇌터의 정리가 작동하고 있음을 알 수 있습니다. 뇌터의 정리는 우리에게 연속 대칭이 보존된 양을 의미한다는 것을 알려줍니다. 전자기학의 U(1) 대칭은 확실히 중요하며, 이

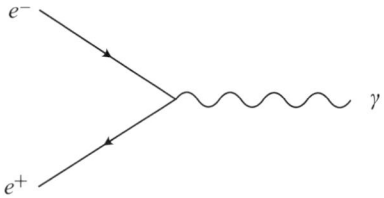

와 관련된 보존량은 전하입니다. 그리고 이제 게이지 불변성이 어떻게 전하가 보존되게 하는지 알아보겠습니다. 게이지 불변 라그랑지안을 얻기 위해서는 상호작용 항 $\psi_e^* \psi_e A$에 전자장뿐만 아니라 양전자장도 포함을 시킬 필요가 있습니다. 이는 해당 파인먼 도형 꼭짓점에 전자와 양전자가 모두 들어오고 광자가 나가는 것을 의미합니다. 하나의 -1 전하와 하나의 +1 전하가 들어오고 하나의 0 전하가 나가면서 전체적으로 전하가 보존됩니다. 2개의 전자가 들어오고 1개의 광자가 나가는 꼭짓점은 게이지 불변성이 허용하지 않으므로 절대로 존재할 수 없습니다.

CHAPTER 10

상

'상'은 단일 물질이 여러 물리적 성질을 가진 상태를 보이는 것을 말하는 것으로, 거시 물리학에서 빌려온 용어입니다. 예를 들어 물은 온도와 압력에 따라 고체(얼음), 액체, 기체의 형태로 나타날 수 있습니다. 물질이 동일한 기본 재료로 만들어졌음에도 그 상은 밀도나 물질 내부의 음속과 같은 다른 특성을 가질 수 있습니다.

✱ ✱ ✱

양자전기역학은 잘 알려진 흥미로운 역사를 가지고 있습니다. 그러나 어떤 의미에서 양자전기역학의 성공은 놀라운 일이 아닙니다. 우리는 양자역학이 작동한다는 것을 알고 있고 전자기학이 있다는 것을 알고 있기 때문에 이 양자역학과 전자기학은 어떻게든 합쳐져야만 했습니다. 초기에 재규격화에 대한 의문이 일부 있었지만, 다행히 모든 것이 잘 풀렸습니다.

당시에는 전혀 맞을 것 같지 않았던 양자장이론의 진정한 승리는 자연의 또 다른 힘, 특히 강한 핵력과 약한 핵력을 설명하는 데 있었습니다. 이 힘들이 (교환 법칙이 성립하지 않는) 비아벨 게이지 대칭에 기반한 양자전기역학의 일반화일 수 있다는 아이디어를 1954년 양전닝楊振寧과 로버트 밀스Robert Mills가 제기했으며, 따라서 이러한 모형들은 **양-밀스 이론**Yang-Mills theory이라고 알려져 있습니다. 그러나 당면한 장애물이 많았고, 몇몇 물리학자들은 이 이론의 성공에 회의적이었습니다. 결국 비아벨 게이지이론의 풍성한 예측 결과, 특히 이 이론이 여러 상phase으로 나타날 수 있다는 사실을 더 잘 이해하게 되면서 게이지이론은 성공할 수 있었습니다.

'상'은 단일 물질이 여러 물리적 성질을 가진 상태를 보이는 것을 말하는 것으로, 거시 물리학에서 빌려온 용어입니다. 예를 들어 물은 온도와 압력에 따라 고체(얼음), 액체, 기체의 형태로 나타날 수 있습니다. 물질이 동일한 기본 재료로 만들어졌음에도 그 상은 밀도나 물질 내부의 음속과 같은 다른 특성을 가질 수 있습니다.

게이지이론의 상도 이와 유사합니다. 즉 기본 구성 요소의 유사한 집합이 다른 관측된 행동을 보일 수 있습니다. 전자기학이나 일반상대성이론과 같은 이론은 역제곱 법칙을 따르는 장거리 힘이 특징인 **쿨롱 상**Coulomb phase에 속한다고 이야기합니다. 입자 언어로 게이지 보손은 질량이 없고 약한 상호작용을 한다고 이야기하며, 이는 광자와 중력자 모두에 대해서도 사실입니다. 게이지 보손은 여전히 질량을 가지고 있지 않지만 강한 상호작용을 함으로써 복합 입자들 내부에 포획되어 있는 경우 **가둠 상**confined phase에 있다고 이야기합니다. 강한 상호작용(양자색역학)을 하는 글루온이 이에 해당합니다. 그리고 마지막으로 기본적인 게이지 대칭성이 자발적으로 깨지는 **힉스 상**Higgs phase도 있으며 이 경우 약한 상호작용에서와 같이 게이지 보손의 질량이 커지고 단거리 힘이 작용합니다. 이 놀랍도록 풍성한 구조는 게이지이론의 선구자들도 거의 예상하지 못했던 것으로, 이 방정식들은 평소처럼 우리보다 더 똑똑합니다.

양자색역학

이전 장에서 우리는 양자장의 동역학과 상호작용을 이해하는 데 있어 아주 유용한 도구인 게이지 불변성을 칭송하는 노래를 불렀습니다. 이것이 함축하고 있는 커다란 의미 중 하나는 광자나 중력자 같은 게이지 보손의 질량이 없어야 하며 그것이 이 입자들이 장거리 힘을 보이는 이유라는 것입니다.

잠깐만. 우리는 이미 자연의 또 다른 힘인 강한 핵력과 약한 핵력도 게이지이론으로 설명할 수 있다는 것을 이미 예고했습니다. 그러나 이 힘들은 확실히 장거리 힘이 **아닙니다**. 강한 핵력과 관련된 통상적인 범위는 양성자의 콤프턴 파장입니다. 따라서 양성자의 질량 값을 전자볼트로 찾아 센티미터의 역수로 변환한 다음 거리를 구하기 위해 다시 역수를 취합니다. 우리는 결국 10^{-14}센티미터 정도의 수치를 얻게 됩니다. 약한 핵력의 경우에도 같은 작업을 수행해야 하지만 양성자 대신 W 보손을 사용하기 때문에 10^{-16}센티미터 정도를 얻게 됩니다. 정말 아주 짧은 거리입니다. 무슨 일이 일어난 걸까요?

강한 핵력과 약한 핵력 모두 게이지 대칭성에 기반을 두고 있음에도 불구하고 이들이 단거리 힘일 수밖에 없는 복잡하면서도 매력적인 이유가 존재합니다. 그리고 우주는 사물이 흥미롭게 되는 것을 좋아하기 때문에 그 이유가 두 경우에 완전히 다릅니다.

먼저 강한 핵력에 대해 생각해봅시다. 쿼크와 글루온을 결합하여 중입자나 중간자와 같은 복합 입자를 만드는 역할을 하는 양자색역학을 생각해봅시다. (원자핵 안에서 양성자와 중성자를 함께 묶어주는 힘은 핵자 자체 내부에서 일어나는 일의 여파로 생각할 수 있습니다.) 양자색역학은 실제로 양자전기역학과 매우 다른 두 가지 특징을 가지고 있습니다. 즉 글루온은 다른 글루온과 직접 상호작용하고, 재규격화는 낮은 에너지에서 상호작용을 약하게 하지 않고 더 강하게 만듭니다.

양자색역학은 3차원 복소 색 공간에서 회전하는 쿼크 장들의 SU(3) 대칭성에 기반을 두고 있습니다. 양자색역학은 길고 다소 굴곡진 역사를 가지고 있습니다. 아벨 게이지 대칭성에서 비아벨 게이지 대칭성으로 일반화한다는 아이디어는 1954년 양전닝과 밀스로부터 나왔지만, 그들은 쿼크에 대해 알지 못했습니다. 대신 그들은 양성자와 중성자를 직접 다루려고 했지만, 그 어떤 시도도 성공하지 못했습니다. 1964년에 이르러서야 머리 겔만과 조지 츠바이크가 쿼크에 대한 아이디어를 독자적으로 제안했습니다. 그 후 오토 그린버그Otto Greenberg와 한무영, 난부 요이치로南部陽一郎가 각기 쿼크를 기본 구성원으로 하는 SU(3) 게이지이론을 제안했지만, 이들의 모형의 세부적인 내용은 현재의 양자색역학과는 매우 달랐습니다. 1971년 겔만과 하랄트 프리치Harald Fritzsch는 현재 우리가 이해하고 있는 색전하를 도입했으며, 윌리엄 바딘William Bardeen과 하인리히 로이트바일러Heinrich Leutwyler가 함께 발표한 논문에서 그들은 (아직 몇 가지 중요한 성질들을 이해하지 못한 채) 색전하를 현재 우리가 알고 있는 이론으로 정리했습니다. 용어에 천재적인 재능이 있었던 겔만은 이 이론을 양자전기역학에 비유하여 '양자색역학'이라고 불렀습니다.

여러 방식에서 양자색역학의 기본 구조는 양자전기역학의 구조와 매우 유사합니다. 두 경우 모두 연결 게이지 장이 있으며, 이 장은 양자전기역학에서는 광자를, 양자색역학에서는 글루온을 생성합니다. 양자전기역학에는 숫자에 불과한 전하가 존재하는 반면, 양자색역학에는 3차원의 빨강/초록/파랑 벡터 공간에 색전하가 존재합니다. 두 경우 모두 힘 전달 입자의 질량이 없는데, 이는 궁극적으로 게이지 불변성이 부과한 제약 때문입니다. 운동 항과 상호작용의 형태는 거의 동일합니다.

한 가지 중요한 차이가 있습니다. 즉 SU(3)는 비아벨 군인 반면, U(1)은 아벨 군입니다. U(1) 변환은 단지 복소 공간에서의 회전 또는 위상 인자 $R = e^{i\theta}$를 곱하는 것과 같습니다. 따라서 우리가 어떤 순서로 변환을 수행하는지는 중요하지 않습니다. 즉 $R_1 R_2 = e^{i(\theta_1 + \theta_2)} = R_2 R_1$. 그러나 SU(3) 변환 M은 3×3 행렬이므로 2개의 행렬을 곱하는 순서가 중요합니다.

$$M_1 M_2 \neq M_2 M_1 \tag{10.1}$$

이 식이 수학적으로는 간단해 보이지만 물리적으로는 엄청난 결과를 초래합니다. U(1)이 아벨 군이라는 사실은 연속적인 변환이 '서로를 그대로 통과'한다는 것을 의미하며, (우리가 숨기고 있는) 약간의 수학을 통해 이것을 물리적 광자들이 상호작용 없이 바로 통과한다는 것으로 해석할 수 있습니다. SU(3) 변환은 서로를 그대로 통과할 수 없으며, 따라서 글루온은 서로 충돌하는 경향을 가지고 있습니다.

보다 엄밀하게, 직접적인 상호작용―우리가 기본 라그랑지안에서 읽을 수 있는 기본적인 파인먼 도형의 꼭짓점들―수준에서 광자는 전기적으로 대전된 입자하고만 상호작용합니다. 그리고 광자 자체는 중성이므로 광자는 자신과 직접 상호작용하지 않습니다. (우리가 차단 에너지를 부여하면 유효 4-광자 상호작용들이 존재하지만, 이 상호작용들은 일반적으로 매우 약하며, 어쨌든 우리는 하전 입자를 가진 고리 도형에 의해 실제로 상호작용이 유도된다는 것을 알고 있습니다). 이와 대조적으로 글루온은 그 자체로 일종의 색전하를 가지고 있습니다. 기본적으로 각 글루온은 색(빨강, 초록, 파랑)과 반색anti-color을 모두 가지고 있습니다. 따라서 빨강 쿼크와 초록 쿼크는 빨강/반초록 글루온을 교환함으로써 상호작용할 수 있으며, 따라서 그 과정에서 자신의 색을 변화시킬 수 있습니다.*

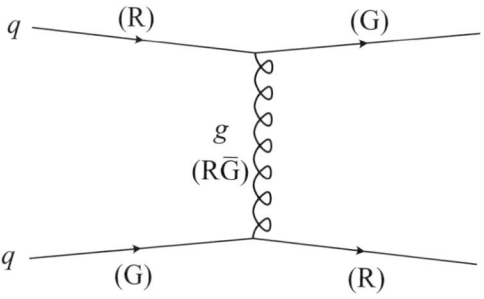

이런 글루온 교환 도형 자체는 양자전기역학 도형과 크게 다르지 않습니다. 그러나 또한 3-글루온 및 4-글루온 꼭짓점도 양자색역학

---

* 이 짧은 이야기를 보면 (세 가지 색에 세 가지 반색을 곱한) 아홉 종류의 글루온이 있어야 한다고 생각할 수 있지만, 전체 조합은 빼야 하므로 실제로는 여덟 종류의 글루온만이 존재합니다. 이것은 SU(3)가 8차원 군($3^2-1 = 8$)인 것과 일치합니다. 이 게이지 군은 1개의 차원당 항상 한 종류의 게이지 보손이 존재합니다.

파인먼 도형의 기본 구성원의 일부로서 존재합니다. 이들 꼭짓점의 존재는 SU(3) 게이지 대칭성이 가진 비아벨 군 속성의 결과입니다.

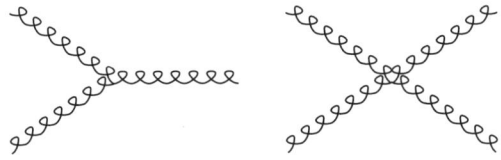

가둠

강한 상호작용에서 결정적인 역할을 하는 다른 구성원은 6장에서 재규격화 군과 연속 결합 상수를 논의하면서 등장했습니다. 거기서 우리는 점점 더 높은 에너지를 고려할수록 양자전기역학의 유효 미세 구조 상수가 커진다고 설명했습니다. 1970년대가 되어서야 물리학자들은 놀랍게도 특정 비아벨 게이지이론에서 결합이 반대로 작용한다는 사실을 깨달았습니다. 즉 낮은 에너지에서 결합이 더 크고 높은 에너지에서는 결합이 더 작아집니다. 1973년에 데이비드 폴리처David Politzer, 데이비드 그로스David Gross와 프랭크 윌첵Frank Wilczek이 이 계산을 해냈고, 이들은 이 업적으로 2004년 노벨 물리학상을 공동 수상했습니다. 상호작용 에너지가 점근적으로 커질수록 결합이 0으로 되기 때문에 이 성질을 **점근적 자유성**asymptotic freedom이라고 부릅니다—쿼크와 글루온은 자유 입자처럼 행동합니다. 그러나 반대로 상호작용 에너지가 작아질수록—이는 장거리에 해당한다는 것을 기억하십시오—결합이 더 커집니다. 원리적으로 결합은 무한히 커질 수 있습니다.

실제로 이것이 의미하는 바는 색 쿼크와 글루온이 사실상 장거리와 낮은 상호작용 에너지에 도달하지 않는다는 것입니다. 오히려 **가둠**confinement 현상이 발생합니다. 즉 색 입자들은 항상 다른 색 입자들과 무색 조합을 이루어 묶여 있습니다. 가둠은 강한 핵력이 그처럼 짧은 거리에서만 작용하는데도 어떻게 글루온의 질량이 없을 수 있는지 설명합니다. 즉 글루온은 광속으로 움직이지만 멀리 이동하지 않습니다. 글루온은 쿼크 및 다른 글루온과 계속해서 상호작용합니다. 글루온들이 그들의 동료로부터 너무 멀어지게 되면 글루온은 동료들에게 끌려오게 됩니다.

지금쯤 여러분은 앞 단락이 여러분의 기억을 환기시키기 위한 이야기임을 알 수 있을 것입니다. 실제로 일어나는 일은 상호작용하는 양자장이 존재한다는 것입니다. 양자색역학에서 우리가 시작한 기본 장은 쿼크와 글루온에 해당하지만, 이들은 우리가 최종적으로 얻은 개별 입자와 같은 상태의 장이 아닙니다. 오히려 쿼크와 글루온 장은 우리가 **강입자**라고 부르는 특정 입자 집단으로 정착됩니다. 강입자 내부의 쿼크와 글루온은 문자 그대로 끊임없이 움직이고 서로 부딪히는 점과 같은 입자가 아니며, 일반적으로 장은 완전히 정지해 있거나 거의 정지해 있습니다. 그러나 우리가 그 한계를 이해하는 한, 기억을 환기시키는 이야기를 하는 것에는 아무런 문제도 없습니다.

여러분은 '쿼크들을 서로 떼어내면 어떻게 될까? 뭐가 잘못될까?'라고 생각할 수도 있습니다. 이것은 또 다른 기억을 환기시키는 이야기로 이어집니다. 그것은 쿼크 주변의 강한 상호작용을 하는 글루온 장이 하전 입자의 전기장처럼 사방으로 고르게 퍼지지 않는다는 사실을 인식하는 데서 시작됩니다. 오히려 글루온 장은 다른 쿼크까지 확장되는 **선다발 관**flux tube에 갇히게 됩니다. 서로 결합하여 (적어도 잠시 동안) **중성 파이온**neutral pion이라고 부르는 입자를 형성할 수 있는 업 쿼크와 반업 쿼크를 생각해봅시다. 아주 작은 핀셋으로 두 쿼크를 서로 잡아당겨 떼어내려고 하면, 선다발 관이 늘어나게 됩니다. 선다발 관은 단위 길이당 일정한 양의 에너지를 가지고 있기 때문에 관을 늘리기 위해서는 많은 에너지가 필요합니다. 결국 계에 너무 많은 에너지를 투입하기 때문에 쿼크가 분리되는 대신 다른 쿼크/반쿼크 쌍이 만들어지는 것이 더 유리합니다. 이 쌍은 선다발 관을 따라 자발적으로 나타날 수 있으며, 이 쌍은 2개의 선다발 관으로 분리됩니다. 이는 끈의 끝부분과 매우 유사합니다. 즉 처음에 2개의 끝부분을 가진 끈을 자르면, 분리된 2개의 끝부분을 얻는 것이 아니라 각각 2개의 끝부분을 가진 두 조각의 끈을 얻게 됩니다.

우리가 글루온이나 강한 상호작용을 하는 선다발 관에 대해 알기

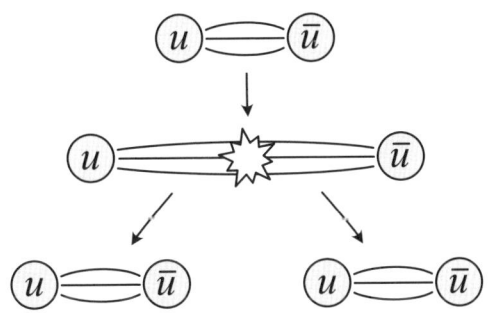

전, 특정 강입자들이 1개의 끈의 진동 모드에서 예상되는 패턴을 보인다는 것이 알려졌습니다. 이로 인해 **끈이론**string theory이라는 것이 발명되었습니다. 이 아이디어는 강한 상호작용을 설명하는 이론으로는 매우 부적합하지만, 양자 중력뿐만 아니라 다른 모든 상호작용을 함께 설명하는 이론틀로 성장했으며, 여전히 이론물리학자들 사이에서 매우 인기가 높습니다.

대칭성 깨짐

전자기 상호작용과 강한 상호작용에 대해서는 더 이상 할 이야기가 없습니다. 두 힘 모두 모두 게이지 대칭성을 기반으로 하며, 대응되는 게이지 보손은 질량을 가지고 있지 않습니다. 비슷한 이야기가 일반상대성이론으로 설명되는 중력에도 적용됩니다. 중력자들은 상호작용을 하지만 매우 약하게만 하므로 중력자는 갇혀 있지 않고 중력은 쿨롱 상에 있습니다.

마지막으로 세 가지 게이지 보손, 즉 전하를 가진 W^+와 W^-, 중성인 Z^0이 존재하는 약한 상호작용으로 넘어갑시다. 이들은 질량을 가지고 있습니다. W들의 질량은 대략 80기가전자볼트, Z의 질량은 대략 91기가전자볼트 정도입니다. 게이지 불변성이 라그랑지안에 $m^2(A_\mu)^2$와 같은 항이 포함되는 것을 금지한다면, 어떻게 힘 운반 보손들의 질량이 이처럼 클 수 있을까요? 답은 기본적인 대칭성이 자발적으로 깨지기 때문입니다.

간단히 하기 위해 SO(2) 대칭군을 가진 장난감 모형을 고려해봅시다. 군으로서 SO(2)는 U(1)과 같지만, 우리는 SO(2)를 단일 복소 차원이 아닌 실제 2차원 벡터 공간에서의 회전으로 생각하려고 합니다. 즉 우리는 이 2차원 내부 공간에서 벡터인 스칼라 장 Φ를 가지고 있습니다. 이것은 이 스칼라 장이 성분 Φ_1과 Φ_2를 가지고 있으며 전체 장을 다음과 같이 적을 수 있다는 것을 의미합니다.

$$\Phi = \Phi_1 \vec{e}_1 + \Phi_2 \vec{e}_2 \tag{10.2}$$

여기서 $\vec{e}_1$과 $\vec{e}_2$는 기저 벡터입니다. SO(2) 대칭성은 벡터 Φ를 이 공간에서 회전시킵니다.

라그랑지안을 만들기 위해 우리는 이 대칭성에 대해 불변하는 양들을 만들 필요가 있습니다. 장의 제곱이라는 분명한 예가 존재합니다.

$$|\Phi|^2 = (\Phi_1)^2 + (\Phi_2)^2 \tag{10.3}$$

이것은 단지 벡터 Φ의 길이를 제곱한 것으로, 이것은 우리가 원점 주위로 어느 각도로 회전시키든지 불변합니다. 따라서 SO(2) 불변인 질량 항 $m_\Phi^2 |\Phi|^2$을 만드는 것은 쉽습니다. 마찬가지로 우리는 $|\Phi|^4$을 얻기 위해 다시 제곱하여 상호작용 항을 만들 수 있습니다. 왜냐하면 $|\Phi|^2$은 이 대칭성에 대해 불변할 뿐 아니라 $|\Phi|^2$의 어떤 함수라도 불변하기 때문입니다.

이제 Φ에 대한 다음과 같은 퍼텐셜을 고려해봅시다.

$$V(\Phi) = -\mu^2 |\Phi|^2 + \lambda |\Phi|^4 \qquad (10.4)$$

이것은 '솜브레로sombrero' 또는 **멕시코 모자 퍼텐셜**Mexican-hat potential이라고 알려져 있는데, 아래의 단면도에 볼 수 있듯이 이 퍼텐셜을 그려보면 그 이유가 명확해집니다. (Φ와 같은 스칼라 장은 질량의 차원을 가지며 퍼텐셜은 $[M]^4$과 동일한 $[E]^4$ 차원을 갖는 라그랑주 밀도의 일부이기 때문에 알 수 있듯이) 매개변수 μ는 질량의 차원을 가지며 λ의 차원은 없습니다.

흥미로운 점은 $\mu^2|\Phi|^2$ 앞에 음의 부호가 있다는 것입니다. 음의 부호일 필요는 없습니다─부호는 양 또는 음일 수 있으며, 우리는 단지 음인 가능성을 탐구하고 있을 뿐입니다. 결과적으로 퍼텐셜의 최솟값은 $\Phi=0$인 원점이 아닙니다. 원점 근처에서는 $|\Phi|^2$ 항이 $|\Phi|^4$ 항보다 더 중요해지고, $|\Phi|^2$ 항이 음의 계수를 갖기 때문입니다. 따라서 퍼텐셜은 처음에 원점에서 멀어질수록 내려갔다가 $|\Phi|^4$ 항이 지배하기 시

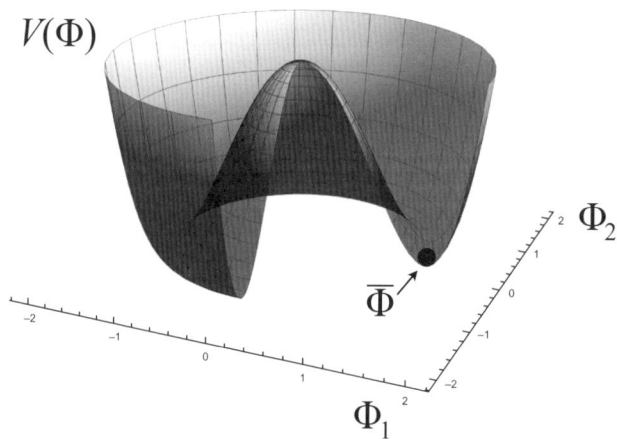

작하면 다시 올라옵니다.

퍼텐셜의 이러한 행동에 이상하거나 잘못된 점은 없습니다. 퍼텐셜의 최솟값이 반드시 원점에 있어야 한다는 규칙은 없습니다. 어딘가에 최솟값이 **있어야** 한다는 규칙은 있습니다. 그렇지 않으면 안정적인 진공 상태가 유지되지 않고 장은 퍼텐셜을 따라 영원히 굴러떨어지게 됩니다. 이는 흥미로운 대안 우주가 될 수 있지만, 우리가 사는 세상은 그렇지 않은 것 같습니다.

우리는 보통 진공(최소 에너지) 상태 근처에서 살고 있다고 생각하기 때문에, 장은 0을 주위로 움직이는 것이 아니라 모자의 가장자리로 떨어지게 됩니다. 멕시코 모자 퍼텐셜은 원점을 중심으로 회전 대칭을 이루며, 이는 기본 SO(2) 대칭을 반영합니다. 따라서 장이 어디에 떨어질지 미리 말할 수 없습니다—모자 가장자리의 모든 점은 서로 동일합니다. 그러나 장은 어딘가에 떨어질 것입니다. 우리는 장이 떨어지는 곳의 값을 $\overline{\Phi}$로 표시하고 장의 **진공 기댓값**vacuum expectation value이라고 부릅니다.* (우리는 양자역학을 이야기하고 있기 때문에 이것을 단순히 '값'이라고 부르지 않고 '기댓값'이라고 부릅니다. 여러분이 장의 값을 반복적으로 측정하면 조금씩 다른 답을 얻게 되고, 이 값들을 평균하면 $\overline{\Phi}$가 됩니다.)

이 스칼라 장의 기본 물리학 전부는 SO(2) 변환에 대해 완전히 불

---

* 장이 공간의 다른 점에서 다른 값을 가질 수 있는지 궁금해할 수 있습니다. 게이지 대칭성 때문에 답하기 까다롭지만 본질적으로 그런 일이 일어날 수 있습니다. 전반적으로 이는 균일한 장보다 에너지가 높은 상태이므로, 장의 에너지가 다른 입자들로 변환되면서 장이 곧게 펴지는 일이 일어납니다.

변입니다. 그러나 장이 끝나는 곳인 특정 장소 $\bar{\Phi}$는 불변이 **아닙니다**. 회전이 $\bar{\Phi}$를 모자의 가장자리를 따라 이동하게 합니다. 모자의 가장자리를 따라 특별한 점에 무작위적으로 떨어짐으로써 장 값은 이제 기본적인 대칭성을 위반합니다. 이 때문에 이런 현상을 **자발 대칭성 깨짐**spontaneous symmetry breaking—기본 물리학은 불변이지만 특정한 진공 기댓값은 불변이 아니기 때문—이라고 부릅니다.

게이지 대칭성(각 점에서 다른 회전이 가능)이 아니라 전역 대칭성(시공간 전체에서 균일한 회전만 가능)인 경우에도 우리가 지금까지 자발 대칭성 깨짐에 대해 언급한 모든 내용을 동일하게 적용할 수 있습니다. 1960년대에 요이치로 난부, 제프리 골드스톤Jeffrey Goldstone 등이 처음으로 전역 대칭성의 예를 연구했습니다. 이 경우 흥미로운 일이 일어났습니다. 기본 대칭성 때문에 장 공간에서 진공 기댓값으로부터 출발하여 퍼텐셜을 일정하게 유지하면서 이동할 수 있는 방향이 항상 존재한다는 것입니다. (그림에서 그것은 모자의 가장자리입니다.) 장 공간에서 특정 방향을 따라 나타나는 일정한 퍼텐셜은 질량이 0인 입자에 해당하며, 이를 **골드스톤 보손**Goldstone boson (또는 난부-골드스톤 보손 Nambu-Goldstone boson)이라고 부릅니다. 여러분이 정확히 전역 대칭성을 자발적으로 깨뜨릴 때마다 하나 또는 그 이상의 질량 없는 스칼라 입자가 남는다는 증명 가능한 정리가 있습니다. 이것은 재미있는 정리이지만 실제 세계를 설명하려고 할 때 문제가 될 수 있는데, 그러한 입자들이 실제로는 존재하지 않는 것으로 알려져 있기 때문입니다.

다행히도 게이지 대칭성을 자발적으로 깨뜨리는 것은 전혀 차원이 다른 문제입니다. 그 경우를 생각해봅시다.

힉스 메커니즘

1960년대 물리학자들은 아직 점근적 자유성과 가둠을 생각해내지 못했지만, 그들은 강한 핵력과 약한 핵력이 단거리 힘이라는 것을 아주 잘 알고 있었습니다. 물리학자들은 비아벨 게이지이론의 양-밀스 퍼텐셜을 질량이 없는 게이지 보손의 문제와 조화시키는 방법을 찾고 있었습니다. 초전도성을 이해하는 데 중요한 역할을 하는 것으로 밝혀진 자발 대칭성 깨짐을 고려하는 것이 유망해 보였습니다. 그러나 아무도 관측한 적이 없는 질량이 없는 골드스톤 보손의 문제가 있었습니다.

게이지 대칭성의 경우 자발 대칭성 깨짐이 전역 대칭성과는 상당히 다르게 작동한다는 사실이 1964년 응집물질 물리학자인 필립 앤더슨Philip Anderson에 의해 처음으로 지적되었고, 로버트 브라우트Robert Brout와 프랑수아 앙글레르François Englert, 피터 힉스Peter Higgs, 제럴드 구랄닉Gerald Guralnik과 칼 하겐Carl Hagen과 톰 키블Tom Kibble의 세 그룹의 입자물리학자들에 의해 입자물리학의 맥락에서 사용되었습니다: 기본 아이디어는 두 가지 문제가 되는 특징 ― 질량이 없는 게이지 보손과 질량이 없는 골드스톤 보손 ― 이 상쇄된다는 것입니다. 게이지 대칭성이 자발적으로 깨지면 관련된 게이지 보손이 골드스톤 보손을 '먹어 치웁니다'. 골드스톤 보손은 독립된 입자로 사라지고 게이지 보손은 질량이 없는 것이 아니라 질량을 갖게 됩니다. 이 일을 단순히 힉스 메커니즘이라고 표현하는 것이 편리하지만, 모두가 이 공로를 인정받을 자격을 가지고 있습니다. 앙글레르와 힉스는 2013년에 노벨상을 공동 수상했지만, 브라우트는 이미 세상을 떠났고, 노벨상은 사후에 수여되지 않습니다. (계산해보면, 이 아이디어를 제안하고 노벨상을 수상하기까지 거의 반세기가 걸렸습니다.)

이제 게이지 불변 라그랑지안을 만드는 방법을 이해하기 위해 우리가 열심히 노력한 것을 게이지 보손이 어떻게 질량을 가지는지 명시적으로 살펴보는 데 사용할 시간입니다. 비결은 멕시칸 모자 퍼텐셜에서 진공 기댓값을 얻을 스칼라 장의 운동 라그랑지안에 있습니다. 스칼라 장 Φ가 있는 SO(2)의 예에 대해 이제 게이지 대칭성을 명시적으로 고려하려고 합니다. 따라서 우리는 연결 장 A_μ도 가지고 있습니다.

정상적인 스칼라 장이론에서 운동 항으로는 $(\partial_\mu \Phi)^2$과 같은 것을 찾게 되지만, 그 자체는 게이지 불변이 아닙니다. 대신 우리는 전자장의 도함수와 연결에 전자장을 곱한 게이지 불변 조합을 만드는 식 (9.6)으로 다시 돌아갑니다. 이제 우리는 전자가 아닌 스칼라 장 Φ를 생각 중이며, U(1)이 아니라 SO(2)를 고려하고 있습니다. 따라서 허수는 존재하지 않지만 기본 아이디어는 동일합니다. 게이지 불변 운동항의 후보는 다음과 같습니다.*

$$|\partial_\mu \Phi - A_\mu \Phi|^2 = (\partial_\mu \Phi)^2 + (A_\mu)^2 |\Phi|^2 \qquad (10.5)$$

오른쪽 변에서 첫 번째 항은 정상적인 운동 항이고 두 번째 항은 2개

---

* 우리는 $-2A_\mu \Phi(\partial_\mu \Phi)$의 교차 항이 없는 이유를 설명하는 수학적 속임수를 쓰고 있지만 그런 항이 없어도 괜찮다는 내 말을 믿으십시오. 더 깊이 파고 들어가려면 Φ가 두 성분을 가진 벡터이고 A_μ의 각 성분이 2×2 행렬이라는 사실에 좀 더 주의를 기울여야 합니다.

의 게이지 보손과 2개의 Φ 입자가 관여된 상호작용인 것처럼 보입니다. 그리고 자발 대칭성 깨짐이 없다면 실제로 그것이 사실입니다.

우리가 양자장이론에서 '입자'에 대해 이야기할 때, 우리는 장에서 들뜸—진공 상태의 작은 섭동—으로 인해 생기는 양자를 생각하고 있습니다. 그러나 여기서 진공 상태는 $\Phi = 0$이 아니라 $\Phi = \overline{\Phi}$인 상태입니다. 따라서 이 이론이 예측하는 입자의 종류를 밝히기 위해서는 다음과 같이 변수를 바꾸는 것이 도움이 됩니다.

$$\Phi(x, t) = \overline{\Phi} + \phi(x, t) \tag{10.6}$$

여기서 $\overline{\Phi}$는 진공 기댓값으로 값이 일정하며 $\phi(x, t)$는 우리가 $\overline{\Phi}$로부터 얼마나 멀리 떨어져 있는지를 알려주는 장입니다. 이런 치환을 할 필요는 없지만, 이런 치환을 하면 장의 진공 값이 $\phi = 0$가 되어 편리합니다. 장 ϕ는 원래 장 $\overline{\Phi}$가 아닌 이동된 장이며, ϕ의 들뜸은 자연스럽게 입자로 해석할 수 있습니다.

변수 변화 (10.6)을 운동 항 (10.4)의 두 번째 '상호작용' 부분에 대입해봅시다.

$$\left(A_\mu\right)^2 |\Phi|^2 = \overline{\Phi}^2 \left(A_\mu\right)^2 + 2\overline{\Phi}\phi\left(A_\mu\right)^2 + \phi^2 \left(A_\mu\right)^2 \tag{10.7}$$

여기서 마지막 항은 우리가 앞서 논의한 두 스칼라 장과 두 게이지 보손 사이의 상호작용입니다. 마지막에서 두 번째 항을 해석하기 위해서는 $\overline{\Phi}$가 동역학적 장이 아닌 상수라는 것을 기억하십시오. 따라서 이 항은 $2\bar{\Phi}$가 결합 상수의 역할을 하는 단일 ϕ와 두 게이지 보손 사이의 또 다른 상호작용입니다.

그러나 오른쪽 변의 첫 번째 항은 함축적인 의미를 담고 있습니다. $\bar{\Phi}$는 상수일 뿐이므로 장과 관련된 것으로는 $(A_\mu)^2$이 있습니다. 따라서 실제로 이것은 게이지 보손의 질량 항입니다! 게이지 불변성은 이런 일이 일어나지 않도록 하는 것이었습니다. 무슨 일이 일어난 것일까요?

지금 일어나고 있는 일이 우리가 방금 살펴본 수학적 조작과 관련이 있다는 것이 맞습니다. 게이지이론에서 우리는 게이지 불변성을 위반하지 않으면서 라그랑지안에 게이지 장에 대한 질량 항을 간단히 넣을 수 없습니다. 그러나 자발 대칭성 깨짐은 유효 질량 항이 존재하게 하며, 대칭성이 깨지는 장의 진공 기댓값이 질량의 역할을 담당합니다. (좀 더 주의를 기울였더라면 $\bar{\Phi}$를 A_μ의 질량과 연관지어주는 결합 상수가 존재할 수도 있었겠지만, 여기서 우리는 정확한 공식보다는 일반적인 개념을 추구합니다.) 우리가 수행한 작업에서 명확하게 알 수는 없지만, 질량 없는 골드스톤 보손도 게이지 보손에게 먹혀서 사라졌습니다.

하지만 흥미로운 이야기가 없다면 분명 실망할 것입니다. 여기 한 가지 사례가 있습니다. 즉 전자기학이나 중력에서와 같이 질량을 가지지 않은 비점근적 자유 게이지 장은, 기본적으로《공간, 시간, 운동》에서 설명한 것처럼 역선 line of force이 영원히 이동하고 거리에 따라 약해지기 때문에, 장거리, 역제곱 힘의 법칙이 발생합니다. 이제 우리는 모든 곳에서 0이 아닌 기댓값을 가진, 공간에 퍼져 있는 새로운 장 Φ를 가지고 있습니다. 그리고 게이지 보손에 관한 한, 이것은 전하를 가진 장이며, 게이지 변환에 따라 변환됩니다. 따라서 역선은 무한히 자유롭게 이동할 수가 없습니다. 역선은 스모그가 낀 대기에서 빠르게 사라지는 광선처럼 주변 스칼라 장을 통과하면서 서서히 흡수됩니다. 이것이 바로 게이지 장이 장거리가 아닌 단거리인 이유입니다. 그리고 이것은 질량을 가지지 않은 게이지 보손이 아니라 질량을 가진 게이지 보손이라는 것을 의미합니다.

전기약작용이론

힉스 메커니즘의 선구자들은 강한 핵력을 목표로 하고 있었지만, 그 아이디어는 결국 약한 핵력을 현대적으로 이해하게 해주었습니다. 거기에 도달하는 과정은, 양자장이론의 역사에서 특징적으로 볼 수 있듯이, 굴곡이 많고 예측하기 어려웠습니다.

약한 상호작용에 대한 최초의 매우 성공적인 이론은 1933년에 나온 엔리코 페르미의 베타 붕괴에 관한 이론이었습니다. 그 이론은 중성자가 양성자, 전자 및 반중성미자로 붕괴하는 것을 설명해주었습니다. 베타 붕괴 이론은 양자장이론의 영향력을 보여준 초기 사례였으며, 당시에는 아직 순수 가설에 불과했던 중성미자의 존재를 알려주었습니다. 또한 페르미의 이론은 재규격화가 불가능했는데, 그것이 당시에 물리학자들의 우려를 낳았습니다. (페르미는 $[E]^{3/2}$의 차원을 가진 4개의 페르미온 장의 직접적인 상호작용을 가정했습니다. 따라서 그의 상호작용 항은 $[E]^6$의 차원을 가지고 있어 베타 붕괴와는 관련이 없는 연산자입니다.) 오늘날 페르미의 이론은 약한 상호작용에 대한 완벽하게 훌륭한 낮은 에너지 유효 이론이라고 할 수 있습니다.

낮은 에너지에서 페르미의 이론으로 환원되는 재규격화가 가능한 이론을 만드는 한 가지 방법은 상호작용을 매개할 수 있는 전하를 가진 질량이 큰 보손을 도입하여, 4개의 페르미온을 가진 꼭짓점을 각각 2개의 페르미온과 새로운 보손을 가진 2개의 꼭짓점으로 대체하는 것입니다. 쿼크와 파인먼 도형의 현대적 언어로 표현하자면, 중성자의 다운 쿼크(전하 $-1/3$) 중 하나가 전하 -1을 가진 W 보손을 방출하여 업 쿼크(전하 $+2/3$)로 변환되면서 중성자가 양성자로 붕괴하고, 이후 양성자는 다시 전자와 반중성미자로 붕괴합니다.

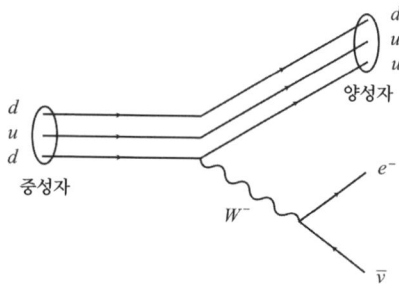

여러분이 전자 중성미자, 뮤온 중성미자 및 타우 중성미자를 어떻게 구분하는지 궁금했다면, 다음과 같은 방법이 있습니다. 즉 W가 전하를 가진 경입자와 반중성미자로 변환될 때 생성되는 경입자와 연관된 반중성미자가 항상 나타납니다.

그러나 힉스 메커니즘이 아직 알려지지 않았기 때문에 큰 질량의 게이지 보손을 가진 이론을 구성하는 것이 쉽지 않았습니다. 1950년대에 줄리언 슈윙거Julian Schwinger가 SU(2) 대칭성을 가진 모형을 시도

했지만, 그의 이론은 질량이 없는 중성 게이지 보손이 생성되는 원치 않는 결과를 얻었습니다. 결국 그는 그 오류를 자기 이론의 특성으로 생각하고, 질량 없는 중성 보손을 광자로 해석하는 아이디어를 떠올렸습니다. 이로부터 약한 상호작용과 전자기 상호작용을 **통합**하려는 야망이 탄생했습니다. 슈윙거는 이 문제를 재능 있는 제자 셸던 글래쇼 Sheldon Glashow에게 넘겼고, 글래쇼는 SU(2) 대칭성과 U(1) 대칭성을 모두 가진 모형을 제안했습니다. 영국에서는 압두스 살람 Abdus Salam과 존 워드 John Ward가 비슷한 모형을 탐구하고 있었습니다. 하지만 1960년대 초반까지만 해도 게이지 보손이 큰 질량을 갖게 되는 메커니즘은 여전히 미스터리였습니다. 전자기학과 약한 핵력을 통합하려는 시도로 자발 게이지 대칭 깨짐의 힉스 메커니즘을 도입하여 현재 우리가 **전기약작용이론**이라고 부르는 것을 이끌어낸 것은 바로 스티븐 와인버그 Steven Weinberg와 살람의 미발표 연구였습니다.

그 결과로 나온 이론은 복잡한 구조를 가지고 있습니다. 우리는 SU(2) 게이지 대칭성(3차원 군이므로 3개의 보손이 존재합니다)과 개별적인 U(1) 대칭성(한 개의 게이지 보손이 존재합니다)뿐만 아니라 SU(2) 아래에서 2차원 벡터로 변환되고 U(1) 아래에서는 전하를 가지게 되는 복소 스칼라 장으로부터 시작합니다. 이 스칼라 장—이제는 간단히 힉스장 Higgs field이라고 알려져 있습니다—이 진공 기댓값을 얻을 때 SU(2)와 U(1) 대칭성 모두 자발적으로 깨지지만, 그럼에도 불구하고 이들의 특정한 조합은 대칭성이 깨지지 않고 전자기학의 U(1) 대칭성을 유지합니다. 3개의 무거운 게이지 보손—전하를 가진 W^+와 W^- 및 중성 Z^0—뿐만 아니라 질량이 없는 광자가 존재합니다. 따라서 이 이론이

SU(2) × U(1)에서 시작하여 U(1)으로 대칭성이 깨지지만, 최종 게이지 대칭성은 정확히 원래 U(1) 대칭성이 아니고 U(1) 대칭성과 SU(2) 대칭성의 조합입니다.

나는 여러분에게 이 이론이 복잡하다고 이야기했습니다. 그러나 엄청나게 중요한 또 다른 문제가 있습니다. 1950년대 이론물리학자 리정다오李政道와 양전닝의 제안에 따라 실험물리학자 우젠슝吳健雄은 약한 상호작용이 물리적 짜임새를 거울 이미지로 바꾸는 변환인 **패리티** parity를 위반한다는 사실을 증명했습니다. 와인버그-살람의 전기약작용이론에서 전자와 중성미자와 쿼크와 같은 페르미온은 모두 완벽하게 질량이 없는 상태로 시작하여 결과적으로 광속으로 움직입니다. 또한 이들은 스핀-½인 입자이므로 운동에 의해 정의된 축을 따라 측정할 때 위 방향 스핀 또는 아래 방향 스핀 여부를 기술하는 특정 **나선도** helicity로 특징지어집니다. (입자가 질량을 가진다면 우리는 항상 움직임이 없는 정지 기준틀에서 작업할 수 있지만, 질량이 없는 입자의 경우 항상 광속으로 움직입니다.) 나선도는 여러분이 어느 손으로 운동 방향을 가리키느냐에 따라 '왼쪽' 또는 '오른쪽'으로 분류하며, 이때 손가락들이 가리키는 방향이 스핀 방향이 됩니다. 와인버그와 살람은 원래의 SU(2) 게이지 대칭성이 왼손 페르미온에만 적용되고 오른손 페르미온은 불변인 상태로 놔둔다고 가정했습니다. 이는 경입자뿐만 아니라 쿼크에도 적용됩니다.

앞서 언급했듯이 실제 세계에서 전자가 질량을 가지고 있다는 점을 제외하면 전기약작용이론은 훌륭합니다. 다행히도 자발 대칭성 깨짐이 또다시 우리를 구해줍니다. 어떤 페르미온 ψ에 대해 우리는

$y\Phi\psi^*\psi$ 형태의 게이지 불변 상호작용을 생각할 수 있습니다. 여기에는 3개의 장이 관여되어 있습니다. ψ는 왼손 페르미온, ψ^*는 오른손 반페르미온, Φ는 힉스 스칼라입니다. 수치 인자 y는 일본 물리학자 유카와 히데키湯川秀樹의 이름을 따서 **유카와 결합**Yukawa coupling이라고 불리는 상수입니다. 유카와 결합은 차원이 없는 숫자인데, 이유는 페르미온의 차원이 $[M]^{3/2}$이고 힉스는 차원이 $[M]$인 스칼라 장이며 라그랑주 밀도의 각 항은 차원 $[M]^4$을 갖기 때문입니다. 각 종류의 쿼크와 전하를 가진 경입자에 대해 이러한 종류의 항이 별도로 존재합니다.

힉스가 진공 기댓값을 가지게 될 때 우리는 $\Phi \to \bar{\Phi} + H(x,t)$로 쓸 수 있으며, 여기서 $\bar{\Phi}$는 고정된 기댓값이고 H는 동역학적 힉스 보손 장입니다. 이럴 때 힉스/페르미온 상호작용에 어떤 일이 일어나는지 살펴봅시다.

$$y\Phi\psi^*\psi \to y\bar{\Phi}\psi^*\psi + yH\psi^*\psi \qquad (10.8)$$

하나의 항이었던 것이 이제 2개의 항이 되었습니다. 두 번째 항인 $yH\psi^*\psi$는 힉스와 페르미온/반페르미온 쌍 사이의 상호작용 항으로, 그 세기는 y에 비례합니다. 그러나 첫 번째 항에서 $\bar{\Phi}$는 동역학적 장이 아니라 고정된 상수입니다. 따라서 이것과 관계된 페르미온과 그 반페르미온의 2개의 장만이 존재합니다. 이것은 단순히 페르미온의 질량 항이라는 것을 의미합니다!* 기댓값 $\bar{\Phi}$는 질량의 차원을 가지고 있

---

* 글을 쓸 때 느낌표를 너무 많이 쓰지 않는 것이 좋다고 들었습니다. 하지만 이 느낌표는 그럴

고 유카와 결합은 차원이 없으므로 조합 $y\Phi$의 단위는 질량이어야 차원이 맞게 됩니다. y는 입자의 맛깔에 따라 다르지만, 이들은 모두 힉스 기댓값에 비례하기 때문에 각 페르미온은 다른 질량을 가질 수 있습니다. 그리고 보너스로, 이것은 힉스 보손 H와 각 페르미온 사이의 결합이 모두 y에 비례하기 때문에 이 결합이 페르미온의 질량에 비례한다는 매우 강력한 예측을 낳습니다. 이 특징은 힉스 보손을 실험적으로 탐색하게 되었을 때 유용하게 사용되었습니다.

비록 디랙은 그의 원래 방정식에 전자의 질량 항을 넣기 위해 골똘히 생각할 필요가 없었지만, 표준모형이 왼손 페르미온과 오른손 페르미온을 다르게 취급한다는 사실 때문에 오늘날 우리는 질량의 기원을 '설명'해야 합니다. 1930년대 디랙은 패리티 위반에 대해 몰랐기 때문에 그냥 질량을 적었습니다. 오늘날 우리는 전자의 질량이 어디서 오는지 설명하기 위해 조금 더 열심히 노력해야 할 만큼 충분히 제약을 받고 있으며, 궁극적으로 질량이 모든 공간에 퍼져 있는 힉스 장에 기인한다고 생각합니다. '질량'이라는 개념 자체가 힉스 장을 필요로 하는 것이 아니라, 힉스가 진공 기댓값을 얻고 $SU(2) \times U(1)$ 대칭성을 깨지 않았다면 표준모형의 엄격한 구조가 페르미온이 질량을 가지는 것을 금지할 수 있다는 것입니다. 1960년대에 부화했던 이 시나리오는 놀랍게도 1970년대부터 2012년 힉스 보손의 발견에 이르기까지 일련의 많은 실험 결과를 통해 사실로 확인되었습니다.

정말로 좋은 아이디어는 드물고 때로는 그 아이디어를 보고도 알

만한 가치가 있습니다.

아차리기 어려울 때가 있습니다. 1967년 와인버그가 '경입자 모형'이라는 소박한 제목으로 논문을 발표했을 때, 와인버그 자신을 포함해 아무도 이 논문에 큰 관심을 기울이지 않았습니다. 다음 그림에서 와인버그의 논문에 대한 연간 인용 횟수를 볼 수 있습니다. 처음 몇 년 동안은 전혀 관심이 없다가 1971년부터 급증했다가 약간 안정된 후 2010년에 다시 급증했습니다. 오랫동안 와인버그의 논문은 이론물리학에서 가장 많이 인용되는 논문이었습니다. 우리는 2010년경 무슨 일이 일어났는지 알고 있습니다. 대형강입자충돌기가 본격적으로 힉스 보손의 탐색을 시작했고 마침내 2012년 힉스 보손을 발견했습니다. 1971년에는 무슨 일이 일어났던 걸까요?

당시에는 유효장이론의 철학이 제대로 자리를 잡지 못했고, 이론의 재규격화 가능성 여부에 큰 비중을 두고 있었다는 사실을 상기하십시오. 그리고 문제는 와인버그 이론의 경우 재규격화 여부가 명확하지 않았다는 점입니다. 와인버그 자신도 재규격화가 가능하다는 것을 증명하려고 했으나 막혔고, 다른 사람들은 질량이 큰 게이지 보손을 와

스티븐 와인버그, 〈경입자 모형〉, 《피지컬 리뷰 레터스》(1967)의
연도별 인용 횟수, 1968-2022

https://inspirehep.net/literature/51188

인버그 이론의 재규격화가 불가능하다는 신호로 여겼기 때문에 시도조차 하지 않았습니다.

1971년 헤라르뒤스 엇호프트와 그의 박사학위 지도교수 마르티뉘스 펠트만은 와인버그 이론이 실제로 재규격화가 가능하다는 것을 보여주었습니다. 갑자기 전 세계의 모든 입자물리학자가 와인버그 이론에 관심을 보이기 시작했습니다. 충격적인 실험 결과 때문이 아니라 이론적 이해도의 향상으로 인해 특정 이론이 옳다는 과학자들의 확신이 극적으로 도약하는 것을 과학자들이 목격한 흥미로운 경우입니다.

전기약작용이론에 양자색역학을 더한 강한 상호작용 모형은 $SU(3) \times SU(2) \times U(1)$의 종합적인 게이지 대칭성을 가지고 있습니다. 페르미온 입자의 특정 집합(6개의 쿼크, 6개의 경입자) 및 힉스 장을 포함한 이 종합 이론은 **입자물리학의 표준모형**이라는 전혀 감동을 주지 못하는 이름으로 알려져 있습니다. 1970년대에 표준모형에 대한 이론적 마무리가 끝났고, 실험가들은 다양한 입자들의 존재를 계속해서 검증해왔습니다. 표준모형의 원래 버전은 모든 중성미자 질량을 0으로 설정했지만, 표준모형이 질량을 가진 중성미자들을 허용하도록 확장하는 것은 어렵지 않습니다. 중성미자들에 질량이 있는 경우에만 서로 다른 맛깔의 중성미자들이 다른 맛깔의 중성미자로 변환되는 양자 진동이 가능하다는 것을 실험적으로 확인한 가지타 다카아키梶田隆章와 아서 맥도널드Arthus McDonald에게 2015년 노벨 물리학상이 수여되었습니다. (중성미자 질량의 정확한 값은 아직 밝혀지지 않았습니다.) 이런 사소한 수정을 제외하면 표준모형은 지금까지 우리가 던진 모든 실험적 검증을 성공적으로 통과했습니다.

CHAPTER 11

물질

물질이 단단한 진짜 이유는 전자가 페르미온이고, 페르미온은 특별한 속성을 가지고 있기 때문입니다. 표준모형의 '물질' 입자들은 모두 페르미온입니다. 이들에는 6개 맛깔의 쿼크(업, 다운, 참, 스트레인지, 탑, 바텀)과 6개 맛깔의 경입자(전자, 뮤온, 타우, 전자 중성미자. 뮤온 중성미자, 타우 중성미자)가 포함됩니다. 페르미온은 공간을 차지합니다. 보손으로 이루어진 '힘'과는 달리 페르미온은 일반적으로 '물질'과 연관되어 있습니다.

✳ ✳ ✳

 입자물리학은 우리의 일상적인 관심사와는 다소 거리가 멀어 보일 수 있습니다. 쿼크와 경입자와 게이지 보손이 우리 모두의 내부에 있다는 사실은 쉽게 잊힙니다. 우리는 문자 그대로 이들로 이루어져 있습니다. 마지막 두 장에서는 우리 안에 있는 물리학을 우리가 일상적으로 보는 세상과 연결하는 여정을 시작하려 합니다.
 여기 분명한 질문이 하나 있습니다. 즉 원자는 왜 말랑말랑하지 않을까요? 어떻게 원자 집단을 모아서 단단한 물체로 만드는 것이 가능할까요?
 단일 원자의 경우, 원자가 형태를 유지하는 이유를 이해하는 것은 그리 어렵지 않지만, 일반적인 오해에서 벗어나야 합니다. 여러분은 '원자는 대부분 빈 공간'이라는 말을 들었을 것입니다. 사람들은 여러분에게 솔직하지 못했습니다. 작은 태양계처럼 원자핵 주위를 점과 같은 전자들이 돌고 있는 러더퍼드나 보어의 원자 모형을 여전히 믿는다면, 그 말이 사실일 수 있습니다. 이 경우 여러분은 실제로 원자의 단단함을 이해하기 어려울 것입니다. 하지만 적어도 파동함수가 실재라고 믿는 우리의 사고방식으로는 원자는 빈 공간이 아닙니다. 전자 파동함수는 각 원자 내에서 특정한 모양으로 퍼져 있습니다. 여러분이 그 모양을 바꾸려 할 수는 있지만, 그 경우 일반적으로 많은 에너지가 필요합니다.

이것은 단일 원자의 모양을 설명하는 데 도움이 되지만, 여러 원자가 **결합**하여 고체 형태의 물체를 만들 수 있다는 사실은 어떻게 이해해야 할까요? 왜 두 원자의 전자들을 서로 바로 위에 쌓을 수 없을까요?

그 이유는, 사람들이 가끔 생각하는 것처럼, 전자 사이의 전자기적 반발력 때문이 아닙니다. 1842년 새뮤얼 언쇼Samuel Earnshaw는 전자와 같은 전하를 가진 입자를 원자 집합과 같이 정전기장만을 사용한 장치로는 가둘 수 없다는 정리를 증명했습니다. 대부분의 훌륭한 정리가 그렇듯, 일부 가정을 부정함으로써 이 결론에서 벗어나고자 할 수 있지만, 직관은 올바른 방향을 가리키고 있습니다. 물질의 단단함은 좀 더 복잡한 문제입니다.

물질이 단단한 진짜 이유는 전자가 페르미온이고, 페르미온은 특별한 속성을 가지고 있기 때문입니다. 즉 2개의 페르미온은 같은 양자 상태에 있을 수 없다는 특성 때문입니다. 그렇기 때문에 여러분은 전자를 서로 위에 쌓을 수 없습니다. 이 장에서는 이 특성과 페르미온 입자의 스핀과의 연관성을 살펴보겠습니다.

보손

왜 모든 전자는 같은 질량과 같은 전하를 가지고 있을까요? 그것은 존 휠러가 리처드 파인먼에게 제안한 대로 '전자들이 모두 같은 전자'이기 때문이 아닙니다. 휠러의 아이디어는 양전자를 시간을 거슬러 올라가는 전자로 생각할 수 있다는 개념에서 비롯되었습니다. 따라서 전자와 양전자가 광자로 소멸하는 상호작용은 하나의 전자가 들어와서 '시간을 거꾸로 거슬러 올라가' 양전자를 만드는 것으로 생각할 수 있습니다. 이것은 사실 전자를 생각하는 올바른 방법은 아니지만, 리처드 파인먼이 파인먼 도형을 발명하는 데 도움이 되었습니다.

모든 전자의 질량과 전하가 같은 진짜 이유는 전자가 모두 하나의 기본 전자장의 들뜬 상태이기 때문입니다. 결과적으로 두 전자는 **똑같은 입자**identical particle입니다. 즉 전자들은 원리상 서로 구별할 수 없습니다. 이것에 양자 얽힘의 마법이 더해져 전자가 자연에서 행동하는 방식에 결정적인 영향을 미칩니다.

파동함수 수준에서 똑같은 입자에 대해 생각해봅시다. 2개의 똑같은 입자가 있고, 첫 번째 입자의 위치 변수로 x_1을 사용하고 두 번째 입자의 위치 변수로 x_2를 사용한다고 가정합니다. 따라서 전체 파동함수는 $\Psi(x_1, x_2)$가 됩니다. 두 입자 모두 '위치'를 가지지 않으며, 변수 x_1과 x_2는 두 입자를 관측할 수 있는 동일한 3차원 공간의 2개의 다른 표식입니다. 그러나 만약 둘 중 하나를 관측할 경우, 둘이 똑같다는 사실은 우리가 '어느 것을 관측했는지'와 같은 것이 있을 수 없다는 것을 의미합니다. 우리가 x_1을 x_2로 교환할 경우, 어떠한 물리적으로 관측 가능한 양도 변해서는 안 됩니다.

이런 일이 일어나게 하는 확실한 방법이 있습니다. 즉 두 위치 변수를 바꿀 때 문자 그대로 변하지 않는 파동함수를 고려하면 됩니다. 이러한 입자가 존재합니다: 우리가 한동안 논의했던 게이지 보손과 힉스 보손 같은 **보손**이 그런 입자입니다. 보손은 1920년대에 처음으로 이들의 거동을 연구한 사티엔드라 나트 보스Satyendra Nath Bose의 이름을 따서 명명되었습니다. 두 보손에 대한 파동함수는 입자를 서로 교환할 때 불변합니다.

$$\text{보손}: \Psi_B(x_1, x_2) = \Psi_B(x_2, x_1) \tag{11.1}$$

이 경우 우리는 2개의 별개 입자 파동함수인 ψ_1과 ψ_2를 가지고 이 파동함수들을 대칭적인 형태로 얽히게 할 수 있습니다.

$$\Psi_B(x_1, x_2) = \psi_1(x_1)\psi_2(x_2) + \psi_1(x_2)\psi_2(x_1) \tag{11.2}$$

명백히 동일한 작업을 2개 이상의 입자로도 확장할 수 있습니다.

정확히 똑같은 양자 상태에 2개의 보손을 위치시키는 것은 전혀 문제가 되지 않습니다. 식 (11.2)에서 간단히 $\psi_1 = \psi_2$로 설정하면 됩니다. 그러면 보손은 실제로 똑같은 양자 상태에 있기를 좋아한다는 것을 알 수 있습니다. 만약 보손이 이미 어떤 상태에 있다면, 이 보손은 다른 보손이 그 상태로 전이할 확률을 증가시킵니다. 이것은 레이저나 응축체condensate와 같은 중요한 물리적 현상을 일으킵니다. 이런 현상은 많은 수의 입자가 똑같은 낮은 에너지 양자 상태를 공유할 때 일어납니다. 또 이것은 우리가 접하는 중력장이나 전자기장과 같은 거시적인 역장을 형성하는 것을 허용합니다.

현재 방글라데시에 있는 영국령 인도의 다카대학교에서 근무하던 보스는 똑같은 입자의 통계적 특성에 관한 논문을 작성하여 알베르트 아인슈타인에게 보냈습니다. 보스는 아인슈타인이 당시 최고의 학술지 중 하나인 《물리학 저널 Zeitschrift für Physik》에 게재할 수 있도록 영어를 독일어로 번역하는 일을 주선해주길 원했습니다. 이것은 다소 건방진 요청이었지만 아주 부당한 것은 아니었습니다. 왜냐하면 이전에 보스가 아인슈타인의 일부 논문을 영어로 번역하여 인도에 보급한 적이 있었기 때문입니다. 아인슈타인은 보스의 논문에 깊은 인상을 받아 직접 번역해 보스의 이름으로 학술지에 보냈고, 또한 후속 논문을 써서 같은 학술지에 제출했습니다. 똑같은 양자 상태에 쌓이는 것을 선호하는 특성을 포함한 보손의 통계적 행동은 오늘날 **보스-아인슈타인 통계학** Bose-Einstein statistics 으로 알려져 있습니다.

페르미온

그러나 이 이야기의 출발점인 전자는 보손이 아닙니다. 양자역학에서 똑같은 입자를 교환하면 동일한 물리적 특성을 가져야 한다는 요구 조건이 식 (11.1)에서처럼 입자를 교환할 때 파동함수가 단순히 변하지 않아야 한다는 것을 의미하지 않기 때문에 전자는 보손이 아니

어도 됩니다. 또한 파동함수에 음의 부호가 나타나는 것도 가능합니다. 그러면 $P(x_1, x_2) = |\Psi(x_1, x_2)|^2$인 보른 규칙에 의해 입자 위치를 관측할 확률은 변하지 않습니다. 실제로 그런 입자들이 있습니다. 엔리코 페르미의 이름을 딴 **페르미온**입니다.

$$\text{페르미온:} \quad \Psi_F(x_1, x_2) = -\Psi_F(x_2, x_1) \tag{11.3}$$

우리가 보손에 했던 것처럼 페르미온에서도 같은 방법을 쓸 수 있습니다. 2개의 개별 입자 파동함수를 얽어서 두 입자 파동함수를 만들 수 있지만, 이번에는 대칭 조합이 아닌 반대칭 조합으로 만듭니다.

$$\Psi_F(x_1, x_2) = \psi_1(x_1)\,\psi_2(x_2) - \psi_1(x_2)\,\psi_2(x_1) \tag{11.4}$$

표준모형의 '물질' 입자들은 모두 페르미온입니다. 이들에는 6개 맛깔의 쿼크(업, 다운, 참, 스트레인지, 탑, 바텀)와 경입자(전자, 뮤온, 타우, 전자 중성미자, 뮤온 중성미자, 타우 중성미자)가 포함됩니다.

하지만 이제 놀라운 일이 일어납니다. 2개의 보손은 같은 파동함수를 가질 수 있으며, 실제로 보손은 다른 보손과 가까워지는 것을 선호한다고 이야기했습니다. 페르미온은 정반대입니다. $\psi_1 = \psi_2$로 설정하면, 식 (11.4)가 0으로 사라지는 것을 즉시 알 수 있습니다—그것은 절대 파동함수가 될 수 없습니다. 이것이 볼프강 파울리가 최초로 주장한 그 유명한 **파울리 배타 원리** Pauli exclusion principle —2개의 페르미온은 정확히 똑같은 양자 상태를 차지할 수 없다—입니다.

달리 말하자면 페르미온은 공간을 차지합니다. 그렇기 때문에 보손으로 이루어진 '힘'과는 달리 페르미온은 일반적으로 '물질'과 연관되어 있습니다. 이제 우리는 보손과 페르미온 모두 서로 다른 통계학을 따르는 양자장에 불과하다는 것을 알고 있습니다. 페르미온의 성질을 **페르미-디랙 통계학**Fermi-Dirac statistics이라고 부르는데, 페르미와 디랙 모두 서로 독립적으로 페르미온의 통계학을 연구했지만, 페르미가 조금 더 빨리 결론에 도달했기 때문입니다.

우리가 실제로 관심을 가진 것은 확률 $|\Psi(x_1, x_2)|^2$이기 때문에 식 (11.3)에서 음의 부호가 허용된다고 가정하면, 파동함수가 어떤 고정된 매개변수 θ에 대해 $\Psi(x_2, x_1) = e^{i\theta}\Psi(x_1, x_2)$로 변환되는 다른 종류의 입자가 있는지 궁금할 수 있습니다. 왜냐하면 그렇게 변환되어도 확률이 달라지지 않기 때문입니다. 여기서 문제는 '두 입자를 교환한다'는 개념이 한번 교환한 다음 다시 교환하면 원래 상태로 돌아가고 싶은 속성을 가지고 있다는 것입니다. 이것은 $e^{i\theta}$가 +1 또는 −1인 경우에만 발생합니다. 일반적인 3차원이 아닌 2차원 공간으로 제한되는 특수한 경우, 규칙이 조금 더 느슨해지며, **애니온**anyon이라는 새로운 종류의 입자가 허용됩니다. 1977년 욘 레이나스Jon Leinaas와 얀 미르하임Jan Myrheim이 애니온 가설을 세웠고, 1982년 프랭크 윌첵이 그 특성을 밝혀냈습니다. 표준모형의 기본 입자는 3차원에 존재하며 엄밀히 말하면 보손 또는 페르미온이지만, 2차원에서만 효과적으로 존재하는 집단적인 들뜸 상태를 지지하는 물질들도 존재합니다. 이러한 물질에 있는 애니온의 존재가 2020년에 실험적으로 확인되었습니다.

스핀과 회전

강조하자면, 다중 입자 파동함수의 특성—입자를 교환할 때 동일하게 유지되거나 음의 부호를 갖는다—은 입자를 보손 또는 페르미온으로 정의하는 요소입니다. 하지만 여러분은 보손이 정수—0, 1, 2 등—의 고유 스핀을 가진 입자이고, 페르미온이 반정수half-integer— 1/2, 3/2, 5/2 등—의 스핀을 가진 입자라는 이야기를 자주 들어보셨을 겁니다. 입자의 종류와 스핀 사이의 관계는 무엇일까요?

이 관계는 상대론적 양자장이론의 틀 안에서 정수 스핀 입자는 항상 보손이 되고, 반정수 스핀 입자는 항상 페르미온이 된다는 것을 증명할 수 있다는 것입니다. 이는 정의가 아니라 결과로 **스핀 통계학 정리**spin-statistics theorem라고 합니다. 이 정리는 양자장이론의 성공에 절대적으로 중요한 역할을 담당했지만, 그 증명은 수학적으로 다소 까다롭습니다. 이 정리를 설명하는 현대 교과서는 거의 없으며, 대신 1964년에 출간된 레이 스트리터Ray Streater와 아서 와이트먼Arthur Wightman의 고전적인 텍스트인 《PCT, 스핀과 통계, 그리고 모든 것PCT, Spin and Statistics, and All That》이 언급됩니다. 여기서도 스핀 통계학 정리를 엄밀하게 증명하지는 않지만, 이 결과가 왜 믿을 만한지 알 수 있습니다.

스핀 통계학 정리를 이해하기 위해 '스핀'이 가지는 의미에 대해 조금 더 생각해봅시다. 고전적인 물체의 경우 스핀은 회전축 주위의 '회전율rate of rotation'입니다. 자연법칙은 우리가 기준틀을 회전하여도 기본 법칙은 변하지 않는다는 대칭성을 특징으로 합니다. 그리고 뇌터의 정리는 대칭성과 연관된 보존되는 물리량의 존재를 의미하며, 회전의 경우 보존되는 양은 물체의 각운동량입니다. 고전적인 물체와 달리 양자 입자는 전체 각운동량은 변하지 않으면서 공간에서의 방향만 바뀌는 고유한 스핀을 가질 수 있습니다. 전자는 스핀-½, 광자는 스핀-1을 가집니다. (우리는 $\hbar=1$인 단위를 사용하고 있으므로 전자의 각운동량은 실제로 $\hbar/2$입니다.)

이제 이것을 양자장으로 확장해봅시다. 먼저 질문을 해보겠습니다, 공간에서 회전을 하면 장에는 무슨 일이 생길까요? 사실 우리가 한 점을 중심으로 회전할 때처럼 그 점에서 장에 무슨 일이 일어나는지 모든 관심을 집중해봅시다.

어떤 특별한 점을 중심으로 회전하면 그 점은 이동하지 않기 때문에 여러분의 직관적인 대답은 '아무 일도 일어나지 않는다'일 가능성이 높습니다. 그리고 각 점에서 단순한 숫자 값만을 가지는 스칼라 장을 생각해보면 그것은 사실입니다. 그 값이 변하지 않으므로 어떤 각도로 회전하더라도 장 자체는 변하지 않습니다.

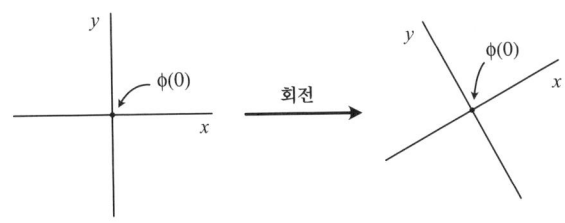

스칼라 장을 넘어서면 상황이 까다로워집니다. 벡터 장 $\vec{v}$를 생각해봅시다. 모든 점에서 벡터 장은 공간에서 방향과 크기를 가집니다. 한 점을 중심으로 회전하면 단순한 스칼라 장의 값이 불변하는 것과 달리 벡터 장의 성분들은 변합니다. 그러나 특별한 경우가 있습니다. 즉 정확히 2π 라디안(360도) 회전하는 경우입니다. 그러면 벡터는 실제로 우리가 시작한 곳으로 정확히 되돌아옵니다.

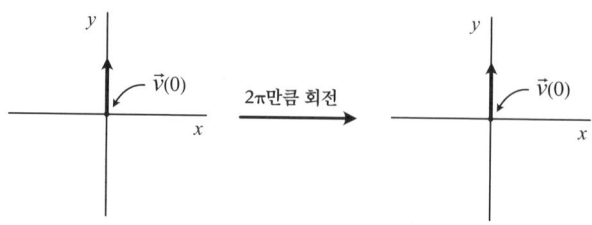

일정 각도만큼 회전하면 시작점으로 돌아가는 다른 예도 있을까요? 실제로 있을 수 있으며, 중력파(또는 양자 언어로 중력자)를 설명하는 텐서 장을 포함하여, 특정한 종류의 텐서 장이 이에 해당합니다. 이러한 장은 원의 반 바퀴, 즉 π 라디안만 회전할 때 원래 상태로 되돌아가는 속성을 가지고 있습니다. 시각화하기 어렵다면 텐서 장 h를 우리가 고려하고 있는 점이 선분 중앙에 있는 양쪽 끝에 화살표가 달린 선분이라고 생각하면 됩니다. 그러면 그 점 주위로 π만큼 회전할 때 장이 원래 상태로 되돌아 가는 것을 알 수 있습니다.

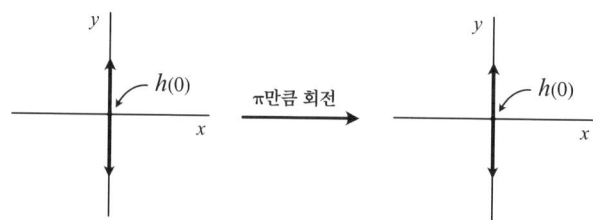

중요한 사실은 회전하는 장의 이러한 특성이 관련된 양자 입자의 스핀과 직접적으로 연관되어 있다는 것입니다. 스핀-0의 스칼라 입자

는 모든 회전에 대해 불변합니다. 스핀-1의 벡터 입자는 2π만큼 회전할 때 불변합니다. 그리고 스핀-2의 중력자는 π만큼 회전할 때 불변합니다. 일반적인 규칙은 다음과 같습니다.

스핀 s의 입자는 $2\pi/s$ 라디안 회전할 때 불변합니다.
$s=0$일 때는 이 규칙을 '모든 회전'에 대해 불변한다고 해석합니다.

고전적인 장과 스핀

양자장이론의 추상적인 영역에서 실재 확인은 때때로 유용합니다. 광자와 중력자의 스핀 거동이 고전적인 전자기파와 중력파의 동역학에 어떻게 반영되는지 알아보기 위해 잠시 본론에서 벗어나봅시다.

전자기파에 대해 먼저 생각해봅시다. 진행파는 전기장과 자기장으로 구성되어 있으며, 서로 수직으로 위아래로 진동하면서 진행합니다. 전자기파가 지나갈 때 전기장과 이 전기장이 양성자에 미치는 영향에만 초점을 맞추겠습니다. 양성자의 위치를 통과하는 전자기파는 위쪽으로 갔다가 아래로 갔다가 다시 위로 돌아오는 전기장처럼 보입니다. 양성자는 전기장의 방향으로 가속되므로 반복적인 패턴에 따라 위아래로 움직입니다.

양성자에 작용하는 전기력의 방향에만 집중하면, 2π 회전할 때마다 패턴이 변하지 않는다는 것을 알 수 있습니다. 이것이 바로 스핀 1인 입자, 즉 광자에 대해 예상했던 것입니다.

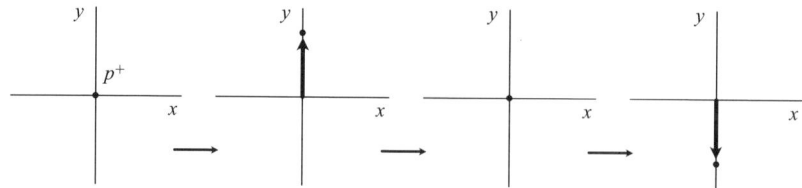

    이제 이것을 중력파와 대조해보겠습니다. 이 경우 우리는 단순히 단일 입자에 집중할 수 없습니다. 우리가《공간, 시간, 운동》에서 등가원리를 논의할 때 중력장은 본질적으로 우주의 한 점에서 감지할 수 없으며, 별이나 행성의 중력장의 경우와 마찬가지로 중력파의 경우에도 한 점에서 감지할 수 없습니다. 입자가 하나만 주어지면 입자에 원점이 위치한 좌표계를 항상 선택할 수 있으므로 입자가 전혀 '가속'하지 않는 것처럼 보입니다. 대신 근처에 있는 입자 집단을 살펴보고 이들의 상대 운동을 고려해야 하는데, 이 운동은 지나가는 중력파에 의한 조석력이라고 생각할 수 있습니다.

    그러므로 중력파가 지나갈 때 우주에 떠다니는 고리 모양의 입자들을 생각해봅시다. 중력파는 먼저 고리를 한 방향으로 늘리고 이와 수직인 방향으로는 압축한 후 다시 반대 방향으로 늘리기와 압축하는 과정을 진동 패턴에 따라 계속합니다.

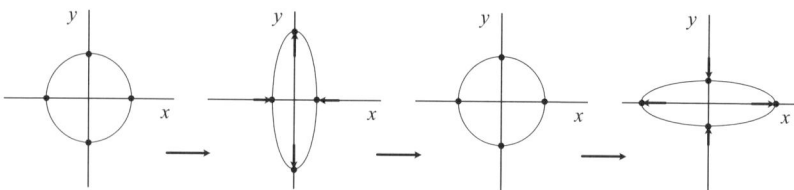

따라서 모든 순간의 조석력 패턴을 보면, 전자기파의 경우에서 본 2π 라디안의 회전이 아닌 π 라디안의 회전에서 불변한다는 것을 알 수 있습니다. 이것이 바로 중력자가 스핀 2의 입자인 이유입니다.

이 간단한 예에서 두 가지 사항에 주목해야 합니다. 첫째, 중력파의 통과로 인한 힘의 그림과 원형 고리 모양의 끈의 진동이 닮았다는 것을 발견할 수 있습니다. 이는 우연이 아닙니다. 원래 강한 상호작용에 대한 접근 방법으로 제시된 끈이론이 항상 중력 이론으로 끝나는 이유는 진동하는 닫힌 끈의 이런 특정 모드가 질량을 가지지 않은 스핀-2의 입자처럼 행동하는데, 우리는 이것을 중력자로 해석하기 때문입니다. (중력자가 되기 위해서는 올바른 스핀을 가지는 것만으로는 부족하지만—가장 중요한 점은 등가 원리를 만족하기 위해서 모든 형태의 에너지-운동량과 결합할 수 있어야 한다는 것입니다—끈이론은 이러한 특성들도 예측할 수 있습니다.)

다른 하나는 미국 워싱턴주 핸퍼드에 있는 LIGO 시설과 같은 중력파 관측소를 생각하는 것입니다. 이 시설은 중앙 시설에서 직각으

로 뻗어 있는 4킬로미터 길이의 2개의 팔로 구성되어 있습니다. 이 팔은 레이저 빔이 발사되어 다른 쪽 끝에 있는 거울에 반사되어 돌아오는 진공 상태의 관입니다. 이 관에서 레이저 빔의 이동 거리의 변화를 놀라운 정밀도로 측정할 수 있습니다. 이제 여러분은 2개의 팔이 필요한 이유와 서로 직각으로 배치하는 것이 효율적인 이유를 이해할 수 있을 것입니다. 이 관측소를 통과하는 중력파는 한 방향으로 물체를 늘리고 이와 수직한 방향으로는 물체를 압축합니다.

스핀-1/2

다시 양자장이론으로 돌아가봅시다. 우리는 스핀 s인 입자가 $2\pi/s$ 라디안 회전할 때 불변한다는 규칙을 제시했습니다. 전자는 스핀-½인 입자이므로 원 주위를 두 바퀴 도는 4π 라디안 회전할 때 불변해야 합니다. 어떤 괴물이 2π 라디안 회전할 때는 불변하지 않고 4π 라디안 회전할 때는 불변할까요?

이런 괴물을 상상하기는 처음 생각했던 것만큼 어렵지 않습니다. 두 끝을 반 바퀴 꼬아 연결한 단순한 띠인 뫼비우스 띠를 생각해봅시다. 뫼비우스 띠를 따라 한 바퀴를 돌고 나면 여러분은 처음에 출발했던 면과 반대쪽 면에 있는 자신을 발견하게 됩니다. 두 바퀴를 돌고 나서야 원래의 장소로 돌아갈 수 있습니다.

'회전'이라는 개념에 좀 더 가까운 또 다른 예는 여러분의 손으로 정육면체(또는 커피 컵 또는 어떤 것이라도 좋습니다)를 잡고 여러분의 팔을 비틀어 물체를 다른 어떠한 축 주위로 기울이지 않으면서 물체를 회전시키는 것입니다. 예를 들어 정육면체를 팔 아래에서 뒤로 이동하여 정육면체의 수직 방향을 유지합니다. 팔이 약간 비틀어지며—집에서 이 행동을 하기를 바라지만, 다치지 않도록 주의하십시오—정육면체를 움직이지 않고는 팔의 비틀림을 풀 방법이 없다는 것을 분명히 알아야 합니다. 하지만 이번에는 정육면체를 팔 아래가 아닌 팔 위로 움직이면서 정육면체를 계속 같은 방향—뒤로 돌리면 반칙입니다—으로 회전합니다. 신기하게도 정육면체와 팔은 4π 라디안 회전 후 원래 상태로 돌아갑니다. 고립된 정육면체는 2π 라디안 회전하면 불변합니다. 그러나 여기서 팔로 대표되는 정육면체와 외부 세계 사이의 관계는 4π 라디안 회전할 때만 불변합니다. (이 동작은 인도네시아 발리섬의 촛불 춤 동작의 일부지만, 리처드 파인먼의 강연으로 인해 물리학자들 사이에서 유명해졌습니다.)

지금 우리가 다루고 있는 기술적 주제는 회전군 SO(3)의 **표현 이론**representation theory으로 알려져 있습니다. 군 자체는 변환의 추상적인 집합이며, 이러한 변환을 할 때 특정 객체에서 실제로 일어나는 일은 그 객체의 변환을 '표현'하는 것입니다. 스칼라는 전혀 변하지 않으며,

벡터는 2π 라디안 회전 후 원래 상태로 돌아가고, 중력자 변환의 특정 표현은 π 라디안 회전 후 원래 상태로 돌아갑니다.

전자와 다른 스핀-½ 입자들(여기에는 지금까지 발견된 모든 기본적인 페르미온이 포함됩니다)은 4π 라디안 회전 후 원래 상태로 돌아가는 표현에 따라 변환됩니다.

만약 전자장 ψ_e가 4π 라디안 회전할 때 불변한다면 원을 한 바퀴 도는 2π 라디안 회전 후 어떤 일이 생길까요? 아마 여러분도 추측했을 것입니다. 변환 후 음의 부호를 얻습니다.

$$R(2\pi) \cdot \psi_e(x) = -\psi_e(x); R(4\pi) \cdot \psi_e(x) = \psi_e(x) \qquad (11.5)$$

2π 라디안 회전을 두 번 하는 것은 4π 라디안 회전을 한 번 하는 것과 같기 때문에 이 식이 이해가 됩니다. 이 식은 약간 도발적입니다. 우리가 페르미온에 관해 이야기할 때, 페르미온의 특징은 2개의 동일한 입자를 교환할 때 음의 부호가 나타난다는 것이었습니다. 이제 스핀-½ 입자의 경우 2π 라디안 회전할 때 음의 부호가 나타나는 것을 볼 수 있습니다. 잠시 이 점을 기억하십시오.

스핀의 측정

2장에서 스핀을 처음 소개하면서, 스핀-½ 입자 빔이 좁아지는 자기장을 통과하는 슈테른-게를라흐 실험의 흥미로운 결과에 대해 언급했습니다. 회전하는 입자는 그 자체로 작은 자석처럼 행동하기 때문에 외부 자기장을 통과하면 입자의 스핀 방향에 따라 휘게 됩니다. 하지만 우리는 다양한 각도로 휘는 것이 아니라 고정된 각도로 위 또는 아래로 휘는 입자만 볼 수 있습니다. 우리는 선택한 축을 따라 입자의 스핀을 측정했으며, 가능한 두 가지 스핀 측정 결과는 위 방향 스핀 또는 아래 방향 스핀입니다. 스핀의 측정은 측정 축을 따른 각운동량의 양자화된 결과를 제공합니다.

하지만 모든 입자가 스핀-$\frac{1}{2}$은 아닙니다. 더 일반적인 상황에서는 어떻게 될까요?

여전히 정량화된 결과를 얻게 되지만 가능성은 입자의 스핀에 따라 달라집니다. 규칙은 가능한 결과들이 스핀의 한 단위(즉 $\hbar$)만큼 차이가 나며, 음의 스핀 값에서 양의 스핀 값까지 확장된다는 것입니다. 이 말은 스핀-$\frac{1}{2}$의 경우 가능한 측정 결과가 측정 축에 대한 각운동량 성분인 $-\frac{1}{2}$ 또는 $+\frac{1}{2}$이라는 것입니다. 스핀 0 입자의 경우 휘어지지 않습니다. 그러나 스핀-1인 입자의 경우 $-1, 0, +1$의 세 가지 측정 결과가 가능합니다. 스핀 1인 입자는 아래로 휘거나 위로 휘거나 또는 전혀 휘지 않을 수 있습니다. 가상의 스핀-$\frac{3}{2}$인 입자의 경우 $-\frac{3}{2}$, $-\frac{1}{2}$, $+\frac{1}{2}$, $+\frac{3}{2}$의 네 가지 측정 결과가 가능합니다. 스핀-s인 입자의 경우 $-s$에서 $+s$까지 1씩 증가하는 $2s+1$개의 측정 결과가 가능합니다.

그러나 질량이 없는 입자는 특별한 경우입니다. $2s+1$개의 가능한 결과는 입자의 정지 기준틀에서 측정할 수 있는 결과입니다. 하지만 질량이 없는 입자는 항상 빛의 속도로 움직이기 때문에 정지 기준틀이 없습니다. 이 경우 입자가 회전하는 방법은 두 가지뿐입니다—회

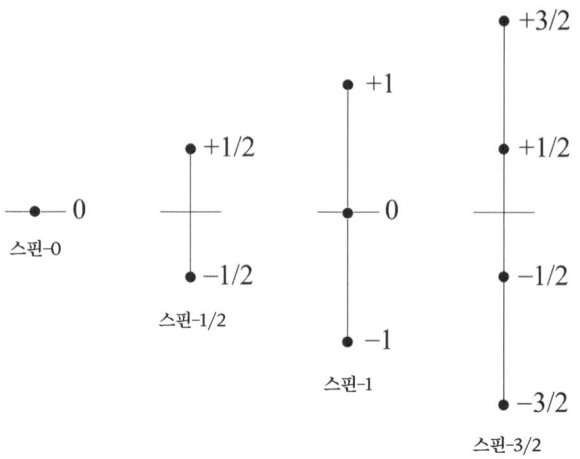

전축이 운동 방향을 향하거나 또는 그 반대 방향을 향하는 것입니다. 이것이 바로 우리가 앞 장에서 이야기한 질량이 없는 입자의 '나선도' 상태입니다. 따라서 질량을 가진 스핀-1인 보손은 세 가지 스핀 상태를 가질 수 있지만, 질량이 없는 스핀-1 입자(광자 또는 글로온과 같은 입자)는 두 가지 스핀 상태만을 가질 수 있습니다.

이것은 앞 장에서 우리가 힉스 메커니즘에 관해 이야기할 때 남아 있던 퍼즐을 설명해줍니다. 게이지 대칭성이 자발적으로 깨지면, 전역 대칭성이 깨질 때처럼 질량이 없는 골드스톤 보손이 생기는 것이 아니라 게이지 보손의 질량이 커집니다. 골드스톤 보손들이 게이지 보손에게 '잡아먹힌' 것입니다. 그러나 질량이 큰 스핀-1인 게이지 보손은 두 가지가 아닌 세 가지 스핀 상태를 가질 수 있기 때문에 이 골드스톤 보손들이 완전히 사라지지 않습니다. 개별 스핀을 가지지 않은 보손이었던 자유도가 이제 질량이 큰 게이지 보손의 스핀-0 성분이 된 것입니다. 이 세계(다수의 진동하는 장들)에서 만들어질 수 있는 입자의 개수는 여전히 동일하며, 자발 대칭성 깨짐 후 이들은 자신들을 서로 다르게 배열할 뿐입니다.

스핀 통계학 정리

2개의 동일한 페르미온을 교환하면 파동함수에 음의 부호가 곱해지고, 한편 하나의 스핀-½인 입자를 2π 라디안 회전해도 음의 부호가 붙는다는 것을 알았습니다. 스핀 통계학 정리의 핵심—보손은 모두 정수 스핀을 갖고, 페르미온은 반정수 스핀을 갖는다—은 이 2개의 음의 부호가 사실은 같은 음의 부호라는 것입니다. 여러 개의 똑같은 입자의 파동함수에서 2개의 입자를 교환하는 것은 그 입자 중 하나만 회전하는 것과 같습니다. 페르미온을 서로 교환할 때는 음의 부호가 붙기 때문에 2π 라디안 회전했을 때 음의 부호가 붙는다는 것도 사실이어야 합니다.

우리는 상대론적 양자장이론의 세부 사항에 의존하는 스핀 통계학 정리를 증명하지 않을 것이며, 증명을 위한 논리도 소개하지 않을 것입니다. 대신, 우리가 앞서 살펴본 팔로 정육면체를 회전하는 예의 정신을 따라 회전과 교환이 물리적으로 다른 연산임에도 불구하고 어떻게 같을 수 있는지 간단히 설명하겠습니다.

리본으로 느슨하게 연결된 2개의 정육면체를 생각해봅시다. 정육면체는 똑같은 입자여야 하지만, 정육면체를 움직일 때 이들을 확인할 수 있도록 음영을 다르게 처리했습니다. 리본이 꼬이지 않은 상태에서 시작하여 정육면체 중 하나를 2π 라디안 회전하고 다른 정육면체는 고정합니다. 구체적으로 위에서 볼 때 한 정육면체를 시계 방향으로 돌립니다. 이제 리본이 꼬이면서 처음 상태와는 위상학적으로 다른 상태가 되었습니다.

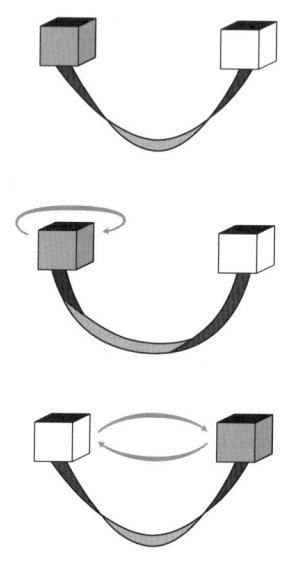

이제 두 정육면체를 다시 위에서 보았을 때 시계 방향으로 서로 교환해봅시다. 이 과정에서 정육면체의 방향과 높이가 일정하게 유지되므로 회전은 일어나지 않습니다. 그러나 리본은 분명 원래 상태로 돌아갔습니다. 두 입자를 교환하면 둘 중 하나만 회전시킴으로써 생겼던 꼬임이 사라집니다. 적어도 3차원의 공간을 가진 상대론적 우주에서 페르미온은 이런 방식으로 행동합니다.

물질

전자가 페르미온이라는 사실은 물질이 단단한 이유를 설명합니다. 전자는 페르미-디랙 통계학을 따르기 때문에 두 전자가 동일한 양자 상태를 차지할 수 없다는 파울리 배타 원리를 우리는 알고 있습니다. 하지만 물리학자들이 이 관계를 신중하게 규명하는 데는 꽤 오랜 시간이 걸렸습니다. 기본 아이디어는 1970년대에 수리물리학자 엘리엇 리브Elliott Lieb에 의해 밝혀졌습니다.

공평하게 말하자면 리브의 결론은 분명하지 않았습니다. 배타 원리는 두 입자가 같은 **장소**에 있을 수 없다는 것이 아니라, 같은 **양자 상태**에 있을 수 없다는 것을 말합니다. 2개의 수소 원자를 가지고 우리는 두 원자를 겹쳐서 이들의 전자들이 완전히 같지는 않지만 거의 같은 상태에 있게 되는 것을 상상할 수 있습니다. 하지만 양자역학은 그런 속임수를 허용하지 않습니다. 배타 원리가 실제로 요구하는 것은 두 전자가 서로 완전히 직교하는 양자 상태에 있어야 한다는 것입니다. 두 전자를 거의 동일한 상태로 겹치게 하려고 하면 하나 또는 두 전자 모두 더 높은 에너지 상태로 밀려나게 됩니다. 이렇게 되면 전자 사이에 **교환력**exchange force 또는 **파울리 반발력**Pauli repulsion으로 알려진 반발력이 생깁니다. 이 반발력이 원자들이 공간을 차지하고 물질이 단단해지는 이유입니다. (보손에는 이와 유사한 인력이 있습니다. 만약 전자가 보손이었다면, 우주는 완전히 달라졌을 것입니다.)

힘을 중력, 전자기력, 강한 핵력 및 약한 핵력의 네 가지 기본 힘으로 구분하는 것이 물리학의 전통이기 때문에, 교환력에 '힘'이라는 단어를 사용하는 것에 주저할 수 있습니다. 하지만 이러한 구분은 항상 우연적이고 암시적이지 엄밀하다고 할 수 없습니다. 앞서 말했듯이 모든 것이 실제로는 양자장과 양자장 사이의 상호작용에 불과합니다. 똑같은 페르미온 사이의 반발력은 양자장 동역학의 일부일 뿐입니다. 마치 세상이 고전적인 입자로 이루어진 것처럼 솔직하게 이야기할 때 교환력을 '힘'으로 생각하는 것은 유용하며, 적절한 상황에서 힘이라고 이야기하는 것은 아무런 문제가 되지 않습니다.

대부분의 일반적인 물질에서 배타 원리는 왜 원자가 공간을 차지하는지 설명해주지만, 개별 원자의 세부 사항과 원자가 결합하여 분자를 형성하는 방법은 주어진 물질의 구조적 특성을 결정하는 데 중요한 역할을 합니다. 물론 극단적인 상황도 존재합니다. 통상적인 별이 사용 가능한 핵연료를 모두 소진하고 핵융합으로 생성된 열을 더 이상 지탱할 수 없게 되면, 별의 바깥층이 벗겨져 나가고 별의 남은 핵은 **백색왜성**white dwarf이라고 부르는 상태가 됩니다. 백색왜성의 밀도는 지구 밀도의 약 20만 배가 될 정도로 극도로 큽니다. 백색왜성은 모든 전자가 페르미온이고 이들이 가능한 한 단단히 밀집되어 있다는 사실에서 비롯한 **겹침 압력**degeneracy pressure에 의해 지탱됩니다. 전자는 원자핵보다 가볍고, 따라서 더 큰 콤프턴 파장을 갖기 때문에 중요한 것은 원자핵이 아니라 전자입니다.

겹친 상태의 별의 질량이 **찬드라세카르 한계**Chandrasekhar limit를 초과하면 양성자와 전자가 결합하여 중성자를 만듭니다(이 과정에서 중성미자가 방출됩니다). 중성자 역시 페르미온이지만 질량이 커서 콤프턴 파장이 작기 때문에 크기는 더 작고 밀도는 더 높은 **중성자별**

neutron star이 남게 됩니다. 태양과 동일한 질량을 가진 백색왜성은 크기가 대략 지구만 하고, 같은 질량의 중성자별은 미국 볼티모어시(약 239제곱킬로미터)보다 약간 더 큽니다.

더 큰 질량을 가진 별에서는 중성자 겹침 압력조차도 중력의 인력을 견딜 수 없게 됩니다. 중성자별보다 더 높은 밀도를 가진 물질의 상태는 알려져 있지 않기 때문에 이런 별은 붕괴하여 블랙홀이 됩니다. 이것은 배타 원리를 위반하지 않습니다. 일부 입자는 붕괴하는 동안 더 높은 에너지 상태로 가게 되어 결국 특이점 singularity에 도달하게 됩니다. 그리고 양자장이론으로는 더 이상 특이점에서 무슨 일이 일어나는지 설명할 수 없습니다.

CHAPTER 12
원자

입자물리학의 기본 매개변수가 조금만 달랐다면, 양성자가 중성자보다 무거워져 중성자가 붕괴하는 것이 아니라 반대로 양성자가 붕괴했을 것입니다. 그렇다면 매우 지루한 우주가 되었을 것입니다. 우리 우주가 흥미롭고 복잡한 이유는 양전하를 띠고 전자를 포획할 수 있는 다양한 종류의 안정한 원자핵이 존재하여 다양한 형태의 화학이 나타날 수 있었기 때문입니다. 원자핵이 모두 중성자로 이루어졌다면, 원자핵이 전기적으로 중성이어서 전자를 포획할 수 없었을 것입니다. 그러면 원자도 없고, 화학도 없고, 생명도 존재하지 않았을 것입니다.

✳ ✳ ✳

'원자atom'라는 단어는 고대 그리스인들로부터 유래되었습니다. 기원전 5세기에 데모크리토스Democritos(그리고 저서가 남아 있지 않은 그의 스승 레우키푸스Leukifus)는 물질을 무한히 작게 나눌 수 없으며, 따라서 물질은 더 이상 나눌 수 없는 어떤 기본적인 입자들로 구성되어야 한다고 주장했습니다. 이 개념은 18세기 화학자들에 의해 다시 채택되었는데, 이들은 모든 원소를 구성하는 기본적인 구성 블록의 존재를 가정하면 특정 화학 반응에서의 물질의 비를 가장 잘 설명할 수 있다고 생각했습니다. 화학 원소에 관한 한 그들의 주장은 옳았지만, 물리학자들은 곧 원자를 양성자, 중성자 및 전자라는 더 작은 입자로 부술 수 있으며, 양성자와 중성자는 다시 업 쿼크, 다운 쿼크 및 글루온으로 구성되어 있다는 사실을 알게 되었습니다. 이제 우리는 양자장의 들뜸 상태인 소립자를 물질의 기본적인 구성 블록으로 생각합니다.

그럼에도 불구하고 우리가 직접 경험하는 세계에는 소립자들의 특정 조합만이 존재하는 것이 분명하며, 이 조합은 우주 사물의 배열에서 매우 중요합니다. 전자와 업 쿼크는 왜 그렇게 흔하고 뮤온과 탑 쿼크는 왜 그렇게 희귀할까요? 그리고 전자와 업/다운 쿼크라는 기본 구성원들이 주어져 있을 때, 왜 그것들은 우리가 실제로 관측하는 특별한 짜임새로만 뭉칠까요?

핵심 이론

먼저, 알려진 양자장들과 관련 입자들이 실제로 어떤 것인지를 좀 더 체계적으로 살펴봅시다. 물리학자들은 종종 중력을 포함하지 않은 '표준모형'에 대해 이야기하는데, 표준모형은 재규격화가 가능한 양자장이론이고, 일반상대성이론의 양자 버전은 재규격화가 불가능하기 때문입니다. 이 책을 여기까지 읽어오면서 우리는 재규격화가 아니라 특정 자외선 차단 에너지 이하에 있는 입자들과 이들의 과정에 대한 유효장이론의 존재가 중요하다는 것을 알게 되었습니다. 그리고 우리가 관심을 가진 것이 그것이라면, 여기에 중력을 포함해도 아무런 문제가 없을 것입니다. 우리는 시공간 계량 텐서 $g_{\mu\nu}$를 취하고 배경 계량 텐서와 작은 섭동의 합을 $g_{\mu\nu} = g^0_{\mu\nu} + h_{\mu\nu}$로 쓸 수 있습니다. 여기서 $g^0_{\mu\nu}$는 평평한 민코프스키 시공간의 계량 텐서입니다. 그런 다음 섭동 $h_{\mu\nu}$는, 우리가 블랙홀이나 극단적인 중력 현상에서 멀리 떨어져 있는 한, 평평한 시공간에서 전파되는 일반적인 장으로 취급할 수 있습니다. 섭동과 연관된 입자는 당연히 중력자입니다. 프랭크 윌첵은 이런 모형을 **핵심 이론**Core Theory이라고 불렀습니다.

많은 물리학자가 핵심 이론에 등장하는 모든 입자를 시각화하는 데 도움이 되는 기발한 기하학적 디자인을 제안했습니다. 실제로 그런 제안은 혼란 그 자체입니다. 그래도 괜찮습니다. 만약 만물 이론 Theory of Everything이라는 것이 존재한다면, 핵심 이론이 궁극적으로 아름다운 만물 이론이 될 것이라고 기대하는 사람은 아무도 없습니다. 핵심 이론은 블랙홀과 빅뱅을 설명하지 못할 뿐만 아니라 우주 물질 대부분을 구성하는 암흑물질dark matter을 설명할 수 없으며, 설명할 수 없는 여러 가지 미세 조정 및 자연성 문제가 계속해서 핵심 이론을 괴롭힙니다. 이 이론의 가장 큰 장점은 데이터를 잘 맞춘다는 것입니다. 그러므로 그냥 이런 혼란을 받아들이고 핵심 이론의 모든 입자를 차례로 고려해봅시다.

다음 그림은 여러 입자의 세 가지 기본 속성을 강조하여 보여줍니다. 세 가지 속성은 전하, 질량, 페르미온인지 보손인지 여부입니다. 스핀-0인 힉스 보손 H와 스핀-2인 중력자 h를 제외한 모든 보손은 스핀-1인 입자입니다. 모든 페르미온은 스핀-½ 입자입니다. 여기서는 입자만 표시하고 반입자는 표시하지 않았으며, 이 입자들은 임의로 선택한 것입니다. 예를 들어 음전하를 띤 W 보손은 표시했지만, 양전하를 띤 이 보손의 반입자는 표시하지 않았습니다.

제멋대로지만 궁극적으로는 다룰 만한 입자 집단입니다. 보손 가운데는 힉스 보손 H(질량125기가전자볼트), 약한 상호작용을 하는 W 보손(80기가전자볼트) 및 Z 보손(91기가전자볼트), 그리고 질량이 없는 광자 γ, 중력자 h, 8개의 글루온 g가 있습니다. 전하 -1을 가진 W를 제외하고는 모두 전기적으로 중성입니다. 페르미온에는 강한 상호작용

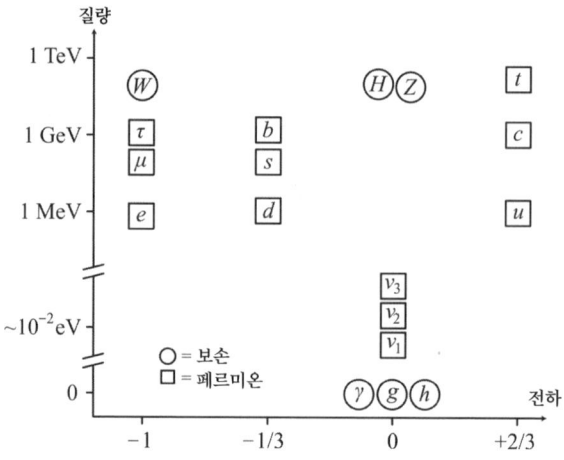

을 하는 쿼크와 강한 상호작용을 하지 않는 두 종류의 경입자가 있으며, 각 범주는 전하가 한 단위 다른 2개의 하위 집합을 가지고 있습니다. 같은 하위 집합 내의 서로 다른 입자를 서로 다른 '맛깔'이라고 부릅니다. 따라서 전하 $-1/3$을 가진 다운 쿼크 d(4.7메가전자볼트), 스트레인지 쿼크 s(96메가전자볼트), 바텀 쿼크 b(4.2기가전자볼트)와 전하 $+2/3$을 가진 업 쿼크 u(2.2메가전자볼트), 참 쿼크 c(1.3기가전자볼트), 탑 쿼크 t(173기가전자볼트)의 여섯 가지 맛깔의 쿼크가 존재합니다. 전하를 가진 경입자에는 전자 e(0.51메가전자볼트), 뮤온 μ(106메가전자볼트), 타우 τ(1.8기가전자볼트)가 있고 모두 전하는 -1입니다. 그리고 3개의 중성미자 ν가 있는데, 물론 모두 전기적으로 중성입니다. 보통 전하를 가진 경입자와 관련된 세 종류의 중성미자로는 전자 중성미자, 뮤온 중성미자, 타우 중성미자가 있으며, 이는 약한 상호작용에서 어떤 종류의 중성미자가 생성되는지를 나타냅니다. 그러나 중성미자는 잡기 힘든 야수이며, 이 세 종류의 중성미자는 실제로 더 기본적인 맛깔인 ν_1,

ν_2 및 ν_3의 조합입니다. 후자의 각 중성미자는 명확한 질량을 가지고 있으며, 질량이 1전자볼트 미만이라는 것을 알고 있지만, 현재 실험 결과는 중성미자 질량에 대한 정확한 값을 확정하지 못하고 있습니다.

마지막으로, 강한 상호작용을 하는 입자들은 무색 조합인 강입자로 한정한다는 규칙이 있습니다. 강입자의 두 가지 주요 종류는 중간자와 중입자입니다. 중간자는 하나의 쿼크와 하나의 반쿼크로 구성되어 있고, 중입자는 3개의 쿼크로 구성되어 있습니다. 순수 글루온으로만 이루어진 속박 상태—**글루볼**glueball이라고 부릅니다(이 이름 때문에 나를 비난하지 마십시오)—가 존재한다는 추측이 있지만, 만약 글루볼이 존재하더라도 그 수명은 매우 짧을 것입니다.

남은 것

우리 우주는 팽창하고 있기 때문에 오래전에는 우주의 밀도가 훨씬 더 높았고 그에 따라 더 뜨거웠습니다. 경험상 온도가 특정 입자의 질량보다 높으면, 그 입자는 무작위적인 열적 상호작용의 결과로 계속 생성되고 소멸합니다. ($c = 1$로 설정하면 온도와 에너지는 같은 단위를 가지며, 둘 다 질량과 동등하므로 입자의 질량을 주변 물질의 온도와 비교할 수 있습니다.)

그러므로 아주 초기의 우주는 알려진 모든 입자로 채워진 고온 플라스마 상태에 있었으며, 이 플라스마 상태는 원자가 생존하지 못하고 개별 자유 입자만 남을 정도로 뜨거운 기체라고 생각할 수 있습니다. 플라스마가 팽창하여 냉각됨에 따라 우주의 온도가 다양한 입자들의 질량 아래로 떨어집니다. 이 시점에서 입자는 소멸할 수 있지만, 일반적인 입자 간 충돌로는 더 이상 입자를 생성할 만큼의 에너지를 얻을 수 없어서 입자들이 무대에서 사라지게 됩니다. 우리는 그 과정을 자세히 따라가지는 않겠지만, 개별 입자들이 스스로 진화하도록 내버려둘 때 이 입자들에 어떤 일이 일어나는지 생각해보려 합니다.

우리는 다음 세 가지 가능성을 생각해볼 수 있습니다.

1) 무거운 입자는 더 가벼운 입자로 붕괴합니다. 특수상대성이론에서 에너지는 보존되지만 '질량'은 따로 보존되지 않습니다. 질량은 에너지의 한 형태일 뿐입니다. 무거운 입자는 전체 질량이 더 작은 입자들로 붕괴할 수 있으며, 남은 에너지는 새로 생긴 입자들의 운동에너지가 됩니다. 여러 입자가 단 하나의 입자로 변환되는 흡수 과정도 있을 수 있지만, 이는 붕괴 과정보다 훨씬 드뭅니다. 기본 규칙은 순방향이나 역방향의 시간 경과에도 동일한 것처럼 보이는데, 흡수 과정이 드문 것은 엔트로피가 증가하기 때문일 것입니다. 모든 것이 동일하다면, 하나의 입자가 여러 입자의 집합보다 엔트로피가 낮습니다.

2) 보존량은 사라지지 않습니다. 관련된 보존량은 전하, 경입자 수(경입자의 개수에서 반경입자의 개수를 뺀 값) 및 중입자 수(쿼크의 개수에서 반쿼크의 개수를 뺀 값의 1/3)입니다.

3) 어떤 입자들은 상호작용을 통해 서로 달라붙어 원자나 원자핵과 같은 복합계를 형성하는 반면, 어떤 입자들은 대부분 서로를 그냥 지나칩니다. 중력자와 중성미자는 지금도 여러분의 몸을 관통하고 있지만,

중력자와 중성미자가 여러분과 상호작용할 확률은 무시할 만큼 작습니다. (암흑물질 입자들도 여러분의 몸을 관통할 수 있지만, 이 책에서는 우리가 알고 있는 것들만 다룹니다.)

처음 두 규칙을 결합하면 전하를 가진 가장 가벼운 입자인 전자, 경입자 수를 가진 가장 가벼운 입자인 중성미자, 중입자 수를 가진 가장 가벼운 입자인 양성자를 많이 발견할 것을 예상할 수 있습니다. 그리고 정확히 우리 우주에서는 이러한 입자들이 아주 흔합니다. 그러나 왜 중성자가 여전히 세상에 존재하는지 등의 세부 사항도 중요합니다.

언급할 가치가 있는 또 하나의 우주학적 사실은 물질/반물질 비대칭성입니다. 알려진 물리학 법칙에 따르면 물질로 이루어진 원자가 반물질로 이루어진 원자보다 많아야 할 이유가 없지만, 실제 세계에는 물질로 이루어진 원자들이 분명히 더 많습니다. 우리는 별이나 은하가 반물질이 아닌 물질로 이루어져 있다는 사실을 알고 있습니다. 왜냐하면 그렇지 않을 경우, 은하들 사이에 있는 은하간intergalactic 지역에서 물질과 반물질이 서서히 그러나 확실하게 접촉하여 소멸하면서 고에너지 복사를 방출할 것으로 예상할 수 있기 때문입니다. 이에 대해 설명은 하지 않겠지만—아직 설명이 알려지지 않았기 때문입니다—물질이 많다는 것을 당연한 것으로 받아들이십시오. 한 가지 중요한 세부 사항은 우리 주변에 과잉 반중성미자가 존재할 수 있기 때문에 반물질보다 물질이 더 많은지 확실히 알 수 없다는 것입니다. 우리가 아는 것은 중입자가 반중입자보다 많다는 것입니다. 그 이유는 과잉 반중성미자의 개수를 숨기고 있는 거의 보이지 않는 입자들이 존재하지 않기 때문입니다. 이러한 이유로 이 퍼즐은 물리학자들 사이에서 **중입자 비대칭성**baryon asymmetry으로 알려져 있으며, 이를 해결하기 위해 고안된 메커니즘은 **중입자 창세기**baryogenesis의 범주에 속합니다. 초기 우주에서는 100억 개의 반중입자마다 100억 1개의 중입자가 있었을 정도로 중입자 비대칭성은 그리 크지 않았습니다. 그 1개의 여분 중입자가 오늘날 우리가 보는 모든 중입자를 설명합니다.

붕괴 모드

입자가 붕괴할 수 있는 다양한 방법을 살펴봅시다. 늘 그래왔듯이 완전히 체계적으로 설명하지는 않고 핵심 개념만 짚어보겠습니다. 광자, 중력자 및 중성미자는 붕괴할 수 있는 더 가벼운 입자를 가지고 있지 않다는 사실 때문에 일이 간단해집니다. 그러므로 걱정해야 할 범주는 네 가지가 존재합니다. 즉 힉스 보손, W/Z 보손, 쿼크, 전하를 가진 경입자가 그것입니다.

힉스 보손부터 시작하겠습니다. 힉스 보손은 스핀이 없는 중성 입자이므로 기본적인 붕괴 전략은 입자/반입자 쌍으로 변환하는 것입니다. 이렇게 하면 모든 보존량이 0이 되는 것을 보장할 수 있습니다. 10장에서 모든 표준모형의 입자의 질량 항이 힉스 보손과의 결합에서 비롯되며, 식 (10.8)에서 우리는 페르미온 질량이 이러한 결합에 비례한다는 것을 알았습니다. 그러므로 힉스 보손은 가능한 한 가장 무거운 입자로 붕괴하고자 합니다—관련 결합 상수는 이 입자의 질량을 결정하는 물리량과 동일한 물리량입니다. (탑 쿼크 1개도 힉스 보손보다 무겁기 때문에 힉스 보손이 탑 쿼크와 반탑 쿼크 쌍으로 붕괴하는 것은 불가능합니다.*) 그러므로 힉스 보손은 타우/반타우 쌍으로 붕괴되는 것을 좋아하며, 바텀/반바텀 쿼크 쌍으로 붕괴하는 것을 더 선호합니다. 쿼크는 강입자에 갇혀 있어야 하기 때문에 여러분은 바텀/반바텀 쿼크 쌍으로 붕괴할 가능성을 염려할 수도 있습니다. 하지만 문제될 것이 없습니다. 왜냐하면 강한 상호작용이 **강입자화**hadronization라는 과정을 통해 더 많은 쿼크와 글루온을 생성하는 것이 어렵지 않기 때문입니다. 우리가 힉스 보손의 붕괴에서 실제로 관측하는 것은 힉스 보손이 2개의 중간자로 붕괴하거나, 또는 좀 더 현실적으로는 중간자와 중입자의 소나기shower(많은 입자들이 생성되는 것—옮긴이)에 덧붙여 붕괴 부산물로 생성되는 부수적인 광자 및 경입자로 붕괴하는 것들입니다.

W와 Z 보손은 단순히 W가 전하를 가지고 있고 이 전하가 어딘가

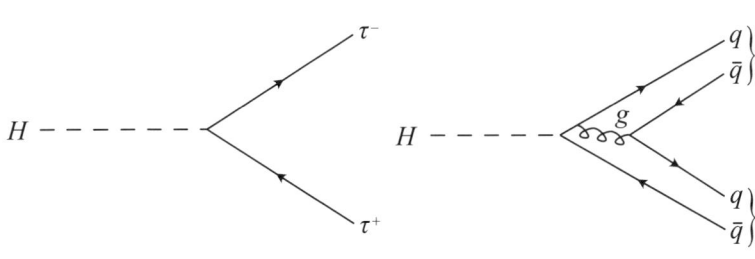

---

* 힉스 보손은, 이들 **가상** 입자가 다른 진짜 입자들로 빠르게 붕괴하는 한 가상 탑/반탑 쿼크 쌍으로 변환될 수 있기 때문에 이 변환은 완전히 금지된 것이 아니라 억제된 것입니다. 가상 입자들은 정지 질량과 에너지 사이의 일반적인 관계를 따르지 않습니다. 그러나 가상 입자들이 이런 일반적인 관계에서 멀어질수록 가상 입자가 생성될 가능성이 낮아지므로 힉스 보손이 탑/반탑 쿼크 쌍으로 붕괴하는 일은 여전히 매우 드뭅니다.

로 가야 한다는 이유 때문에 다른 방식으로 붕괴합니다. 통상적인 W 보손의 붕괴는 전자와 반중성미자 또는 다운 쿼크와 반업 쿼크(그런 다음 강입자화합니다)와 같이 전하가 1만큼 다른 페르미온과 반페르미온으로 붕괴합니다. 한편 Z 보손은 힉스 보손처럼, 붕괴율은 다르지만, 입자와 그 반입자로 붕괴합니다.

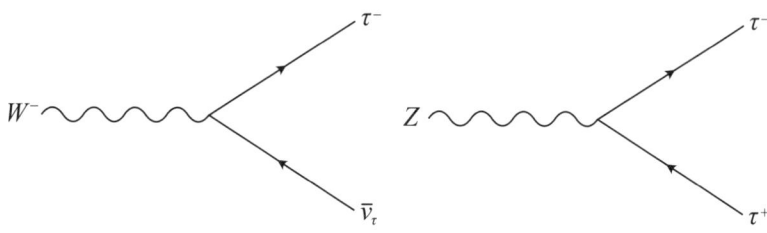

사실 W 보손은 핵심 이론에서 두 가지 다른 맛깔의 페르미온을 포함하는 기본 꼭짓점을 가진 유일한 입자입니다. 광자, 중력자, 글루온, 힉스 보손 및 Z 입자는 모두 입자와 정확히 이 입자의 반입자로 변환되는 꼭짓점을 가지고 있지만, 입자와 다른 맛깔의 반입자로 변환되는 꼭짓점은 가지고 있지 않습니다. 붕괴하는 입자들이 모두 전기적으로 중성이기 때문에 이러한 과정은 **맛깔변화 중성전류**flavor-changing neutral current가 됩니다. 우리가 아는 한 이러한 과정은 자연에서 직접 일어나지 않습니다. (즉 이런 종류의 기본 파인먼 도형 꼭짓점은 없습니다.) 그러나 직접적인 상호작용에서 예상되는 붕괴율은 낮지만, 이런 붕괴가 고리 도형을 통해 일어날 수 있습니다.

페르미온에 대해 알아보면 페르미온의 붕괴 모드는 일반적으로 W 보손(가벼운 페르미온의 경우 가상의 보손)의 방출을 통해 진행되어 다른 맛깔의 페르미온으로 변환되는 것입니다. 그런 다음 W 보손은 또 다른 페르미온과 반페르미온으로 붕괴합니다. 예를 들어 뮤온은 일반적으로 중성미자와 W 보손으로 변환하여 붕괴하며, 후자는 전자와 반전자중성미자로 붕괴합니다. 쿼크가 강입자 내부에 있더라도 동일한 개념이 쿼크에 적용됩니다. 중성자는 다운 쿼크 중 하나가 업 쿼크와 W 보손으로 변환되는 붕괴를 합니다, 이것은 중간자가 붕괴하는 일반적인 방법이기도 합니다. 예를 들어 π^- 중간자는 다운 쿼크와 반업 쿼크가 속박되어 있는 상태입니다. 이 두 쿼크는 W^- 보손을 생성하고 소멸하며, W^- 보손은 다시 전자와 반중성미자로 붕괴합니다.

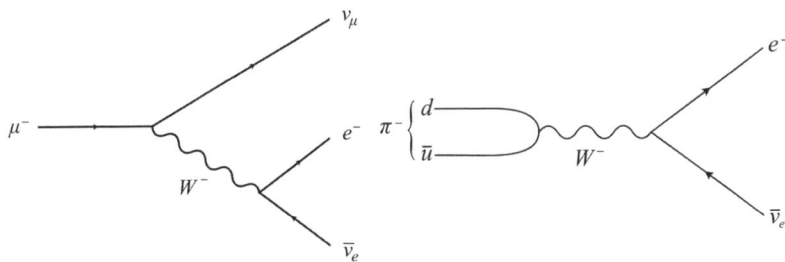

직접적인 맛깔변화 중성전류가 없기 때문에 더 무거운 중성미자는 더 가벼운 중성미자로 직접 붕괴할 수 없습니다. 이런 붕괴가 가능한 고리 도형을 상상할 수 있지만, 관련 붕괴율이 극히 작아 실험에서 관측된 적이 없습니다. 사실상 우리는 모든 중성미자를 안정적인 입자로 취급할 수 있습니다.

이러한 모든 붕괴를 허용하고 (중입자가 반중입자보다 약간 많은 불균형을 보이는) 초기 입자 모음이 주어지면 이 입자들이 다음 종류의 조합으로 빠르게 붕괴하리라는 것을 예상할 수 있습니다.

- 질량이 없는 갇혀 있지 않은 게이지 보손, 광자 및 중력자
- 세 종류의 중성미자
- 전자
- 양성자에 갇힌 업 쿼크와 다운 쿼크, 0이 아닌 중입자 수를 가진 가장 가벼운 입자

이것은 우리가 보는 우주와 상당히 일치하지만 한 가지 중요한 예외가 있습니다. 바로 중성자입니다. 우리 주변에는 중성자가 존재하며, 보통 사람 질량의 거의 절반은 원자핵 안의 중성자에서 비롯됩니다. 중성자가 왜 붕괴하지 않는지 이해하려면 조금 더 깊이 생각해야 합니다.

중성자와 핵종

보존 법칙이라는 제약 조건을 고려할 때, 무거운 입자는 더 가벼운 입자로 붕괴하는 경향을 가지고 있습니다. 중성자의 질량은 939.6메가전자볼트로, 중성자는 중입자 수를 가져가는 양성자(938.3메가전자볼트)와 양성자의 전하를 상쇄하는 전자(0.51메가전자볼트) 및 전자의 경입자 수를 상쇄하는 반중성미자 (<1전자볼트)의 조합으로 붕괴할 수 있으며, 실제로 그렇게 붕괴합니다. 보존량은 변환이 일어나는 동

안 일정하게 유지되며 양성자＋전자＋중성미자의 결합 질량은 단일 중성자의 질량보다 작습니다.

그러나 인정할 수밖에 없습니다. 중성자는 양성자/전자/반중성미자의 3인조보다 그리 무겁지 않습니다. 이것은 질량 차이의 비를 생각하면 알 수 있습니다.

$$\frac{m_n - (m_p + m_e + m_{\bar{\nu}})}{m_n} \approx 0.001. \tag{12.1}$$

직관적으로 중성자가 붕괴할 수 있는 '여지'는 많지 않습니다. 생성된 입자의 운동에너지는 매우 작아야 합니다. 붕괴율의 수학이 이를 반영하며, 중성자는 일반적으로 아주 짧은 순간에 붕괴하는 다른 불안정한 입자에 비해 오랜 시간(15분 정도) 존재합니다.

입자물리학의 기본 매개변수가 조금만 달랐다면, 양성자가 중성자보다 무거워져 중성자가 붕괴하는 것이 아니라 반대로 양성자가 붕괴했을 것입니다. 그렇다면 매우 지루한 우주가 되었을 것입니다. 우리 우주가 흥미롭고 복잡한 이유는 양전하를 띠고 전자를 포획할 수 있는 다양한 종류의 안정한 원자핵이 존재하여 다양한 형태의 화학이 나타날 수 있었기 때문입니다. 원자핵이 모두 중성자로 이루어졌다면, 원자핵이 전기적으로 중성이어서 전자를 포획할 수 없었을 것입니다. 그러면 원자도 없고, 화학도 없고, 생명도 존재하지 않았을 것입니다.

그런데 왜 원자핵이 존재할까요? 왜 원자핵 안에 있는 중성자는 본질적으로 영원히 지속하지 않지만, 또 몇 분 안에 붕괴하지도 않을까요?

7장에서 전자와 양성자의 결합 에너지에 관해 이야기했습니다—전자기 인력은 음의 알짜 에너지를 가지기 때문에 속박된 수소 원자의 질량은 전자와 양성자의 질량을 합한 것보다 작습니다. 이것이 이상하다는 생각이 든다면, 원자를 파괴하려면 에너지를 주입해야 한다고 이야기하는 것이라고 생각하면 됩니다.

원자핵 안의 중성자와 양성자에도 같은 아이디어가 적용됩니다. 강력은 끌어당기는 힘이고 중성자와 양성자는 서로 달라붙으려고 합니다. 이 때문에 원자핵의 질량은 원자핵을 구성하는 양성자와 중성자의 질량의 합보다 작습니다. 예를 들어, 가장 단순한 복합 원자핵은 양성자 하나와 중성자 하나만 있는 **중양자**deuteron(중수소의 원자핵)입

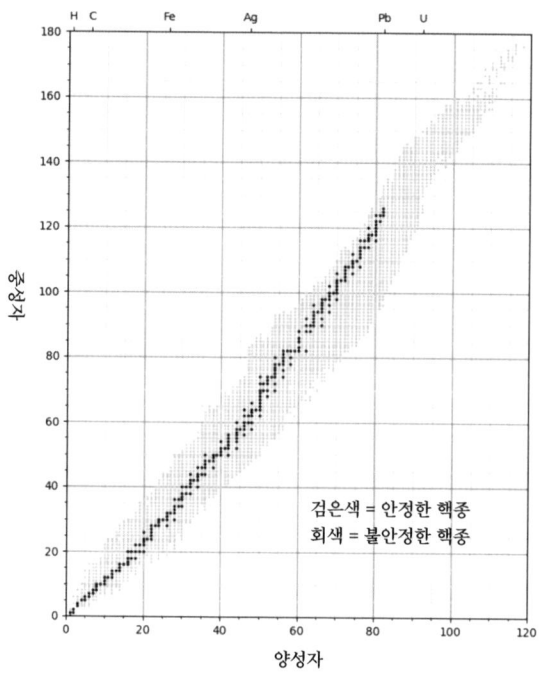

니다. 중양자의 질량은 1875.6메가전자볼트이며, 이것은 양성자 질량에 중성자 질량을 더한 값에서 2.2메가전자볼트의 결합 에너지를 뺀 값으로 생각할 수 있습니다. 중성자가 양성자, 전자 및 반중성미자로 변환되고 이 입자들이 각자의 길을 간다면, 전체 질량이 1877.1메가전자볼트가 되어야 합니다. 입자는 더 무거운 입자 집합으로 붕괴할 수 없습니다. 따라서 결합 에너지는 중성자를 안정적으로 만들지만, 자유 중성자는 안정할 수 없습니다.

특별한 종류의 원자핵―양성자 수와 중성자 수로 지정된―을 **핵종**nuclide이라고 부릅니다. 강력은 핵자들을 서로 묶으려 하지만, 양성자는 양전하를 띠기 때문에 서로 반발합니다. 그 결과 핵종의 크기에는 한계가 있습니다. 실제로 약 250개의 안정된 핵종―완벽하게 안정적이거나 우주 나이보다 더 긴 수명을 가진 핵종―이 존재하며 불안정한 핵종은 더 많습니다.

일상 세계

모든 것이 안정하게 되면, 우리는 여러분과 나, 그리고 우리 주변에서 직접 볼 수 있는 모든 것의 기본 성분을 설명할 수 있는 위치에 서게 됩니다. 우주에는 존재하지만 우리 일상생활에는 영향을 미치지 않는 중성미자는 잊어버립시다. 그런 의미에서 강한 핵력과 약한 핵력도 잊어버립시다. 강한 핵력은 원자핵을 서로 붙잡고 있지만, 강한 핵력이 그렇게 하고 있다는 것을 알고 나면 원자력발전소에서 일하지 않는 한 일상생활에서 강한 핵력이 담당하는 역할은 별로 없습니다. (핵력은 태양에 에너지를 공급하는 핵융합 과정에서 중요한 역할을 하므로 그런 의미에서 우리 존재에 중요하지만, 우리 자신의 행동을 설명할 때 핵력을 염두에 둘 필요는 없습니다).

이제 우리에게 남은 것은 '물질'을 구성하는 두 종류의 입자입니다.

- 전자
- 250개의 안정한 핵종

그리고 우리는 거시 물리학과 관련된 두 가지 장거리 힘도 가지고 있습니다.

- 전자기력
- 중력

기본적으로 그것이 전부입니다. 여러분과 여러분의 친구 모두, 사랑하는 사람들은 물론이고 평범한 지인이나 불구대천의 원수도 양자장이론의 규칙에 따라 서로 상호작용하는 물질 입자들과 이러한 힘들의 조합입니다. 여러분이 읽은 모든 책, 먹은 모든 음식, 본 모든 그림, 들은 모든 노래는 이러한 기본 조각들의 집단적인 동역학에서 생겨난 것들입니다. 인간이 이 모든 것을 알아냈다는 것은 놀라운 지적 성취입니다. 이런 미시적 구성 요소들이 어떻게 결합하여 거시 세계의 경이로움을 만들어내는지 보여주기 위해 아직 해야 할 일이 엄청나게 많지만, 구성 성분들의 목록은 잘 이해하고 있습니다.

이들 구성 요소의 역할은 같지 않습니다. 힘 가운데도 중요한 차이가 있습니다. 즉 중력은 단순하지만, 전자기력은 영리합니다. 우주론과 블랙홀에 대해 생각할 때 중력은 매우 복잡하지만, 지구에서는 단순합니다. 즉 모든 것이 다른 모든 것을 끌어당깁니다. 그것이 전부입니다. 중력은 한 방향으로만 작용하기 때문에 반중력 장치나 중력 조작 기계를 만들 수 있다는 현실적인 희망을 버려야 합니다. 이것은 양전하와 음전하를 모두 가지고 있는 전자기력과는 극적인 대조를 이룹니다. 이런 간단한 사실로 인해 우리는 전자기장을 상쇄하거나 집중할 수 있고, 일반적으로 전자기장을 아주 정밀하게 조작할 수 있습니다. 전자기력은 밀고 당길 수 있어 중력보다 훨씬 더 다양한 효과를 얻을 수 있습니다.

마찬가지로 전자와 원자핵은 매우 다른 역할을 합니다. 핵종의 목록은 다양성을 제공합니다. 즉 우리는 놀라운 분자 조합으로 묶을 수 있는 화학 원소들의 집합을 가지고 있습니다. 그러나 이러한 구성 성분들이 주어졌을 때 흥미로운 일을 하는 것은 전자인데, 그 이유는 전자가 훨씬 가볍고 따라서 조작하기가 더 쉽기 때문입니다. 이리저리 밀려다니며 전기를 만들고, 원자 간에 공유되어 화학을 만들어내며, 일반적으로 기술과 삶의 과정에 동력을 공급하는 것은 바로 전자기적으로 상호작용하는 전자입니다.

원소

반대 부호의 전하는 서로 끌어당기기 때문에 원자핵과 전자는 서로 협력하여 원자를 만듭니다. 전자는 파울리 배타 원리의 적용을 받는 페르미온입니다. 이 점이 원자를 복잡하면서도 흥미롭게 만듭니다.

수소 원자는 단 하나의 전자를 가지고 있으며, 고유한 바닥 상태에 머물게 됩니다. 중수소(원자핵이 하나의 양성자와 하나의 중성자를 가지고 있습니다)는 일반 수소보다 무겁지만, 같은 개수의 양성자를 가지고 있기 때문에 원자적으로 수소와 매우 유사합니다. 우리의 구성 성분으로 만들 수 있는 다음으로 무거운 원소는 헬륨으로, 원자핵에 양성자 2개와 중성자 2개가 있습니다. 따라서 이 중성 원자는 2개의 전자를 가지고 있습니다. 배타 원리에 따르면, 이 두 전자는 같은 양자 상태를 차지할 수 없습니다. 하지만 전자의 스핀이라는 또 다른 변수가 숨어 있는데, 전자의 스핀은 위 또는 아래를 향할 수 있습니다. 따라서 헬륨 원자에 있는 두 전자는, 서로 반대 스핀을 가지고 있는 한, 정확히 동일한 공간 프로파일을 가질 수 있습니다. 하지만 더 이상의 전자를 동일한 공간 파동함수, 또는 화학에서 사용하기 좋아하는 **궤도함수**orbital에 맞출 수 없습니다. 이것이 바로 헬륨이 **불활성 기체**noble gas인 이유입니다—각 원자는 가장 바깥쪽 궤도함수(헬륨의 경우 유일한 궤도함수)에 전자를 완전히 채우고 있기 때문에 이 원자는 전자를 얻거나 잃거나 다른 원자와 전자를 공유할 필요성을 느끼지 않아 분자를 형성할 의무로부터 자유롭습니다.

다음 두 원소는 각각 3개와 4개의 양성자를 가진 리튬과 베릴륨입니다. 헬륨과 마찬가지로 각 원소에는 2개의 전자가 원자핵에 밀착되어 있지만, 더 많은 전자가 초기 궤도함수 너머에 있는 더 높은 에너지 상태에 숨어 있습니다. 따라서 채워진 첫 번째 궤도 바깥에 전자가 하나 있는 리튬은 화학적 성질이 수소와 비슷할 것이라고 예상할 수 있으며, 이는 사실입니다.* 또한 베릴륨도 헬륨과 같은 불활성 기체일 것이라고 예상할 수 있지만 이는 완전히 잘못된 생각입니다.

그 이유는 가장 낮은 에너지 궤도함수의 공간적 짜임새는 하나뿐이지만, 그다음으로 에너지가 높은 궤도함수의 공간적 짜임새는 여러 가지가 가능하기 때문입니다. 실제로 네 가지가 있습니다. 하나는 구형 대칭이지만 원점에서부터 지름 방향으로 진동하는 것이고, 3개는 구형 대칭이 아니지만 3개의 공간 축 중 하나를 따라 확장된 것입니다. 따라서 헬륨 다음으로 $2 \times 4 = 8$개의 새로운 전자를 이 4개의 궤도함수에 넣으면 모든 궤도함수를 채울 수 있습니다. 따라서 실제로 다음 불활성 기체는 10개의 양성자를 가진 네온neon입니다.

원소가 더 무거워지고 허용되는 전자 궤도함수가 더 많아질수록 이야기가 더 복잡해집니다. 전자가 배타 원리를 준수하면서 원자핵을 둘러쌀 수 있는 구체적인 방식 때문에 원자는 **원소주기율표**Periodic Table에 있는 패턴을 따르게 됩니다. 이 모든 것은 매우 복잡하고 아름다우며, 여러분은 이 시리즈가 화학과 재료, 기타 집단 현상보다 기초

---

* 리튬의 가장 바깥쪽 전자는 수소의 전자보다 훨씬 덜 강하게 결합되어 있기 때문에 둘 사이에는 중요한 화학적 차이가 있다는 말에 까다로운 화학자들은 골치 아파합니다. 그러나 우리는 이미 까다로운 물리학자, 수학자, 철학자 들을 화나게 만들었기 때문에 이쯤에서 이야기를 마무리하는 것이 좋겠습니다.

물리학에 집중하고 있다는 사실에 기뻐해야 합니다. 그렇지 않았다면 이 시리즈의 분량이 100권 정도로 커졌을 것입니다.

화학

재미는 여기서 끝나지 않습니다. 물리학의 관점에서 보면 안정한 핵종이나 주기율표에 있는 원자들의 목록을 만들 때, 실제로 우리가 하는 일은 핵심 이론 장들의 국소적으로 안정적인 짜임새를 찾는 것입니다. 어떤 짜임새가 쉽게 변형될 수 있는 다른 짜임새보다 더 작은 질량을 가지고 있으면, 이 짜임새를 '국소적으로 안정적인' 짜임새라고 이야기합니다. 일반적으로 이것은 짜임새가 정말로 안정적이거나 또는 더 큰 질량을 가진 다른 짜임새를 통과해야만 짜임새가 변화할 수 있다는 의미입니다. 적절한 자극을 가하면 국소적으로 안정적인 짜임새가 변화할 수 있습니다. 탁자 위에 놓인 양초는 국소적으로 안정적이지만, 양초에 불을 붙이면 타기 시작하여 전체적으로 더 작은 질량과 더 높은 엔트로피를 가진 연소 생성물들의 집합으로 변합니다.

원자만이 유일하게, 국소적으로 안정적인 핵종과 전자의 짜임새는 아닙니다. 우리는 분자도 가지고 있습니다. 화학자들은 여러 가지 종류의 화학 결합을 구분하지만, 기본적인 아이디어는 하나 이상의 원자핵 주위를 도는 전자들의 더 낮은 에너지 짜임새를 찾을 수 있다는 것입니다. 2개의 수소 원자를 생각해봅시다. 두 수소 원자가 결합하여 수소 분자 H_2를 만듭니다. 전자들(파울리가 행복하도록 반대 스핀을 가진 전자들)이 두 양성자 주위의 상호 궤도함수에 안착할 수 있습니다. 그 결과 수소 분자의 에너지는 2개의 수소 원자가 따로 있을 때보다 대략 4.5전자볼트 낮은데, 이 차이가 수소 분자의 결합 에너지입니다.

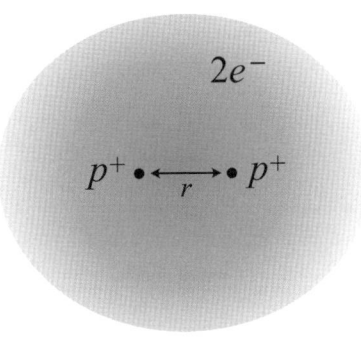

이 짜임새에서 양성자는 일정 거리 r만큼 떨어져 있습니다. 더 가까워지면 양성자 사이의 정전기적 반발력이 양성자를 밀어내고, 더 멀어지면 전자가 양성자들이 더 가까워지도록 끌어당깁니다. 우리는 이것을 수소 분자의 퍼텐셜에너지를 양성자 사이 거리의 함수로 설명할 수 있습니다. 수소 분자의 결합 에너지는 바로 이 퍼텐셜에너지의 최솟값과 같습니다.

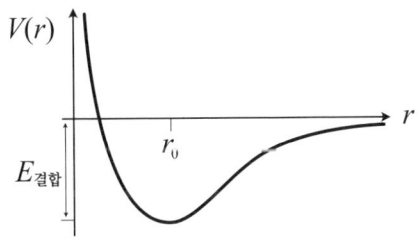

우리는 전자가 한 궤도함수에서 다른 궤도함수로 이동할 때, 원자로부터 빛이 양자화된 방출을 한다고 생각하면서 이 책을 시작했습니다. 분자에서도 또다시 바닥 상태보다 더 위쪽에 있는 들뜬 에너지 상태들이 존재합니다. 7장에서 언급했듯이 이러한 에너지 상태는 10^{-2} 전자볼트 정도의 특징적인 에너지를 가집니다. 물론 다양한 조건에서 다양한 방식으로 상호작용하는 갖가지 더 복잡한 분자들이 만들어질 수 있습니다. 결국 이 모든 것은 수백 개의 핵종과 파울리의 배타 원리가 있는 세계에 전자기력을 적용한 것일 뿐이지만, 이러한 세계는 실제로 엄청나게 풍요롭습니다.

일상 세계의 근간이 되는 물리학

핵심 이론은 분명히 물리학의 최종 이론이 아닙니다. 핵심 이론은 암흑물질이나 강한 중력장의 조건을 설명하지 못하며, 더 완전한 설명이 필요하다는 것을 시사하는 다양한 우발적 사건과 미세 조정을 보여줍니다. 사람들은 완전한 이론의 정체에 대해 몇 가지 아이디어를 가지고 있지만, 현재로서는 알 수 없습니다. 또 우리가 얼마나 최종 이론에 가까이 있는지도 모릅니다. 내일 최종 해답이 담긴 논문이 발표될 수도 있고, 아니면 천년이 지난 후에도 여전히 해답을 찾고 있을지도 모릅니다.

그러나 핵심 이론이 완전히 성공적인 영역이 있습니다. 만약 우리가 강한 중력장을 가지고 있지 않고, 우리가 신중하게 선택한 자외선 차단 에너지(예를 들어 10기가전자볼트) 이하에서 일어나는 과정만을 고려한다면, 양자장이론의 기본 구조는 핵심 이론이 완전한 이야기임을 보장합니다. 우리는 분명히 아직 발견하지 못한 다른 장들이 있다는 것을 상상할 수 있지만―대다수의 물리학자는 그런 장들이 많을 것이라고 장담합니다―이들의 질량이 너무 커서 자외선 차단 에너지 이하의 상호작용에서는 생성되지 않거나 일반 물질과 너무 약하게 결합하여 이들을 완전히 무시할 수 있습니다.*

우리가 이렇게 자신 있게 말할 수 있는 이유 중 하나는 **교차 대칭성** cross symmetry으로 알려진 양자장이론의 특징 때문입니다. 이것은 물리적인 장이 가진 대칭성이 아니라 장들의 상호작용을 설명하는 데 사용하는 파인먼 도형이 가진 대칭성을 의미합니다. 대충 이야기하자면, 교차 대칭성은 어떤 도형을 90도 회전시켜―시간 방향을 역전시키면 입자가 반입자로 변환됩니다―진폭이 같은 다른 도형을 얻을 수 있다는 것입니다.

따라서 새로운 가상 페르미온 X가 새로운 가상 보손 Y를 교환하여

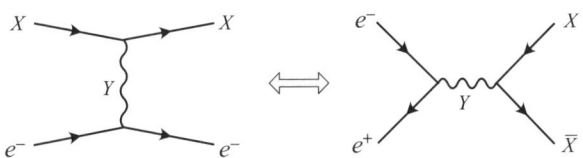

---

* 액시온은 질량은 작지만 매우 약하게 결합해 있는 것으로 추정되는 입자의 한 예입니다. 액시온은 암흑물질일 수 있고 지금 우리 몸을 관통하고 있을 수 있지만, 상호작용이 아주 약해서 우리에게 전혀 영향을 미치지 않습니다. 이 때문에 물리학자들은 액시온을 탐지할 수 있다는 희망을 품고 거대하고 값비싼 실험을 해야만 합니다.

전자와 상호작용한다고 가정해봅시다. 교차 대칭성에 따르면 상호작용 $X+e^- \to X+e^-$의 존재는 연관된 상호작용 $e^+ + e^- \to X + \bar{X}$의 존재를 의미합니다. 따라서 X가 전자와 눈에 띄게 상호작용한다면, 실험실에서 전자를 양전자와 충돌시켜 쉽게 X를 생성할 수 있고, 무엇이 나오는지 관측하면 됩니다. 다행히도 입자를 충돌시키고 무엇이 나오는지 관측하는 것은 입자물리학자들이 가장 좋아하는 일입니다. 우리는 이러한 과정에서 무엇이 생성되는지에 대한 매우 좋은 데이터를 가지고 있으며, 아직 신비한 입자들은 발견되지 않았습니다. 핵심 이론에 포함되지 않은 입자는 실제로 매우 약한 결합을 가져야 합니다.

이러한 추론의 놀라운 결과는 일상생활의 근간이 되는 물리학 법칙을 우리가 완전히 알고 있다고 믿을 만한 충분한 이유가 있다는 것입니다. 새로운 입자와 힘이 분명히 존재할 수 있지만, 그것들은 우리를 구성하고 있는 양성자, 중성자 및 전자와 눈에 띄는 상호작용을 하지 않습니다. 그리고 이러한 많은 입자의 집단 행동을 지배하는 규칙을 이해하기 위해 엄청난 작업이 필요하다는 것은 말할 필요가 없습니다. 핵심 이론은 생물학이나 심리학, 또 항공학이나 기후 과학에 큰 도움이 되지 않습니다. 화학에도 거의 도움이 되지 않습니다. 이것이 유효 이론이 가진 위력입니다. 즉 장거리와 낮은 에너지에 대해 쓸모 있는 이야기를 하기 위해 단거리와 높은 에너지에서 일어나는 모든 일을 알 필요는 없습니다. 하지만 일상생활의 영역에서 우리는 이러한 미시적인 성분들의 모든 구성원과 관련된 동역학을 이미 알고 있습니다.

다음 그림은 이러한 상황을 요약해 보여주고 있습니다. 실선 화살표는 확실히 존재하는 의존도를 나타내며, 점선 화살표는 추가적인 가능성을 나타냅니다. 일상생활의 영역은 우주의 나머지 부분을 포함하는 더 큰 거시적 수준의 일부이며, 우리는 모든 것을 완전히 이해하고 있지 않습니다(좋게 말해서). 양자장이론의 수준에서 우리는 핵심 이론과 가능한 다른 입자 및 힘을 가지고 있습니다. 천체물리학은 이 모든 것에 의존할 수 있지만, 여러분과 나, 그리고 우리와 상호작용하는 세계는 오직 핵심 이론에만 의존합니다. 그리고 아마도 시공간 자체가 창발되는 더 심오한 수준이 있을지 모릅니다. 어떤 의미에서 우리는 그 수준에서 일어나는 일에도 의존하지만, 그것이 핵심 이론과 교차할 때만 그것에 의존합니다. 양성자와 중성자와 전자가 어떻게 결합하여 우리 주변의 세계를 형성하는지 이해하기 위해 세부 내용을 알 필요는 없습니다.

이런 추론에는 많은 허점이 있을 수 있습니다. 양자장이론의 기본 교리가 잘못된 것일 수도 있습니다. 양자장이론은 양자역학, 상대성

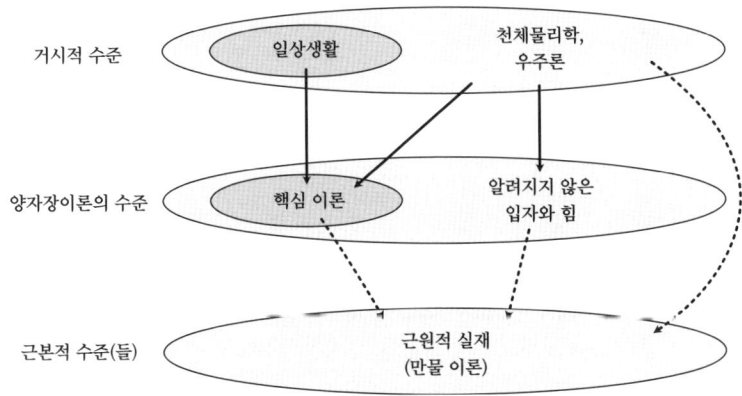

이론 및 국소성에 기반한 모든 이론의 낮은 에너지 한계를 가진 견고한 이론이기 때문에 이는 사실 놀라운 일이 아닐 수 없습니다. 그럼에도 불구하고 훌륭한 과학자로서 우리는 무엇이든 가능하다는 것을 인정해야 합니다. 그런 의미에서 양자역학 자체가 잘못되었을 수도 있습니다.

그러나 나는 그 어떤 가능성에도 돈을 걸지 않을 것입니다. 우리는 항상 우리가 모든 것을 알지 못한다는 것을 인정해야 하지만, 우리가 **아는** 것을 인정하지 않을 정도로 조심스러워서도 안 됩니다. 우리는 우리를 구성하고 있는 입자와 우리가 상호작용하는 힘에 대해 알고 있습니다. 이것은 인류 역사상 가장 위대한 업적 가운데 하나입니다. 우리는 조금은 자랑스러워해도 됩니다.

부록. 푸리에 변환

파동 현상은 물리학자에게 특별한 수학적 도전과제를 던져줍니다. 단일 입자 또는 유한한 입자 집단의 고전적인 상태는 유한한 숫자 목록으로 완전히 특정됩니다. 즉 3차원에서의 각 입자에 대한 세 가지 위치 성분과 세 가지 운동량 성분이 그것입니다. 반면 파동은 원칙적으로 무한개의 숫자로 특정됩니다. 즉 공간의 각 점에서의 파동 값이 그것입니다. 특별한 경우 운이 좋으면 파동을 특별한 특수 함수로 깔끔하게 특정할 수 있는 파동 프로파일로 표현할 수 있지만 일반적으로는 가장 단순한 경우라도 엄청난 양의 정보에 압도당합니다.

그리고 현실 세계는 파동으로 가득 차 있습니다. 심지어 고전적으로도 전자기학은 최종적으로 물리학자들로 하여금 세계를 설명하기 위해 장의 중요성과 그 안의 파동을 확신하게 만들었습니다. 양자역학이 등장하면서 고전적으로 단일 입자에 불과했던 파동함수가 이제는 공간과 시간의 함수가 되었습니다. 그리고 우리는 곧 양자화해야 할 대상이 입자가 아니라 장이라는 것을 깨달았습니다. 현대물리학은 수많은 파동에 대한 이야기입니다.

우리는 '좋아, 양자역학에서 공간(또는 짜임새 공간)의 한 점에만 집중하고 거기서 무슨 일이 일어나는지 물은 다음 미적분 스타일에 따라 다른 점들을 함께 엮을 수 있어'라고 생각할 수도 있습니다. 고상한 아이디어이기는 하지만 실제로는 실용적이지 않습니다. 장의 행동은 일반적으로 어느 한 점에서의 값뿐만 아니라 이 점에서의 공간과 시간 미분에 의존합니다. 실제로 이것은 장이 한순간에 어떤 일을 하다가 다음 순간에는 완전히 다른 일을 할 수 있다는 것을 의미합니다. 이것을 우리는 잔잔한 바다에서 갑자기 거센 파도가 밀려오는 모습으로 상상할 수 있습니다.

그리고 어떻게 해서든 우리 인간들은 항상 파동을 대하게 됩니다. 이 책을 읽는 여러분의 감각계와 신경계는 광파를 받아들여 뇌에서 유용한 정보로 변환하고 있습니다. 여러분이 이 책을 오디오북으로 듣고 있을 때도 비슷한 일이 벌어지지만 그 차이는 음파를 사용한다는 것입니다.

우리는 음파와 광파가 오는 방향을 정확히 찾아내는 것을 포함해 다양한 방식으로 이 파동들을 활용합니다. 그러나 지금은 빛의 색과 소리의 높낮이를 인식하는 우리의 능력에만 초점을 맞추도록 합시다. 두 경우 모두 음파와 광파의 주파수 또는 파장을 파악하는 것이 핵심입니다. 주파수와 파장은 $f = v/\lambda$의 관계를 가집니다. 여기서 f는 주파수, λ는 파장, v는 파동의 속도입니다. 정말 인상적인 점은 서로 다른 여러 주파수가 겹쳐 있어도, 적어도 어느 정도까지, 주파수나 파장을 파악할 수 있다는 것입니다. 화음을 이루어 노래하는 서로 다른 목소리를 구별해 낼 때마다 여러분은 이런 일을 수행합니다.

우리의 뇌는 무의식적으로 이러한 종류의 처리를 수행하지만, 이는 흥미로운 수학적 질문을 제기합니다. 즉 변화가 많고 전혀 규칙적이지 않은 어떤 종류의 파동 프로파일이 주어졌을 때 거기서 특정 주파수를 골라낼 수 있는 체계적인 방법이 있을까요?

정답은 '그렇다'이며, 이런 일을 하는 기술이 바로 **푸리에 변환** Fourier transfom입니다. 푸리에 변환은 1822년 물체 사이의 열 흐름 이론에 관한 영향력 있는 논문을 발표한 프랑스의 수학자이자 물리학자인 조제프 푸리에Joseph Fourier의 이름을 따서 명명되었습니다. 그 논문에서 푸리에는 어떤 함수든 사인파 모양(사인파 또는 코사인파와 같은)의 함수들의 합으로 표현할 수 있다고 추측했지만, 아마도 무한 개의 사인파 모양의 함수들이 필요할 것입니다. 아래 그림에는 불규칙해 보이는 함수를 진폭이 다른 단 4개의 사인파 모양의 함수의 합으로 분해한 간단한 예가 주어져 있습니다. 그림의 오른쪽에 있는 파동들의 진폭이 모두 같지 않다는 점에 유의하세요. 푸리에 변환은 모든 점에서의 함수 값에 대한 정보를 함수가 분해되는 각 파동의 진폭에 대한 정보로

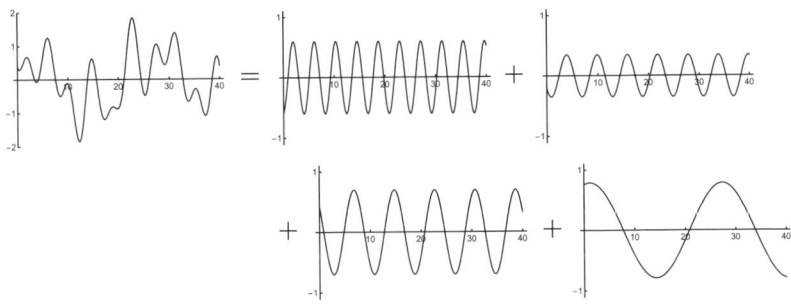

바꿉니다. 극적인 아이디어는 이 방법이 작동하며 이 분해가 모든 함수에 대해서 완벽하게 고유하고 계산 가능하다는 것입니다.

대학교 2학년 때 푸리에 변환에 대해 처음 배웠을 때, 나는 푸리에 변환이 어떤 용도로 쓰일지 전혀 몰랐고 그 자체로 수학적 형식의 고전적인 예라고 생각했습니다. 이 생각은 아주 잘못된 것이었습니다. 즉 현대물리학에서 푸리에 변환보다 더 유용하고 어디에나 존재하는 연산은 생각하기 어렵습니다. 파동이 있는 곳, 즉 모든 곳에서 푸리에 변환이 나타납니다.

좀 더 구체적으로 설명해보겠습니다. $f(x)$라는 단일 변수의 함수가 있다고 가정해봅시다. 이 함수를 사인파 모양 함수들의 합(잠재적으로 무한 개의 사인파 모양 함수들)으로 쓸 수 있다는 주장이 있습니다. 이러한 사인파 모양 함수 각각은 특정 파장 λ를 가집니다. 여러 가지 이유로 거리당 파장 수에 2π를 곱한 **파수**wave number k를 사용하는 것이 더 편리합니다.

$$k = 2\pi / \lambda \qquad (A.1)$$

그러면 우리가 말하려는 것은 원래 함수 $f(x)$에 포함된 정보가 가능한 모든 파수 k의 사인파들의 기여도 목록에 동일하게 포함되어 있다는 것입니다. 어떤 특별한 파동의 기여도를 $\tilde{f}(k)$라고 부릅시다. 이러한 모든 기여도의 집합은 함수 자체이지만 원래 변수 x가 아닌 k의 함수입니다. 그리고 기본 아이디어는 이 두 함수가 동일한 정보를 담고 있다는 것입니다.

$$f(x) \leftrightarrow \tilde{f}(k) \qquad (A.2)$$

새로운 함수를 원래 함수의 '푸리에 변환'이라고 부릅니다. 이 과정에서 진짜 복잡한 점은 복소수를 사용하면 모든 것이 더 편리하다는 것입니다.

푸리에 변환을 계산하는 공식과 원래 함수로 되돌아가는 공식을 직접 설명해보겠습니다.

$$\tilde{f}(k) = \frac{1}{\sqrt{2\pi}} \int f(x) e^{-ikx} \, dx, \qquad (A.3a)$$

$$f(x) = \frac{1}{\sqrt{2\pi}} \int \tilde{f}(k) e^{ikx} \, dk. \qquad (A.3b)$$

두 지수의 음의 부호 차이 및 x에 대해 적분하여 k의 함수를 구하고 k에 대해 적분하여 x의 함수를 구한다는 것에 주목하세요. 또한 이 식들이 1차원 함수에 한정된 것임을 기억하세요. 앞에 있는 인자 2π는 차원 수에 따라 달라집니다. 마지막으로, 참고문헌마다 다양한 방식으로 다른 기호들을 사용합니다. 여러분의 삶(또는 성적)이 걸린 계산을 한다면 사용하는 기호들이 일관성을 가지고 있는지 확인해야 합니다.

허수의 지수는 다음과 같은 멋진 사실을 사용하여 사인파 모양 함수를 다루는 좋은 방법입니다.

$$e^{i\theta} = \cos\theta + i\sin\theta \qquad (A.4)$$

여기서 cosθ와 sinθ는 친숙한 코사인과 사인 함수이며 $e = 2.718$은 오일러 수입니다. 코사인 함수는 1에서 시작하여 처음에는 감소하는 반면, 사인 함수는 0에서 시작하여 처음에는 증가합니다. 두 함수 모두 주기 2π로 진동합니다. 우리는 함수 e^x의 도함수가 가진 특별한 성질 때문에 이 함수를 《공간, 시간, 운동》에서 만났습니다. 즉 $\frac{d}{dx}e^x = e^x$. 이제 우리는 이 함수의 또 다른 재미있는 성질을 발견합니다. 그것은 함수의 지수가 실수 변수가 아닌 허수 변수일 때 이 함수와 삼각함수 사이의 관계입니다. 식 (A.4)는 스위스의 박식한 수학자인 레온하르트 오일러Leonhard Euler의 이름을 따서 오일러의 공식으로 알려져 있습니다. $\theta = \pi$로 놓으면 $e^{i\pi} = \cos\pi + i\sin\pi = -1 + 0$이 되고 이것은 다음과 같은 유명한 표현식과 동일합니다.

$$e^{i\pi} + 1 = 0 \qquad (A.5)$$

0, 1, i, π 및 e는 모든 수학에서 가장 중요한 다섯 가지 숫자라는 것은 잘 알려진 사실입니다. 오일러의 공식은 이 숫자들을 세련된 방식으로 연결해주고 있습니다.

이해할 수 없는 식 (A.3a-b)에서 실제로 무슨 일이 일어나고 있을까요? 4장에서 우리는 우리가 처음 접했던 모든 파동함수의 공간인 힐베르트 공간을 벡터 공간으로 생각할 수 있다는 점을 지적했습니다. 여러분은 파동함수들을 더하고 이 파동함수들에 복소수를 곱할 수 있습니다. 그 결과 다른 파동함수를 얻게 됩니다. 그러나 파동함수 $\Psi(x)$를 가진 1차원 입자의 경우 해당 힐베르트 공간은 무한 차원을 가집니다. x의 모든 값은 힐베르트 공간의 다른 차원을 나타내며 $\Psi(x)$ 값은 해당 축 방향의 무한 차원 벡터의 성분으로 생각할 수 있습니다.

벡터 공간이 있을 때 사용하는 기저 벡터를 자유롭게 변경할 수 있으며, 그에 따라 성분도 변화할 수 있습니다. 아래 그림은 (x, y) 좌표를 가진 2차원 벡터 공간을 보여주고 있으며, 여기에 원래 좌표와 다음과 같은 관계를 가진 다른 좌표 (s, t)도 표시되어 있습니다.

$$s = \frac{1}{\sqrt{2}}(x+y), \quad t = \frac{1}{\sqrt{2}}(x-y) \tag{A.6}$$

인자 $1/\sqrt{2}$는 다음과 같이 멋진 대칭적인 역변환을 가능하게 합니다.

$$x = \frac{1}{\sqrt{2}}(s+t), \quad y = \frac{1}{\sqrt{2}}(s-t) \tag{A.7}$$

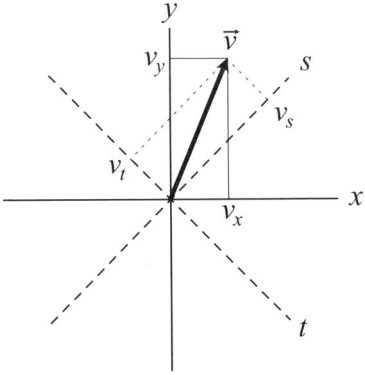

임의의 주어진 벡터 $\vec{v}$는 (x, y) 기저나 (s, t) 기저에서 동일하게 적절한 성분 곱하기 기저 벡터의 합으로 분해할 수 있습니다.

$$\vec{v} = v_x \vec{e}_x + v_y \vec{e}_y = v_s \vec{e}_s + v_t \vec{e}_t \tag{A.8}$$

다른 기저에서의 성분들은 좌표가 연관된 방식과 동일한 방식으로 연관되어 있습니다.

$$v_s = \frac{1}{\sqrt{2}}(v_x + v_y), \quad v_t = \frac{1}{\sqrt{2}}(v_x - v_y) \tag{A.9}$$

달리 말해, 한 기저의 성분들로 코딩된 이 벡터에 포함된 정보를 다른 기저의 성분들과 교환할 수 있으며, 그 반대의 경우도 가능합니다.

$$\{v_x, v_y\} \leftrightarrow \{v_s, v_t\} \tag{A.10}$$

이것이 식 (A.2)와 비슷해 보인다면 이는 전적으로 의도적인 것입니다. 푸리에 변환은 무한 차원 벡터 공간에서의 기저의 변화일 뿐입니다. 양자장이론에서 파수와 운동량은 $p = \hbar k$의 관계를 가진다는 점을 상기하면서 '위치 기저'와 '운동량 기저'를 이야기하고 있습니다.

푸리에 변환은 물리학에서 함수를 공간의 각 점에서의 값이 아니라 진폭과 파장이 다른 파동들의 합으로 생각하는 것이 유용할 때마다 등장합니다. 이런 상황이 많이 존재합니다. 하이젠베르크의 불확정성 원리는 위치와 운동량 모두 동시에 정확한 값을 갖는 파동함수가 존재하지 않는다고 말합니다. 운동량-공간 파동함수가 단순히 위치-공간 파동함수의 푸리에 변환이라는 것을 알고 나면 불확정성 원리가 완벽하게 이해됩니다. 앞 그림의 2차원 벡터 공간에서 그랬던 것처럼 기저를 회전시켜봅시다. 완벽히 x 방향만을 가리키는 벡터(즉 y 성분이 없는 벡터)는 완벽하게 s 또는 t 방향만을 가리키는 벡터가 될 수 없다는 것이 분명해 보입니다. 이것이 바로 불확정성 원리의 핵심으로, 서로에 대해 회전 관계에 있는 2개의 다른 기저에 대해서는 동시에 한 기저에만 국한시킬 수 없습니다. (운동량 파동함수가 위치 파동함수와 독립적이지 않고 오히려 위치 파동함수의 푸리에 변환이라는 사실을 깨닫는 것은 물리적으로 중요합니다.) 일반적으로 x 함수의 최고값이 크면 그 함수의 푸리에 변환은 넓게 퍼지게 됩니다. 그리고 그 반대도 성립합니다.

또 다른 명백한 예는 자유 양자장이론을 단조화 진동자 집단으로 바꾸는 것입니다. 장의 라그랑지안에는 기울기에너지 항이 있으며, 이 항은 $\frac{1}{2}(\partial_x \phi)^2$처럼 보인다는 것을 기억하세요. 푸리에 변환의 관점에서 위치-공간 함수에 대한 공식 (A.3b)를 보면 오른쪽 변에서 x가 나타나는 유일한 곳은 지수 함수인 e^{ikx} 속뿐입니다. 그리고 이 지수 함수의 도함수는 $\partial_x e^{ikx} = ike^{ikx}$입니다. 따라서 x에 대한 편미분을 하는 것은 모든 것을 푸리에 변환한 후 다음과 같이 바꾸는 것으로 생각할 수 있습니다.

$$\frac{\partial}{\partial x} \to ik \qquad (A.11)$$

우리는 도함수를 숫자를 곱하는 것과 교환했습니다. 어렵게 미분 방정식을 푸는 것을 걱정하는 대신 우리는 훨씬 쉬운 대수 방정식을 푸는 것을 걱정하면 됩니다.

물리적으로 최종 결론은 자유 스칼라 장이란 각 파수마다 하나씩 있는 단조화 진동자의 집단이며, 우리는 이것을 푸는 방법을 알고 있다는 것입니다. 양자화할 때 이러한 단조화 진동자들의 에너지 준위는 입자의 개수로 바뀝니다. 푸리에 변환은 양자장이론에서 양자가 어디에서 오는지를 설명해줍니다.

역자 후기

이 책은《공간, 시간, 운동》에 이어 '우주의 가장 위대한 생각들' 시리즈 3부작 중 두 번째 작품입니다. 저자 숀 캐럴은 서문에서 출간의 목적을 기존의 교양 과학 도서들이 은유와 모호한 해석에 의존해 현대물리학을 간접적으로 소개하는 것과는 달리 현대물리학의 주요 방정식들을 직접 들여다보고 그 의미를 살펴보면서 현대물리학을 제대로 이해하게 하는 것이라고 분명하게 밝히고 있습니다. 시리즈 첫 번째 작품《공간, 시간, 운동》에서는 고전역학과 상대성이론을 다루었습니다. 이들 이론을 이해하기 위해 미적분, 유클리드 기하학, 리만 기하학, 계량 텐서와 같은 수학적인 개념과 보존 법칙, 라그랑지안, 해밀토니안, 4차원의 시공간, 블랙홀, 시간과 공간에 대한 새로운 해석과 같은 물리학 내용을 소개했습니다.

이 책《양자와 장》은 1900년대 초부터 본격적으로 발전한 양자역학과 1900년대 중반에 등장한 양자장이론을 중점적으로 다루고 있습니다. 두 이론 모두 원자와 아원자(원자보다 작은 입자들인 전자나 소립자 등) 세계의 양자적 특성을 설명하는 물리학 이론입니다. 이런 초미시세계의 입자들은 우리에게 친숙한 거시세계의 입자(야구공, 돌멩이 등)와는 판이한 행동을 하여 물리학자들을 어리둥절하게 했습니다. 물리학자들은 얼마 지나지 않아 놀랍게도 원자나 아원자들이 상식적으로는 서로 모순되는 입자성과 파동성을 동시에 가지고 있음을 알게 되었습니다. 이를 기반으로 만들어진 양자물리학은 고전물리학으로는 전혀 설명할 수 없었던 현상들을 설명하게 되었고, 더 나아가서 반도체를 활용한 전자산업, 핵분열을 이용한 원자력 발전, 양자 특성을 이용한 양자 컴퓨팅 및 양자 통신이 가능하게 했습니다. 조만간 수소 핵융합을 이용한 인공 태양, 즉 핵융합 발전소를 만들어 인류가 에너지 걱정과 핵 폐기물 공포 없이 살 수 있는 세상을 경험하게 될 것입니다. 이들은 모두 우리가 양자와 장을 이해하면서 가능해졌습니다.

양자 세계의 대상들은 너무 작아 우리가 경험하거나 직접 감각할 수 없습니다. 따라서 이들은 우리의 일상 경험으로는 이해할 수 없는 성질들―입자-파동의 이중성, 양자 측정, 양자 얽힘, 결깨짐, 게이지 대칭성, 대칭성 깨짐, 파동함수의 붕괴 등―을 가지고 있어 처음 양자물리학을 접하면 어리둥절하고 어려울 수밖에 없습니다. 이럴 때는 그러려니 하고 받아들이기 바랍니다. 양자물리학을 배우는 학생들, 심지어는 물리학 교수들도 모두 그런 과정을 거쳤다고 생각하면 위안이 될 것입니다. 끈기를 가지고 이 책을 읽어나가다 보면 양자세계에 관해 이해하게 되어 있을 것입니다.

'우주의 가장 위대한 생각들' 시리즈의 세 번째이자 마지막 작품인 《복잡성과 창발》의 출간이 남아 있습니다. 어떤 내용이 책에 담길지 상당히 기대됩니다. 마지막 작품에 요즘 중요성이 크게 부각되고 있는 인공지능(AI)에 대한 내용이 포함될지 개인적으로 무척 궁금합니다. AI에 대한 내용이 작품에 포함되어 있지 않다면 네 번째 작품도 나와주었으면 합니다. '우주의 가장 위대한 생각들' 시리즈를 통해 물리학이 지금도 끊임없이 발전하고 있으며, 이 시리즈를 통해 우리는 유인원에서 진화한 인류가 놀랍게도 자연을 단순히 피상적·직관적이 아니라 좀 더 깊이 이해하는 중임을 알 수 있습니다.

현재 세계 선진국들의 경제 성장이 멈추거나 느려지면서 여러 가지 국내 및 국제 정치적 위기를 맞으며 민주주의가 위협을 받고 있습니다. 과학과 의식의 발전을 통해 우리가 깨어 있어야 민주주의를 위기에서 구하고 다시 경제적 안정을 이루리라 생각합니다. 산업혁명 이후 나름대로 산업 발전에 기여해온 물리학이 세계적인 위기 대응에 도움이 되길 바라며 여러분도 같이 이 시리즈를 통해 앞으로 다가올 세상을 꿈꿔 보고 발전에 동참하길 바랍니다. 물리학에 관심을 가져주셔서 감사합니다.

찾아보기

0의 스핀 합 92-93
0의 에너지 132
0-차원 구 251
〈10의 거듭제곱〉 209
3도의 이면군 241
EPR(아인슈타인, 포돌스키, 로젠)
    z 스핀 97-98
    기괴한 원격 작용 92-96
    실재하는 요소 97
SU(3) 대칭성 236, 269, 298-299, 315-316
SU(3) 변환 269, 270, 299, 302
W보손 268, 297, 314, 351, 358-359
Z 보손 268, 351, 356-358
z 스핀 80, 97-98

ㄱ

가둠 221-222, 301-304
가둠 상 296
가상 입자 168-172, 177
가이거, 한스 21

간섭무늬
    결깨짐 104
    드 브로이의 모델 32-33
    이중-슬릿 실험 59-61, 104-105, 216
강입자 219, 302, 353, 357
강입자화 357
같은 꼴 246, 249
객관적 붕괴 모형 108
거대한 물체 81
게를라흐, 발터 71
게이지 대칭성 271
게이지 변환 271-272, 278-279
게이지 보손 276, 296, 300, 304, 309-316, 340
게이지 불변성 19(주석), 233, 276-283, 288-289, 290-291, 310
게이지이론
    개괄 267-268
    상 296
    양자색역학 199, 221, 269, 297-299
    연결 273-276
    장거리 힘 287-289
게이지-공변 미분 279-280

겔만, 머리 219, 298
결깨짐 101-104
결합 상수 150, 157-160, 180, 184-186
결합 에너지 222, 228-229, 362-363, 369
결합성 244(주석)
겹침 압력 344-345
경로 적분(파인먼) 161
경입자 220
경입자 수 223
계층 문제 204
고리 도형 180
고유 상태 45
고전 장 143
고전물리학 10
고전역학
    대칭성 233
    라그랑지안의 정의 160-162
    라플라스 패러다임 51
    물질 31
    얽힘 91
    운동량 74-75
    위상공간 65
    측정 52
    파동함수 57
    해밀토니안 연산자 39-42
골드스톤, 제프리 308
골드스톤 보손 308-309, 312, 340
관련 연산자 199
광자 9, 18, 29, 287-288
광자장 278, 280, 287
광전 효과 29
교차 대칭성 371-372
교환력 343
구·sphere 251-252, 255

구랄닉, 제럴드 309
국소 대칭성 271
국소성 94, 117, 138, 162, 374
군 공리 244-245
군 이론 234, 245-246
규격화된 파동함수 57
그로스, 데이비드 301
그린버그, 오토 298
글래쇼, 셸던 315
글루볼 353
글루온 20, 139, 199, 220-225, 268, 276, 296-303
기괴한 원격 작용 92-96
기본 입자 329
기울기에너지 119, 163, 164
꼭짓점 149
끈이론 304, 335

ㄴ

나가오카, 한타로 30
나무 도형 180
나선도 316
난부, 요이치로 298
난부-골드스톤 보손 308
내부 벡터 공간 269
네온 367
뇌터의 정리 233, 291, 330
뉴턴, 아이작 17, 28, 175

ㄷ

다양체 253

다이슨, 프리먼 149, 181
단조화 진동자
　개괄 43-48
　공식 133(주석)
　분자 229-230
　양자장의 행동 115
　자유 스칼라 장 123
　자유장 120-121, 132, 164-166, 383-384
　푸리에 변환 383-384
대칭성
　2차원 평면 253-254
　고전역학 233
　군이론 234
　깨짐 304-308
　대칭군 240-244
　멕시코 모자 퍼텐셜 306-307
　물질/반물질 355
　불연속 234
　원 250-253
　정삼각형 237-240
　좌우 235
　집합 234
　회전 238
대통일 213
데모크리토스 349
도모나가, 신이치로 149, 181
돌턴, 존 19
동일성 변환 240-241
드 브로이, 루이 32, 106, 215
드 브로이 파장 33, 76-77, 215
드 브로이-봄 이론 106
들뜬 상태 45, 115, 132-135
디랙, 폴 167, 145, 284-287, 318
똑같은 입자 325, 327, 341

ㄹ

라그랑주 밀도 162-163, 189, 197
라그랑지안
　게이지 불변 284, 292
　스칼라 장 상호작용 165
　자유장이론 164
　장의 라그랑지안 160-165, 168, 283-284, 287
　정의 161
라모어, 조지프 30
라플라스, 피에르시몽 17
라플라스 패러다임 51
란다우, 레프 199
란다우 극 199
러더퍼드, 어니스트 21, 30
레우키포스 349
레이나스, 욘 329
로런츠 불변성 119
로이트바일러, 하인리히 298
로젠, 네이선 92
리, 소푸스 253
리 군 253, 256
리만 텐서 282
리브, 엘리엇 343
리정다오 316
리튬 367

ㅁ

마스덴, 어니스트 21
마이컬슨, 앨버트 22
맥도널드, 아서 320
맥스웰, 제임스 클러크 18-19, 28, 59, 280-

281, 283
멕시코 모자 퍼텐셜 306-307
모드
    개괄 122-125
    무한대의 파장 133
    에너지 밀도 126-129
    진동수 128
    파동 벡터 124
    파수 123-124
    푸리에 변환 76, 123, 134
뫼비우스 띠 336
무한 175-176, 181
물질 30-31, 343-345, 363-370
물체의 변환 235
뮤온 359
미르하임, 얀 329
미세조정 203
밀스, 로버트 295

ㅂ

바닥 상태 45, 132
바딘, 윌리엄 298
반대칭 281
반물질 145
반사 239
반입자 151-154
반중성미자 146
반쿼크 223, 353
백색왜성 344-345
베릴륨 367
베타 붕괴 146-147, 313
벡터 공간 66-67, 253-258, 260-261, 262,

269, 380-381
벡터 퍼텐셜 274, 282
벨, 존 107
벨의 정리 107
보강 간섭 59
보른, 막스 35, 56
보른 규칙 56
보손 139-140, 204, 325-327, 328
보스, 사티엔드라 나트 326-327
보스-아인슈타인 통계학 327
보어, 닐스 30
보어 모델 31, 32
보어 반지름 225-226
복소 벡터 공간 260-262
복소수 36, 258-262, 379
복소수 켤레짓기 259, 262(주석)
복소평면 36-37, 259-260
볼츠만, 루트비히 27
봄, 데이비드 106
봄역학 106
봄의 비국소 이론 108
부분군 246-247
분자 229-230, 368-370
불연속 군 253
불연속 대칭성 234
불활성 기체 366-367
붕괴 모드 147, 356-360
브라 67(주석)
브라우트, 로버트 309
비관련 연산자 199
비아벨 게이지이론 275, 295
비아벨 군 249, 257
비트의 정의 73-74
빈, 빌헬름 24

빛
   광자 18, 29
   맥스웰의 이론 9, 18-19
   아인슈타인의 에너지 양자 29
   입자 같은 특성 23
   파동 같은 특성 59-60, 376
빛의 에너지 양자 29

ㅅ

사건의 확률 57
사인파 모양의 함수 377
산란 146-148
산란 진폭 148, 150
살람, 압두스 315
상쇄 간섭 59
상의 정의 296
상호작용
   라그랑지안 기술 165
   스칼라 장 195-196
   약한 상호작용 313
   양자전자기역학 289-292
   입자 간 상호작용 146-150
   자유장 164-165
   쿼크와 글루온 219-220
상호작용 꼭짓점 150
색공간 269-270, 273, 275, 298
색전하 221, 298-300
선다발 관 303
섭동이론 160
수소 원자 225-228, 366
숨은변수이론 106
슈뢰딩거, 에르빈 35-37, 40-41, 53, 58

슈뢰딩거 방정식 38-40, 43-44, 47-48, 105, 131
슈윙거, 줄리언 149, 181, 315
슈테른, 오토 71
슈테른-게를라흐 실험 71, 99, 338
스칼라 장
   게이지 불변성 284-285, 310-311
   규칙 143
   단조화 진동자 123, 128-129
   대칭성과 스칼라 장 304-305
   양자역학에 적용 143
   에너지 밀도 118
   정의 114
   차원 317
   힉스 메커니즘 309-313
스칼라 장이론
   라그랑주 밀도 189
   상호작용 195
   운동항 310
   유효 스칼라 장이론 201
   재규격화 197-201
스케일 논의 227-228
스트럿, 존(레일리 경) 24
스피너 277
스핀 통계학 정리 330, 341-342
스핀-$\frac{1}{2}$ 입자 72, 74, 336-338
시공간 175-176
실재론 94
실제 문제 63
실제 입자 168-169

ㅇ

아벨, 닐스 헨리크 249

아벨 군 249, 257, 299
아보가드로의 수 214
아스페, 알랭 107
아인슈타인, 알베르트 28-29, 54-55, 92, 107, 203, 327
알파 입자 21
앙글라르, 프랑수아 309
애니온 329
앤더슨, 칼 145, 286
앤더슨, 필립 309
양-밀스 이론 295
양성자 20-21, 219
양자 측정 51-52, 62-65, 87-88, 98-101, 108
양자색역학 199, 221, 269, 297-300
양자역학 9-10, 34-38, 80, 98, 104-109,
양자역학의 기초 104-109
양자역학의 다세계 해석 106
양자의 정의 9-10
양자장이론 11, 113, 139, 221
양자전기역학
    개괄 154
    게이지 불변성 276-282
    결합 상수 158, 192
    라그랑지안 196-197
    상호작용 289-292
    양자색역학과 비교 297-299
    파인먼 도형 160-161, 166-167
양전닝 295, 316
양전자 145, 286
양전자장 167, 289-290, 291
언쇼, 새뮤얼 324
얽힘
    고전역학에서 얽힘 91
    사례 87

양자 측정과 얽힘 98-101
양자역학의 자연적 결말 88-92
측정 102-103
파동함수와 얽힘 36, 130
엇호프트, 헤라르뒤스 194, 320
에너지 고유 상태 45
에너지 밀도 118-120, 126-127, 162
에너지-운동량 보존 179
에버렛, 휴 3세 105
연결 273-276
영, 토머스 59
오일러, 레온하르트 380
오일러의 공식 380
와인버그, 스티븐 315-316, 319-320
요르단, 파스쿠알 34-35
우젠슝 316
우주 상수 133(주석)
우주 상수 문제 204-205
우주 파동함수 85, 88-92
우티야마, 료유 273
운동량
    가상 입자 177
    고전역학 74-75
    공간/시간 반비례 관계 182-183
    관측 가능량 34, 69, 75
    내부 운동량 179-180
    드 브로이의 방정식 77
    파인먼 도형 168-172
    하이젠베르크 불확정성 원리 78-81
운동량 고유 상태 76-77
운동량 기저 76
운동량 네-벡터 177-180
운동량-공간 파동함수 383
운동에너지

개괄 116-120
뉴턴의 공식 186
모든 현상의 운동에너지 213
입자 118, 127-128
장의 운동에너지 116
전자볼트 210
흑체 복사 23
운동량의 게이지-불변 310
워드, 존 315
원 대칭성 250-253
원소주기율표 367, 368
원자
    개괄 19-21, 349
    구성 209
    모양 323-324
    수소 원자 225-227, 366
    핵심 이론 350-353
원자가 쿼크 224
위상 공간 65
위치 파동함수 383
윌슨, 케네스 182-183
윌첵, 프랭크 301, 329, 350
유니테리 군 234, 262-264
유카와, 히데키 317
유카와 결합 317
유효 라그랑지안 195-196
유효장이론
    개괄 176-177
    계층 문제 204
    고리 도형 177-180
    재규격화 181-186, 195
    정의 176-177
음파 376
이중 슬릿 실험 59, 64, 96, 104, 216

임스, 찰스/레이 209
입자
    가상 입자 168-172
    개괄 19-22
    결합 371(주석)
    계산 149
    불안정한 입자 88
    붕괴 모드 356-360
    산란 146-148
    산란 확률 157-158, 216
    상호작용 146-150
    생성 137-138
    소멸 137-138
    실제 대 가상 168-169
    알파 입자 21
    우주의 입자 353-356
    운동에너지 116-117, 134
    입자처럼 행동하는 파동 28-30
    장에서 나온 입자 132-136, 143
    전자 64
    진화 354
    질량이 없는 입자 169, 220, 268, 289, 297-299, 308, 339
    크기 215-218
    파동처럼 행동하는 입자 30-33
입자물리학의 스케일 212-213
입자물리학의 표준 모형 13, 235, 267, 276, 286, 320

ㅈ

자기장 18
자발 대칭성 깨짐 308-311, 312, 316, 341

자연 단위 186-188, 210
자연스러움 원리 202-205
자외선 이론 129, 185-186
자외선 차단 183-184, 196, 200, 203
자외선 파국 24
자유 스칼라 장 이론 164-165
자유장 120-122, 132-134, 144-145, 164-165, 384
장
  게이지 275-276
  고전적 행동 117-120
  라그랑지안 160-165, 168, 284, 287-288
  미분 117-118
  상호작용 140
  세기 텐서 281
  스칼라 장(스칼라 장 참고)
  양전자 167, 289-292
  운동에너지 116-117, 134
  입 132-137, 143
  자유장 120-124, 132, 144-145
  정의 17
  질량 121
  파동함수 130-131
장 짜임새 114, 118, 122-125, 130-132
장이론(라그랑지안 접근) 160-165
재규격화 176, 181-186, 190-194, 197-201, 301
재규격화가 불가능한 이론 193-194
적분의 정의 57
적외선 현상 25, 129, 183-185, 195-196, 205
전기장 128, 222, 277-283, 303, 324, 333
전역 대칭 변환 271
전자
  개발 20-21
  궤도 30-33, 366-367
  물질에서 역할 365

발견 20
슈뢰딩거 방정식 46-48
이상 입자 354
입자로 간주함 64
페르미-디렉 통계학 343
페르미온 324
전자기 복사 18
전자기약력이론 194, 313-320 315
전자기장 145
전자기학 18, 28, 287-289, 295-296, 312, 315, 375
전자볼트 210-211
전파 인자 도형 166
점근적 자유성 199, 301
정삼각형 대칭성 237-240
정수 247-250
정수 모듈로 248
제5차 솔베이 회의 54
좌우 대칭 235
주행 결합 상수 198
중간자 223, 297, 353, 357, 359
중력 17, 304, 364
중력자
  붕괴 모드 356-360
  인간과의 상호작용 354-355
  장거리 힘 289
  존재 139(주석)
  쿨롱 상 296, 304
  핵심 이론 350-354
  회전(스핀) 행동 332-333, 351
중력파 333
중력파 관찰 334-336
중성 파이온 303
중성미자 212, 320, 352-353

중성자 20, 219, 223, 359
중성자별 344-345
중수소 366
중양자 362-363
중입자 222-223, 353
중입자 비대칭성 356
중입자 수 223
중입자 창세기 356
직교군 252, 253-258
진공 기댓값 307
진공 상태 132, 307
진공 에너지 204
진공의 정의 132
진스, 제임스 24
진폭 67, 74, 78, 94, 104, 124, 130, 148
질량이 없는 입자 169, 220, 268, 289, 297-299, 308, 339
질량이 없는(질량을 가지지 않은) 게이지 보손 309, 313, 315, 340

ㅊ

차원 분석 186, 188-190, 198, 203, 205, 228
차일링거, 안톤 107
찬드라세카르 한계 344
초대칭성 204
츠바이크, 조지 219, 298
측정 문제 53, 62

ㅋ

켈빈, 윌리엄 톰슨 22

켓 ket 67
콤프턴, 아서 216
콤프턴 파장 216-219, 220, 223-227
쿨롱 상 296, 304
쿼크 20, 219-225, 269-270, 297-298, 358,
큐비트 70-74
클라우저, 존 107
키블, 톰 309

ㅌ

텐서 장 273, 332
톰슨, J. J. 20
톰슨, 윌리엄 22
특수 유니테리 군 263
특수 직교군 252, 256

ㅍ

파동
  빛 59-60, 376
  약한 상호작용 이론 313
  입자처럼 행동하는 파동 28-30
  파동처럼 행동하는 입자 30-33
파동 묶음 79
파동 벡터 124
파동역학 35
파동-입자 이중성 59-61
파동함수
  간섭무늬 59-61
  개괄 35-36
  고전 역학에서 58

규격화 57
다중 입자 330
명확한 운동량 78
벡터 68-69
보른 규칙 56
성분 67
슈뢰딩거의 방정식 53-54
실재를 대표함 109
에너지 준위 143-144
이중 슬릿 실험 59-61, 64
입자 같은 행동을 끌어내기 53-55
장 짜임새 130-131
짜임새 공간의 함수 91
파동함수 붕괴 53-55
파울리, 볼프강 328
파울리 반발력 343
파울리 배타 원리 328, 343, 366
파인먼, 리처드 149, 181, 325
파인먼 도형 150-153, 160-161, 165-172
파인먼의 경로 적분 160-162
파일럿파동이론 106
패러데이, 마이클 18
패리티 239, 286-287
패리티 위반 286, 316, 318
퍼텐셜에너지 116, 120-121, 164
페르미, 엔리코 146, 313, 328-329
페르미-디랙 통계학 329, 343
페르미온 139, 204, 220, 317-318, 325-329, 358-359
펠트만, 마르티뉘스 194, 320
평면파 122, 127-128, 134
평행 이동 방정식 273
포돌스키, 보리스 92
포크, 블라디미르 136

포크 공간 136, 138
포크 정리 138
폰 노이만, 존 66(주석), 70
폴리처, 데이비드 301
표현 이론 337
푸리에, 조지프 377
푸리에 변환
 개괄 76
 계산 공식 379-380
 단조화 진동자 384
 모드 122-125
 목적 377
 사인파 모양 함수 378-379
 유용함 378
 평면파 134
 하이젠베르크 불확정성 원리 382-383
프리치, 하랄트 298
플랑크, 막스 9, 25
플랑크 상수 26-27, 33, 38-39
플랑크 흑체-26
플럼푸딩 모형 20-21

ㅎ

하겐, 칼 309
하위헌스, 크리스티안 28
하이젠베르크, 베르너 34
하이젠베르크 불확정성 원리 73, 78-81, 98, 156, 217-218, 382-383
한계 연산자 199
한무영 298
해밀토니안 연산자 39-40, 45
핵력 297

핵심 이론 350-353, 370-373
핵자 214
핵종 363, 268
행렬역학 34-35
허수 36, 124, 259, 379-380
헤르만, 그레테 107
헬륨 366
화학 368-370
환산 플랑크 상수 26-27
회전하는 입자 71, 145, 339
휠러, 존 225, 325
흑체 스펙트럼 24
흑체복사 23-25, blackbody radiation, 12-15, 176
흡수 147
힉스, 피터 309
힉스 메커니즘 309-313
힉스 보손 88-90, 92, 194, 203, 212-213, 286, 318-320
힉스 붕괴 356-357
힉스 상 296
힉스 장 315
힉스 질량 203-204
힐베르트, 데이비드 66(주석)
힐베르트 공간 65-70, 91, 261, 380-381

옮긴이 **김영태**

물리학자. UC버클리에서 고체물리학 연구로 박사 학위를 받았다. 미국 로런스버클리연구소에서 연구원을 역임하였고 이후 아주대학교 물리학과 교수로 부임하여 현재 명예교수로 재직 중이다. 지은 책으로는 《세상 모든 것의 원리, 물리》《현대물리, 불가능에 마침표를 찍다》 등이 있고 옮긴 책으로는 《우주의 가장 위대한 생각들: 공간, 시간, 운동》《다세계》《현대물리학: 시간과 우주의 비밀에 답하다》《물리가 날 미치게 해》 등이 있다.

우주의 가장 위대한 생각들
양자와 장

초판 1쇄 발행 2025년 6월 27일
초판 2쇄 발행 2025년 7월 28일

지은이 숀 캐럴
옮긴이 김영태
기획 김은수
책임편집 정일웅
디자인 이상재

펴낸곳 (주)바다출판사
주소 서울시 마포구 성지1길 30 3층
전화 02-322-3885(편집) 02-322-3575(마케팅)
팩스 02-322-3858
이메일 badabooks@daum.net
홈페이지 www.badabooks.co.kr

ISBN 979-11-6689-356-8 04420
ISBN 979-11-6689-203-5 세트